周簡文編著

西非農業地理

中華書局印行

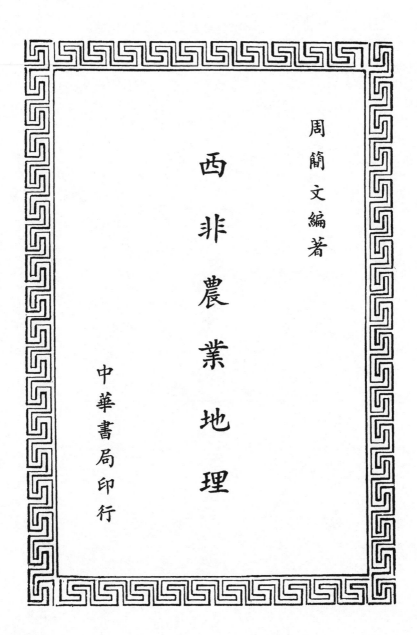

自序

人類在地球表面上的活動，處處受到自然環境的支配，易言之，人與自然的關係是密切而不可分的。人類所必需要的食物，是由于適當的氣溫，雨量，肥沃的土壤及勞力所培養出來的，因此，如果一地區的氣溫過低或過高，雨量不均而又不能及時下降，或者土壤過份貧瘠而無法使作物生長，都會使人類所必需的食物受到不良的影響，同時，自然環境也影響人們飲食的習慣，例如我國北方人食麵，南方人食米，就是受自然環境影響的結果，他如衣着，住宅，道路等也莫不受自然環境的支配而形成各種不同的生活方式。

舊時代的非洲，有「黑暗大陸」之稱，世人對它瞭解很少，加之，殖民主義者採取隔離政策，不使殖民地的人民與外界往還，因此，十八，十九及二十世紀初期以來，大家視非洲爲「神秘」之區，裹足不前，以致今日仍處於極低度的開發之中。當然，非洲天氣炎熱，雨量分佈不均，土壤貧瘠都是使非洲陷於貧窮的原因，但殖民主義者，不肯授予進步的生產方法和技術，亦是主因之一。我國農耕隊進駐非洲各國後，一方面授予適合於非洲農民耕作的方法和技術，另方面還將現代化的機耕技術與方法傳授給他們，因此，我國在非洲所作的各種努力都深受非洲友邦人士所推崇。

西非的自然環境與整個熱帶非洲的自然環境相似，貧瘠的土壤，分佈不均的雨量，限制了人類的發展，有人說，在西歐，人們經常運用科學方法，改變土壤的性質，增加土壤的肥力，但非洲人却對于他們所賴以生存的土壤，常予以破壞，他們通常都不能將土地作最佳利用，他們陳舊的農耕方法，不但不能保持土地的肥沃力，反而促成土壤的敗壞，他們對自然環境變化的適應能力非常遲鈍，因此，使他們農作物的產量，經常停止在極低的水準，更由於農耕知識的缺乏，農民們大多不知採用新的進步的農耕方法，尤其不知查驗土壤受損害或退化的情形，故造成許多地區的土壤退化而不堪使用，影響農作物的成長，這情形，既對國家經濟有損，也直接減少了人民的糧食。

筆者近年以來，常想編寫一冊西非洲農業地理，以供靑年學子們參考，但有關這方面的資料，非常缺乏，很顯然的，非洲的農民，牧人以及政府都缺乏保存氣溫，雨量及各種自然現象記錄的習慣和設備，而對于土壤的使用及分類方法也都不符合科學家們所訂立的標準，無疑的，過去各國專家們在非洲也搜集了不少有關自然環境的資料，包括土壤，氣候，植物生長，地下水源等，並且也將這些資料運用於各項發展計劃之中，但一般說來，成效不著，故我們認爲凡在擬訂或實施任何一個農業發展計劃之前，對于當地自然環境，地理條件，必須要有相當認識和瞭解，而且要懂得如何適當運用這種認識和瞭解，方克有濟。不幸，許多發展計劃都忽略了這一點，因而沒有獲得圓滿的成果。

雖然我們亟需有關西非洲更多，更詳細的資料，但亦不能操之過急，因爲毫無選擇的搜集資料，不僅沒有價值，而且浪費了財力和人力，故無論任何一種調查研究工作，其性質與範圍及經費等都必須與它的目的相配合。舉例說，大量投資一個農田水利灌溉計劃，就必須事前詳細調查研究土壤，氣候，地形等，以便計劃中所包括的地區，順利地獲得良好灌溉和排水等等，不致因此而產生其他附帶而來的災害。因此，自然環境資料的調查，研究，分析，運用，實是農業地理學上的一個極重要課題。

基於上述認識，西非自然環境資料的搜集是相當艱難的，何況若干記錄不全，甚至全無記錄，或記錄的時間太短，不值參考，更使研究和撰述工作不易進行。故本書如有錯誤之處，尚望學者專家不吝指正。

本書承陳福康朱永康兩兄及張邦彥君搜集並整理資料，非常感激，併此誌謝。

西非農業地理　目次

附圖

西非農業地理

壹、概　述

（一）地理區域的劃分

整個非洲，北邊靠地中海，西邊靠大西洋，東邊靠印度洋，而以紅海爲界與亞洲的阿拉伯(Arab)半島隔開。

非洲的地理區分，大致可分爲撒哈拉沙漠以北，包括埃及、利比亞、阿爾及利亞等國；東部非洲，包括依索比亞、索馬利蘭、肯亞、烏干達等國；中南部非洲，包括安哥拉、羅德西亞、波扎那、賴索託、史瓦濟蘭、南非共和國等國；剛果盆地；西部非洲，包括喀麥隆起至塞內加爾等國；尼羅河中游盆地，撒哈拉沙漠及馬達加斯加島。

西非各邦爲本書討論的範圍，故對于其地理區分，略加敍述。

西非洲地區，地形較爲複雜，區內自喀麥隆起直至塞內加爾共和國，其地形大致可分爲：

(1)**喀麥隆高地**：喀麥隆高地由喀麥隆山脈的最高峯（海拔四千一百公尺）作扇形的展開，大部份地區的高度皆在一千五百公尺至三千公尺之間。土壤爲火山活動後所形成，爲非洲肥沃的土壤之一。

(2)**幾內亞沿海海岸**：幾內亞沿海平原的寬度不大，約在十五公里至三十公里之間，但也有少數地區較為寬濶，例如尼日河（Niger River）下游平原卽隨河谷內伸達一萬一千三百公里，相反的，在賴比瑞亞及象牙海岸的一段高原，則有緊迫海岸之勢，無所謂寬廣度了。

(3)**海岸背後的高原地帶**：這個海岸背後的高原地帶，其高度不如東非洲為高，大部份地區的海拔均在四千六百公尺以下，僅幾內亞國境內的福他查龍高地（Fouta Djallon Highland）及尼日境內北部約斯高原（Jos Plateau）海拔約達一千二百公尺，其他地區的地勢均很平緩，很少有高山峻嶺出現。

本地區的主要河流為尼日河及其支流，尼日河有一特點，顯與其他河流不同，那就是中，上游在高原地帶，河流平緩灣曲，而到下游時，反成激流。此種情形，在地形學上很難獲得解釋，如果一定要找原因，或為原尼日河各支流昔係流向撒哈拉沙漠，後由於地形的變遷，乃向幾內亞海灣奪取新的出海口而造成目前的狀況。

(二) 氣　候

西非的氣候，雖亦相當複雜，但有兩個特點：一為持久不變的炎熱，為明顯的雨旱兩種季節，雨旱兩季的成因，大致可作如下解釋：

非洲北部撒哈拉沙漠近北緯二十度處及南部同緯度的西南角處，經常有一個高氣壓中心（High Presure Cell），兩個高氣壓所造成的溫暖與乾燥氣候，實為撒哈拉沙漠及南部西南非洲與其附近的半

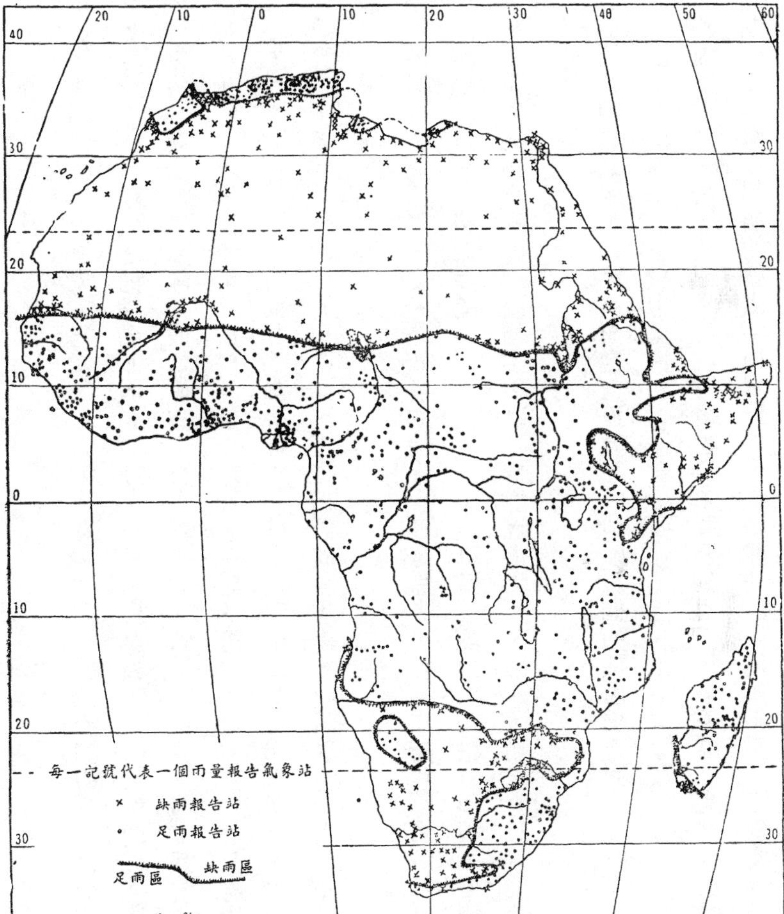
每一記號代表一個雨量報告氣象站
缺雨報告站
足雨報告站
缺雨區
足雨區
比例
0 200 400 600 800 英里

非洲雨量分佈圖

沙漠及沙漠地帶的主要成因。

在兩個高氣壓中心間的氣流，均相對向赤道移動，在此相反氣流間的分界線(Inter-tropical Convergence Zone)，時常隨地球的轉動而南北移動，一月份移至最南，七月份則移至最北，在分界線以南，氣流帶來海洋濕潤的空氣即形成為雨季，分界線以北，氣流蒞臨時，因無濕潤的空氣帶來，則為旱季。此種移動，每年均不相同。印度洋沿岸方面，一年間分界線的移動為自北緯十八度左右至南緯二十四度左右；在大西洋沿岸方面其移動則僅為北緯十八度至二度之間，因此，造成東非與西非氣候的不同。事實上，各個月份的分界線亦非每年皆相雷同，故旱季與雨季的造成，亦無法預先估計，這點，對農業的發展具有極大的影響。

日照：沙漠地區的天氣，經常是無雲的晴天，日照對人，牲畜和植物，成為不可忍受的災害，西非洲位於沙漠地區以南，接近赤道，依常例言，應該更為炎熱，但因大氣中所挾帶的灰塵和煙露（乾季）及許多不可察覺的小水點（雨季尤然），皆能濾去陽光，因此，陽光的照射反不若沙漠地區為熾烈。

氣溫：西非洲的氣溫，就現狀而言，可分高的地區及低的地區兩方面作介紹：

(1)**高地區**：就地理學上一般常識言，當地勢每增高一百公尺，溫度即下降華氏約一度。這種說法，在非洲極為正確。以緯度十度以內的地區或赤道上為例，其年平均溫度大致在華氏五十七度至六十一度之間。此種氣溫與溫帶的氣溫極相近似，故西非洲的高地，幾乎終年為常春地區。而赤道上二千五百公尺以上的高地地面則常可見及降霜。然而高地地區有一點與溫帶地區不同，那就是高地地區常有暴雨出現。

(2)**低地區**：指在南北緯十度以內的低地地區而言，其每年平均溫度在華氏七十七度至八十一度之間。最冷月與最熱月的平均溫差，在赤道上亦不過二度至六度之間。此地區一年中氣溫的變化至為單調，造成此種原因除由於熱帶陽光傾斜度終年均甚微小外，另有一特殊原因，即西非每當陽光斜度最小之時，每即為陰雨最多之日，故當赤道南北天體上的夏季（指陽光正中直射時），反為氣候最冷的時期。

此區每日的溫度變化較一年間的變化為大，日夜間的溫差常在華氏五度以上。當沙漠風（Harmattan）在西非地區吹起時，日夜溫度的差異可達華氏五十度之多。低地區最令人難以忍受的，厥為高溫多濕的白天，而無風之日，尤令人難堪。

雨量：西非洲雖有旱雨兩季之分，但旱雨季的時間，每年均不甚穩定，雨季時並非每日降雨，旱季時亦並非絕對無雨，每次降雨，其雨量的變化亦大，有的連續數天，或者兩月，其甚者幾達兩季；其降雨量有的相差百分之五十，有的則相差達百分之五百。故西非各地，在氣象觀測上，其溫度計變化很小而雨量計的變化則特別大。每當雨季來臨時，可能連日晴朗；每當旱季來臨時，可能連日降雨，故就雨量言，此種情形，對于農業是極為不利的。

西非地區的雨水，常為短促的陣雨或雷雨，雨量大而短促，一次陣雨量常在三，四英寸之間，這樣，雨水大部份在地面上流失，未能供給農作物及牲畜充足的水分，這對農作物的生長，影響極壞。其次，由於驟雨冲刷表土流失，作物冲毁，河川汎濫，對農作物亦是一極大的打擊。

風：風爲氣象學上重大現象之一，大凡風速每小時達十二公里至十六公里時，風卽成爲氣候學上重大事件之一，赤道非洲，通常每日日落後卽無風，熱帶森林中也無風可言，至於海岸地帶則經常有風，而沙漠邊緣地區則常有時速四十公里的風，但此種風於伸入內地十五或二十公里時卽自行消失。

西非地區最有名的風，叫做沙漠風，前已提及，這是一種極其乾燥而擁有沙塵之風，在北風季節時，此風可吹達幾內亞海灣的海岸。形成日間燥熱，夜間寒冷的現象，在西非一帶，通常均極悶熱，因此，對沙漠風在夜間吹來，極表歡迎。

(三) 農業的特質

(1)**貧瘠的土壤**：非洲大部份地區的土壤，在結構，組織和所含化學成分等三方面都很貧瘠，而此三者正是決定土壤肥沃與否的主要因素。非洲土壤貧瘠的原因，多半由於土壤是從岩石或成分較差的土質演變而來，除了少數地區，如西非的喀麥隆，東非高原及盧安達共和國(Rwandan Republic)，蒲隆地共和國(Republic of Burundi)一帶的土壤，是由火山岩演變而來外，其他非洲各地土壤，率皆由古老的而含有高單位酸性的岩石演化而來。這種含酸性的岩石缺乏鈣質和養分，不適宜於農作物的生長。

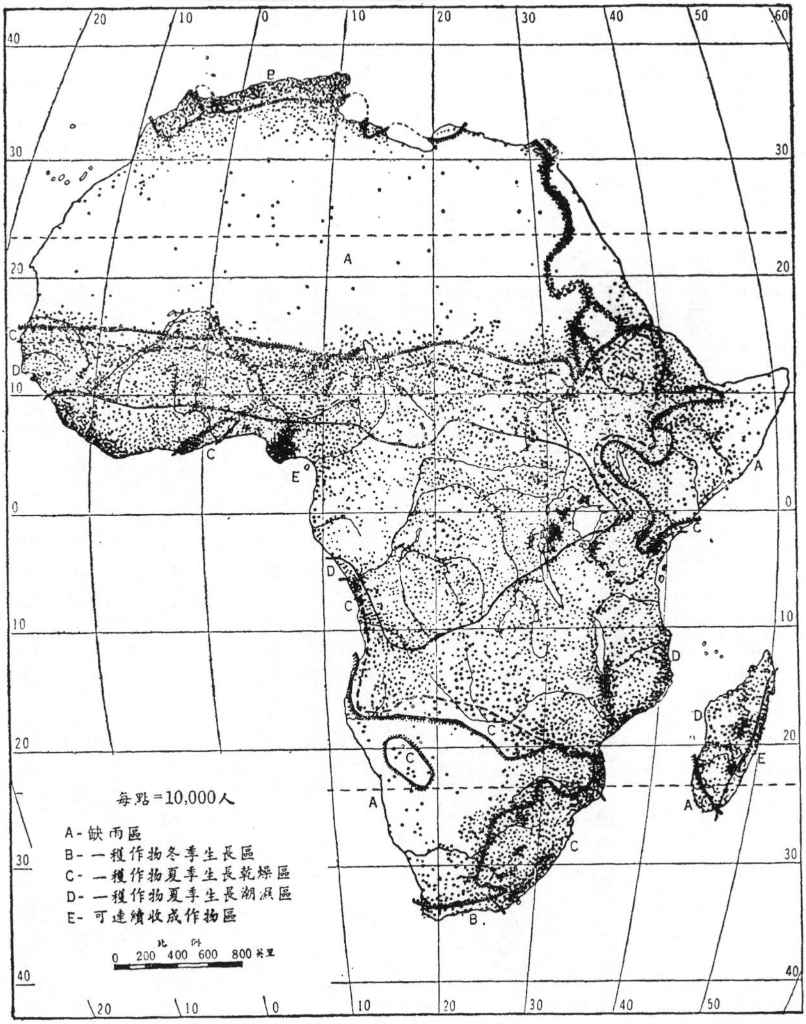

非洲人口分佈與農業區域圖

非洲的土壤，其所含有機質，平均在百分之零點二及零點五之間，較之歐洲土壤平均含百分之二爲遜色。這是非洲土壤的又一重大缺點。因爲沒有有機質，土壤的保持水分力，貯藏養分力就大大的減退。

此外，連續不斷的驟雨和豪雨，亦使土壤結構迅速受冲刷並使土壤中的養分流失，也是非洲土壤的一大缺點。

非洲土壤受損的程度，胥視土壤的類型，地上植物以及氣候等因素而定。若干地區，驟雨或豪雨之後，往往緊隨着炎熱的乾季，土壤中的矽酸鹽就會被破壞而成爲鐵與鋁的氫氧化物，由於蒸發的作用，這氫氧化物又浮昇至土壤的表面，結成一層堅硬的表皮，這種表皮使作物無法生長，並使土壤極快受到侵蝕。西非幾內亞地帶的土壤就經常發生此種情形。大體說，高原地區的土壤較不易受到破壞，因爲這種地帶的雨量較爲均勻，不致有因雨量過多而遭冲刷的情形發生。

赤道一帶的森林地區，因有天然森林及人們種植的菓木保護土壤，因而可使土壤中的有機質新陳代謝，土質不易遭受破壞。

(2) **不穩定的雨量**：非洲大部份地區的降雨量和降雨的時間都不穩定，前節已經提及，西非地區自亦有此情形發生，這種降雨量和降雨時間不穩情形，足以使牲畜無草可吃，使農田中的作物枯萎，並阻礙土壤或作物吸取由人工肥料所提供的養分。

(3) **蟲害和疾病**：西非洲和非洲其他地區一樣，蟲害和疾病也經常造成極大的災害，鳥害和野獸，常使糧食受到損失，我駐非各農耕隊便經常爲此而感到困擾，叢林中的毒蠅可能使人感染昏睡症，扁蝨可傳染牲畜疾病，河川盲使人眼睛失明，污水和流得緩慢的河水可能都是孕育蚊蠅的溫床，這些都是可能造成災害的原因。非洲所以成爲低度開發地區，實由於農民們無法控制其所處的環境所致。

(4)**自耕自食的農業**：自耕自食的農耕方式，現仍爲非洲農業上的特色，據估計，目前大約仍有百分之六十到七十的勞力用在種植自家所需要的糧食作物上，商業性的作物，或稱之謂現金作物，雖已大規模的介紹給非洲的農民們，但他們仍多堅持種植自己所需要的糧食作物。農民們耕種土地的多寡，視其本身所需糧食的多寡而定。

非洲農民所以採自耕自食的耕種方式，多半是出於安全感，因爲大部份地區的農民，如不能生產足夠家人生活的食糧並以餘糧協助戚友們，那便被認爲是可恥的事情。因此，非洲農民耕作的目標，是生產較自身需要更多的糧食，使能滿足歉收時的需要。

自耕自食的農耕方式，限制了農民們農作物的種類，因爲他們只能食用那些在當地環境下所能產生的糧食、有些地方，其土地也許適合種植商業性的作物，但他們囿於傳統觀念和傳統方法，不知運用科學方法，以致無法發揮土地更大的效果，這是一件非常令人遺憾的事。不過，近年來，開明的，有遠見的政治領袖們如象牙海岸，金市剛果等國的總統都知如何鼓勵農民們種植商業性農作物，以爭取外銷市場，賺取外滙，充裕國庫，此方面，我駐非各農耕隊貢獻的力量亦不小，值得國人欣慰。

(5)**勞工和工具**：非洲的雨季和旱季非常明顯，一般說，雨季的時間比較短暫，農民們如需在雨季來臨前種植作物，就必需嚴格遵守時間表來進行農事。在人口稠密的區域，勞工雖有過多之嫌，然而非洲大部份地區，包括西非洲在內，農業勞工的供應量，都不足以應付在每年，某一定的時期所必須完成的工作量。因此，農民們往往以急就的方式耕田，下種及除草，這情形，常使外來的考察人員，感到驚異。

至於工具，似乎除去鋤頭和彎鋒短刀外，別無他物，以牛與犁耕田，可說絕無僅有，耕耘機的數目，少得可憐，然自我農耕隊駐非以來，我國出產的耕耘機，在非使用情形，已漸見普遍。穀倉，牲畜欄舍，晒穀場，農機具儲藏室等的建造，在過去，亦很少見及，近自我農技人員在非示範後，非洲農民亦多相率仿效，極具成效，尤以西非洲各國為佳。

貳、各國農業地理

（一）喀麥隆聯邦共和國 (Federal Republic of Cameroon)

甲、概　述

喀麥隆 (Cameroun) 聯邦共和國在西元一九六〇年一月一日完全獨立，一九六一年十月二十六日成立聯邦共和國。

從西元一八八〇年開始，喀麥隆河流域即成爲英、法、德各國所角逐的地區，迨西元一八八四年，因得該地區居民的同意，德國取得保護權。第一次世界大戰後，經國際聯盟的決定，東喀麥隆委由法國政府管理；西喀麥隆委由英國政府管理。二次世界大戰後，新的國際組織聯合國成立，復將委任管理方式改爲託管方式。

聯邦共和國的東邦，即前法國所託管的地區；西邦即前英國所託管的地區，聯邦的首都設在雅恩德(Yaoundé)。

聯邦共和國的元首爲總統，另設副總統一人，襄助總統處理國家大事，按法律規定，總統副總統不得同屬一個邦籍，任期均爲五年，由選民團選出。

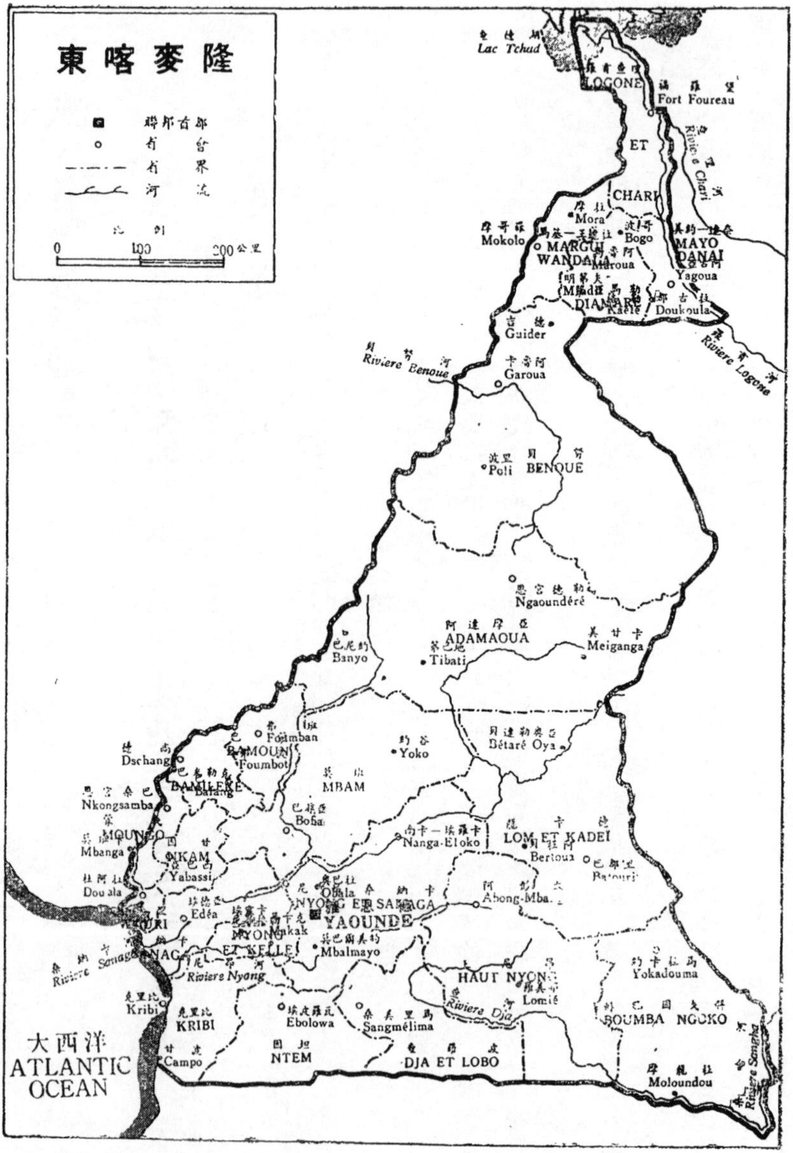
東喀麥隆
聯邦首都
省會
省界
河流
比例
0 100 200公里
Lac Tchad
LOGONE
Fort Foureau
Riviere Chari
ET
CHARI
Mora
Bogo
Mokolo
MARGUI WANDALA
MAYO DANAI
Maroua
Yagoua
DIAMARE
Kaele
Doukoula
Guider
Riviere Benoue
Garoua
Riviere Logone
Poli
BENOUE
Ngaoundéré
ADAMAOUA
Meiganga
Banyo
Tibati
Foumban
BAMOUN
Foumbot
Yoko
Bétaré Oya
Dschang
BAMILEKE
Bafang
MBAM
Nkongsamba
Bafia
MOUNGO
Mbanga
NKAM
Yabassi
Nanga-Eboko
LOM ET KADEI
Bertoua
Batouri
Douala
Obala
NYONG ET SANAGA
Edéa
YAOUNDE
Abong-Mbang
Makak
NYONG ET KELLE
Mbalmayo
Riviere Sanaga
Riviere Nyong
HAUT NYONG
Yokadouma
Lomié
Riviere Dja
Kribi
KRIBI
Ebolowa
Sangmélima
BOUMBA NGOKO
大西洋
ATLANTIC OCEAN
Campo
NTEM
DJA ET LOBO
Moloundou
Riviere Sangha

西喀麥隆
行政區界
行政區首邑
河流
比例
0 20 40 60公里
Katsina Ala
NKAMBE
Gadjamo
Nkambe
Ndu
WUM
Wum
Ntem
Ngom
Kumbo
BAMENDA
Bocho
Ikom
Nsanakang
Widekum
Bali
Bamenda
Badadjou
Mamfe
MAMFE
Cross
Mbabem
Feitock
Tinto
Ekokoum
Del Rey
Mungo
KUMBA
Kumba
Bakossi
Mbongue
Mbanga
VICTORIA
Ekowa
Biboundi
布埃
BUEA
Molyko
Njende
Tiko
Victoria
Bimbia
大西洋
ATLANTIC
OCEAN
Fenando Poo

聯邦的立法機關爲聯邦國民會議，由民選議員所組成，任期爲五年，悉由選民以無記名投票方式直接選舉。東西兩邦均以每八萬人選出議員一名，東喀人口約爲三百二十萬；西喀人口約爲八十萬；國民會議全部議員爲五十人，其中東喀佔四十席；西喀佔十席。

乙、自然環境

位置

東喀狀似一長方的三角形，面積約爲四十三萬平方公里，約當我臺灣省的十二倍。位於幾內亞灣的東北隅，著名的伍里(Wouri)河卽於此出口；在南面，海岸線長達二百公里，國境由海岸向內陸開展，包含北緯二度與十三度，東經九度與十六度之間，南面邊境，沿北緯二度，長約二百公里與西班牙屬幾內亞省接壤；另有一小部份與加彭 (Gabon)

東喀麥隆總理參觀喀麥隆隊陸稻之收割

及布市剛果 (Brazzaville Congo) 相接；東面及東北面則與中非共和國 (Central African Republic) 及查德 (Chad) 共和國相連，西面中間有一小部份與奈及利亞 (Nigeria)爲界，其餘則與西喀爲隣。

西喀狀呈狹長形，長約四百公里，寬約一百公里，總面積約爲四萬二千平方公里，南臨大西洋，西及西北兩面與奈及利亞接壤；東及東北兩面則與東喀相連。

地勢

東喀麥隆沿海爲一條狹小的平原，中部爲高原，向東漸漸降低，向北升高爲阿達摩亞(Adamaoua山，至西面則爲喀麥隆山。此高原止於貝努(Benoue)河，在河的彼岸爲北部高原，平原之西面爲蠻達拉(Mandara)山所包圍；沿海平原平均海拔低於五十公尺，爲沙漬土所構成。

在內陸，因平原之升爲高原，非常突兀，使所有河流均被截切，或爲急湍，或成瀑布，中央高原構成剛果大盆地的西部邊界，海拔平均五百公尺，但趨向東面，則急升高至一千二百公尺，而後漸漸降低。

西喀的地勢，除西南方面爲一片平原外，其餘主要均爲山嶽地區，在極西南面，沿海一帶低下而潮濕，爲熱帶樹木所覆蓋。德爾勒河(Rio Del Rey) 構成的三角洲，入海處支流曲折縱橫，形成一羣島嶼。稍東，喀麥降山矗立，高達海拔四千零七十公尺，爲非洲少數高山之一。

依地理形勢，整個喀麥隆可分爲四個地區：

(1)**南部地區**，全境大部爲茂密的森林。
(2)**中部地區**，爲阿達摩亞(Adamaoua)高原，係由森林變爲草原的過渡地區。
(3)**北部地區**，境內多屬草原，北向查德，海拔漸漸降低。
(4)**西部地區**，爲喀麥隆山所綿延，緯度雖低，但因海拔在一千五百公尺至二千公尺之間，故氣溫尚屬暖和。

河流

水源是農業地理主要因素之一。喀麥隆的河流，大都源淵阿達摩亞山，由此而出的河川，流入大西洋，剛果，查德及尼日(Niger)，此外，由南部高原與西部羣山流出的河川，則屬次要，然亦多流入上述諸地，或逕注於海洋，境內最主要的河流爲：

(1)**伍里**(Wouri)**河**，注入杜阿拉(Douala)港所在地的深海灣。溯河而上，可航行六十五公里。
(2)**蒙戈**(Moungo)**河**，有一百二十公里可資通航。
(3)**第班巴**(Dibamba)**河**，有六十公里可資通航，與蒙戈河同注入伍里河口。
(4)**桑納卡**(Sanaga)**河**，流程最長，流量亦最大，自東至西，橫越東喀麥隆，因中途有急湍及瀑布，故僅能容納輕噸位船隻航行，可航程爲六十里。自河口至埃德亞(Edéa)爲產生電力的寶貴資源。
(5)**尼昂**(Nyong)**河**，除溯河口而上可航六十公里外，另自巴爾美約(Mbalmayo)至阿彭本(Abong-

Mbang)的一百五十公里間，亦可通航船隻，因而具有重大的經濟價值。

(6)**因坦**(Ntem)**河**，其下流注入西班牙屬的幾內亞省。

次要的河流有：

(1)**羅貢河**(Logoné R.)，此爲發源於阿達摩亞山的一條大河，它在境內福羅堡(Fort-foureau)與查理(Chari)河滙合。當雨季來臨時，水漲，泛溢於廣濶的地區，與美亞格比(Mayo-kébi)河及貝努河的支流，在勒列(Léré)附近相連。

(2)**貝努河**爲喀麥隆相當重要的河流之一，發源於恩宮德勒(Ngaoundéré)地區，容納美亞格比河，經卡魯阿(Garoua)，約拉(Yola)在羅戈查(Lokodja)投入尼日河而同注於海。此河河道相當平坦，船隻可溯航至約拉，航程約一千二百公里。

氣候

由於地形的關係，東喀自北至南，氣候相差甚鉅，在桑納卡河以南，爲赤道性的溫熱氣候，四季無大差別，年雨量在一千五百至二千公厘之間，濕度大而且持久，經常有霧，氣候單調，溫度不太高，變動也很小，是一種人類最難受的氣候，但對植物生長則甚理想。在桑納卡河以北，草原區漸漸開始，是北部亞赤道氣候區的過渡地帶，年雨量約爲一千六百公厘。

在貝努河以北，雨季縮短，雨量減少，最高溫度較高，究氣的乾燥度加強，爲純粹的赤道性氣候。

在西部離海較近的山嶽地區，因海拔較高，氣候較爲溫和，濕而多霧，雨量充沛，在大港口杜阿拉地區的降雨量年達四千公厘。

因地形的細長，所以西喀自北至南，氣候相差很大，但大體說，可以分爲兩類：一類爲沿海赤道氣候區；另一類爲內陸氣候區，其內陸氣候區係屬蘇丹地區的系統。

在喀麥隆山的斜坡兩面降雨量各不相同，西面及西南面降雨量特多，第朋查 (Diboundja) 一地的年雨量即超過一萬公厘，是世界上除印度外，降雨量最多的地區。降雨後，喀麥隆山頂有時即爲積雪所覆蓋，即使無雪，亦經常隱藏在雲霧之中。

整個沿海地區俱多雨，雨季自每年四月開始，至十月結束。靠近沿海各地，每年平均雨量爲三千五百公厘；自南向北，每減少一緯度，降雨量即少五百公厘，至極北，則年雨量僅有六百五十公厘。

乾旱季節自北緯二度起，每年七月與十二月間，即已開始顯著，至極北則每年幾有四分之三的時間均爲旱季。

沿海地區每年平均溫度約爲攝氏二十三度，最高溫度爲每年三月間的三十三度及七月間的二十七度。在內陸，溫度則隨緯度而降低，但最高與最低溫度則仍相差較大。極北端，每年最熱的五月，其最高溫度爲三十九度；最低溫度則爲二十四度；在一月份則分別爲三十三度與十三度。

現將東喀各主要地區溫度及雨量列表如下：

東喀麥隆各重要地區温度及雨量（攝氏）

地區	海拔	温度 每年平均	温度 每月平均 最低	温度 每月平均 最高	雨量
杜阿拉 Douala	海平	二六·四	二三·三（七至九月）	三一·〇（二至四月）	四公尺（六至九月）
雅恩德 Yaounde	七八三公尺	二三·〇	一八·九（七至九月）	二九·五（二月）	一·五〇公尺（四至一〇月）
克里比 Kribi	海平	二五·九	二三·三（六至八月）	三一·〇（三至四月）	三公尺（五月、九月、一〇月）
恩宮桑巴 Nkongsamba	八六一公尺	二三·〇	一七·六（七至八月）	二八·六（三月）	二·七〇公尺（五月至一〇月底）
德向 Dschang	一、三八二公尺	二〇·〇	一三·〇（一月）	二七·五（二月）	二公尺（四至一〇月）
恩宮德勒 Ngaoundere	一、一三〇公尺	二二·五	一三·五（一月）	三一·七（二至三月）	一·六〇公尺（四至一〇月）
馬魯阿 Maroua	四二八公尺	二九·〇	一〇·五（一月）	四一·〇（四月）	八〇〇米（六至九月）

土質

就地質結構言，喀麥隆的土質可分爲三大類，第一類大約屬前寒武紀後期，組成岩多爲花崗岩，片麻岩與雲母片岩；第二類爲山嶽地區的結晶岩，由於晚近的地層分裂及火山噴發，給予喀麥隆西部以肥沃的土地，阿達摩亞山的一部份，即係火山噴岩所覆蓋，這，給予牲畜最珍貴的含炭酸鈉的泉源。第三類爲沉渣地層，在東南部有葉紋岩，砂石與石英岩等；在北部卡魯阿（Garoua）的東北部則有白堊紀中期的大理石及砂石的砂；在南部杜阿拉則屬沉渣盆地在；極北則爲查德低窪地區的內陸細砂。

丙、農業經營的現狀

地理條件

依據緯度與氣候的不同，喀境可分爲三個植物地區：

⑴**森林地區**：在東喀，此區位於北緯五度之南，具有多種農業經濟的特徵，長年乾旱，農作物多爲毋須灌溉的花生，樹薯等，林業開發尚在萌芽時期；西喀部份的特點，青草幾乎完全絕跡，悉由繁茂的樹木構成大穹窿，覆蓋地上，因之地面均沉陷於樹蔭中，長年不見天日。西喀的樹木大多可供商業上的開發，如桎花心木，烏木等。若干林區，樹木多被砍伐，改植可可，橡樹，蕉樹。森林範圍廣及海拔一千八百公尺處，在此以上則有竹林存在。

⑵**草原地區**：在東喀，北緯五度以北爲草原區，其間有畜牧事業及花生的種植，最近，且可加種棉花與水稻。在西喀方面，此區遍地是草，但很多經過火燒的草地則生長灣曲的矮樹。此等樹木大都爲居民的燃料及建築材料的來源。

⑶**山嶽地區**：此區大部位於西喀境內，其高度約在海拔一千五百至一千八百公尺之間，此區有短小的草及稀少的荆棘，可供牲畜食料，是喀境的游牧地帶。

勞働力

根據世界糧農組織一九六八年的年報報告，喀國的人口爲五百二十二萬九千人，農業人口佔四百三十六萬八千人，佔總人口的百分之八十四。喀國人民從事各種經濟活動的有二百五十二萬二千人；其中從事農業經濟活動的有二百十一萬五千人，也佔百分之八十四。從這些數字看，喀國的農業勞動力應該是沒有問題的。但喀國人民的平均壽命僅爲二十六歲至三十歲，而若非洲籍人口增加率百分之一繼續不變，則政府對此種人口情形，亦未嘗不表憂慮。他們的立法機構曾作決定：喀麥隆許多地區均陷於人口出生率急劇下降的危機，應請政府的公共保健部，內政部，國民教育部，工作與社會事務部，共同研討此種情況並謀改善辦法。

喀麥隆的壯丁約二百多萬，其中女子較男子略多，實際參加耕種的，女人要比男人爲多。在喀國南部，所有田間操作，幾全爲女子所擔任；在北部則由夫婦共同耕作，根據估計，種植可可的農民每年的工作量約爲三百五十小時；種棉花的農民每年的工作量約爲一千二百六十四小時；種植香蕉和種植咖啡的農民每年的工作量各約爲一千小時。

喀麥隆的非洲人社會，將逐漸失去他們農業人口的傳統性質，一個智識階級正在成長中，其人數將與日俱增，蓋新成立的國家，無論在那方面，均須有智識份子的參加，此乃必然的趨勢。據粗略的估計，喀國中央及地方政府的公務員已超過二萬六千人。

主要作物

東喀的土地，差不多有一半的面積爲森林所覆蓋，可耕之地不多，加之，耕種技術落後，土壤和種仔等均不知改良，以致農作物的產量也不多。東喀的最主要作物爲：

可可：可可的主要生產地區約有百分之八十在尼昂桑納卡(Nyong-etsanaga)，因坦(Ntem)，查羅波(Dja et Lobo)，莫班(Mbam)四省，有一部份種植於蚌巴因戈科(Boumba Ngoko)，上尼昂(Haut-Nyong)及龍卡德(Lom et Kadei)諸省。可可的單位產量，就一般而論仍屬微弱，最高的單位產量係在蚌巴因戈科省，每公頃可得五百公斤，其他各省如尼昂桑卡納等均在三百五十公斤左右，最少的是尼昂桑卡納沿海地區，每公頃僅得二百公斤。東喀的可可輸出以法國爲最多，每年約二萬多公噸，其次，如北非、荷蘭、美國、英國、德國、義大利等亦多有東喀的可可市場。

西喀的可可，在經濟上遠不如東喀爲重要，但可可的生產在東西兩喀有一共同點，卽其絕大部份爲非洲人所種植，西喀可可種植的地域與東喀相同，多在森林中間，但與外界的公路均有良好的連絡。在西喀南部種植可可最大的缺點是雨水太多，這裏的年雨量約在二千五百公厘至三千五百公厘之間。可可的果實又適於每年七月至十一月雨季期間成熟，在這種潮濕的環境下，病害猖獗，假使果實經醱酵後不急使乾燥卽易腐爛。

可可的對外交易，在喀國佔首位，惟經常爲品質與價格兩問題所困擾，晚近，喀國出口的可可品質漸趨低劣，外銷至有妨礙，蓋因迦納與奈及利亞的可可有百分之九十以上爲優良產品。

整個喀麥隆的可可產量，根據一九六八年糧農組織的報告約爲九萬四千公噸。

咖啡：咖啡在東喀不及可可爲重要，東喀的咖啡有二種，一爲阿拉伯加（Arabica）種，一爲羅柏斯特（Robusta）種，前者產量較低，每公頃約產一百至二百公斤；後者產量較高，每公頃約可產八百公斤至一千公斤。咖啡在東喀的種植地區以巴蒙（Bamoun）和巴米勒克（BamiLeke）兩省爲最多，現在中部及東部地區，如上尼昂省亦已開始種植。西喀的咖啡幾乎全爲非洲人所種植，過去產量不多，全年中約產六千公噸。近年來，正在擴增種植中。根據糧農組織統計，西元一九六八年，全國咖啡總產量爲六萬六千公噸。咖啡在喀麥隆佔出口貨值的第二位。惜與可可相同，品質日趨低劣，對外貿易前途殊難樂觀。

香蕉：東喀麥隆在西元一九三一年至一九三五年間開始種植香蕉，其品種爲粗密歇爾種（Grosmichel），現植地區幾乎集中於蒙戈（Moungo）一省。全境種植面積很難有精確的統計，因種香蕉的地方大都同時可以種可可與咖啡，但據約略估計，全部面積當在一萬公頃。其間歐洲僑民所經營的約有五千八百公頃左右。每個種植場的面積，大多爲二百公頃，但亦有五百至一千公頃者。

在加強生產聲中，新蕉種波約種（Poyo）的生產量每公頃高達六十公噸。似已逐漸代替了舊種粗密歇爾種。東喀的香蕉，每年可能輸出的數量約爲九萬公噸，但目前未能達到此數目，考其原因：

(1)一年中有若干時期，船舶不敷調配，運輸不便。

(2)突來的天災，如蒙戈省的颶風卽是一例。

(3)發生嚴重的蟲害。

(4)因品質及包裝關係，有相當大的數量被拒絕裝船。

(5)國外市場的減少。

西喀的香蕉生產，每年約達八萬公噸，計百分六十五輸往英國；百分之三十五輸往斯堪的那維亞地區。近年來，某些地區種蕉量減少；某些地區又從事研究改良而擴充，故大致說來種植面積無甚增減，但種蕉的土地肥力日減，加以距海港較遠的地區運費過昂，不宜種植，故發展前途亦不無困難。同時，銷路方面，在斯堪的那維亞地區只能容納西喀產蕉的三分之一；而英國方面亦不能全部購買，因此，佔西喀人口百分之二十的蕉農遭遇到相當嚴重的問題。據說，歐洲經濟社會擬予設法救濟。

根據一九六八年世界糧農組織的統計，整個喀麥隆的種蕉面積，約爲三萬公頃，單位面積產量每公頃爲三萬六千五百公斤，全年總產量約爲十一萬公噸。

花生：喀麥隆的花生的生產，主要是在北部地區，至於東部，亦在不斷的增加中。在森林地區，雖有可可爲其勁敵，但花生的產量亦未降低。

二次世界大戰後，花生輸出的數字驟減，此並非生產量減低，實因貝努河上的船隻，全被用於載運查德的棉花，卡魯阿的關卡，對喀國北部所產的花生，已完全不感趣。

根據一九六八年世界糧農組織的統計，目前，整個喀麥隆的花生種植面積約爲十五萬公頃；年產量爲十二萬六千公噸；單位面積產量爲每公頃八百四十公斤。

棉花：棉花的種植，是近年來方才開始的，生產地亦多集中在北部，係採用密集方式進行，成效甚佳。種棉花的人，幾乎全部皆爲非洲籍人民。所用品種爲「阿林(Allen)五八、一五一」號。法國纖維發展公司，在此獲得收購及軋棉的專利權，並受喀政府的委託，培養技術人員，以便將來自行充分發展植棉事業。

貝努河爲棉花運輸的天然河道，它的運費較陸路爲廉，每年七月至十月間，河水上漲，可以通航，故卡魯阿的港埠，在此時期，經常擁擠不堪。

根據一九六八年世界糧農組織的統計，喀麥隆的棉花種植面積約爲十萬公頃；單位面積產量每公頃約爲一百七十公斤；全年總生產量約爲一萬七千公噸。

穀物：穀物中包括黍，蘆粟及玉米等。黍及蘆粟幾乎全部產於北部地區，該地區因經常由河流帶來冲積土，增加土地肥力不小，當地農民將旱季的黍，移植於洪水退後的肥沃土地，常可得到豐裕的收穫。至於玉米一項，則全國各地均有種植，但特別盛產於西部地區，粗略的估計，每年約生產八萬噸。佔全國總產量的三分之二。玉米的種植利潤頗爲優厚，其交易亦頗頻繁。在喀國的中部，玉米的種植，正在逐漸推進中，每年生產約爲二萬噸，至於東部所種的玉米，只爲產製含酒精的飲料而已。

根據一九六八年世界糧農組織的統計，喀國玉米的種植面積爲二十萬公頃；總產量爲二十一萬七千公噸；單位面積產量爲每公頃一萬零九百公斤。高梁，小米在喀國的產量亦不少。全國種植面積爲六十萬公頃；總產量爲四十九萬公噸；單位面積產量爲八百二十公斤。

此外，水稻、甘藷、樹薯、鳳梨、棕櫚仁、棕櫚油、煙草、天然橡膠等都有出產，茲將其種植面積，產量，單位面積產量等列表如後：

作物	種植面積（千公頃）	總產量（千公噸）	單位面積產量（每公頃100公斤）
水稻	一三	一三	九・八
甘藷	七五	二八〇	三七
樹薯	八〇	五〇〇	六三
鳳梨	—	三	—
棕櫚仁	—	三八	—
棕櫚油	—	三九・一	—
煙草	六	三・六	六・四
天然橡膠	—	一・八	—

林業

前面說過，東喀面積，差不多有一半爲森林所覆蓋，而西喀的面積差不多如有三分之二爲森林所覆蓋，所以林業在東西兩邦均十分重要。

木材在東喀佔輸出總噸位百分之四十以上，佔輸出總貨價百分之六，在可可與咖啡之後居第三位。經營木材的主要機構有喀麥隆木材公司，國營喀麥隆公司及 Sefie 公司三單位，其中以喀麥隆木材公司的規模爲最大，年產原木約十萬立方公尺。

東喀的木材貿易，頗受運輸與貯存的限制。鐵路所能運輸者，只及該地所產木材的四分之一，而杜阿拉港的貯木池，也只能存放原木八千噸，是以要發展東喀的木材輸出業，必須先更新鐵路器材及修築載重路基以及興建現代化的貯木池。

西喀的木材雖很豐富，但迄尚未能善加開發利用，其所以遲遲未能開發的原因，約有下列兩端：

(1)缺乏運輸的道路，十分不便。

(2)在英國國協國家中，已有若干非洲國家從事木材輸出，因而不願西喀大量生產，以增加競爭的對象。

西喀的木材，在最初開發期間，其品質非常優良，頗受國際市場的歡迎和重視，但因交通困難，不能將開發範圍向四週擴展，故若干地區經數年的挑選，優良樹木已砍伐殆盡，以致後來出口的木材品質日趨低劣。

西喀的森林，雖有少數地區現已積極開放，但就整個地區的大森林言，可謂仍保留在處女狀態中，完全未曾開發對此美好的遠景，聯邦政府允宜集合各方面的力量從事有效開發利用，以增強國力。

交通運輸

交通便利，運輸發達是發展農業的要素之一。喀國的交通運輸業，尚在開發中，茲就其現狀，略加說明：

公路：東喀的公路網有三個中樞互相聯繫着：

(1)北部中樞：自杜阿拉經恩宮桑巴(Nkongsamba)，德尙(Dschang)，弗班(Foumban)，巴尼約(Banyo)，第巴地(Tibati)，最後與恩宮德勒(Ngaoundéré)相接。

(2)東部中樞：自杜阿拉經埃德亞(Edéa)，雅恩德(Yaounde)，南卡埃羅卡(Nanga-Eloko)，貝杜阿(Bentoua)，貝達勒奧亞(Bétaré Oya)至恩宮德勒，然後再經卡魯阿(Garoua)，馬魯阿(Maroua)至福羅堡(Fort Foureau)。

(3)南部中樞：自雅恩德經莫巴爾美約(Mbalmayo)，埃波羅瓦(Ebolowa)至安班(Ambam)。

截止目前，全國共有六千公里的公路合乎國際標準，其不合標準者亦有相當的長程。

西喀方面，因鐵路計劃未能卽付實施，當前唯一可供運輸者爲公路。故公路在目前及最近的將來，均將西喀經濟上重要的地位，今後應如何改進其缺點，補充其不足，實爲主要的課題。

鐵路：東喀現有鐵路共五百二十公里。北部支線與中部幹線，在杜阿拉及波納貝里(Bonaberi)兩港之間，藉伍里河上的大橋銜接。北部支線連絡波納貝里至恩宮桑巴(Nkongsamba)，通過蒙戈省(Moungo)及巴米勒克(Bamileke)地區，運送香蕉，咖啡，木材及牲畜至杜阿拉。

中部幹線連絡杜阿拉至首都雅恩德，另有一支線通至莫巴爾美約。此線載運之尼昂(Nyong)及尼昂桑卡納(Nyonget-Sanaga)兩省的木材，可可及北部的棉花，糧食至杜阿拉。

聯邦政府計劃在東喀修築長度一千一百八十七公里的鐵路，預計十年內完成，屆時，不但運輸量增加，且對旅客安全及降低旅費等有所顧及。

西喀的鐵路，僅墾植園所用的一條短程鐵路，對國家經濟前途無何作用。

水運：這可分海運與河運兩部份加以說明；海運方面以杜阿拉及波納貝里兩港爲主，所有長程船隻均停泊於此。杜阿拉在一九二八年經法國人設計建有長一百九十公尺的碼頭，可供同時停泊四艘貨船；一九四六年，進口的水道浚深至五公尺，但旋又爲泥沙冲積，現僅剩深度四點六公尺。一九四八年，在波納貝里港，建有裝運香蕉的碼頭與四個寄存香蕉的倉庫。

第二個海運港，叫做克里比（Kribi）港，此港的主要用途爲航行沿海的船隻所停的。但現在運往杜阿拉的貨物，大多由公路車輛運送，所以沿海航行的船隻大爲減少。同時，又因無鐵路與內陸連絡，故此港的種種建設與繁榮程度均不能與杜阿拉相比，近年來，可可運輸的發展，已使該港逐漸低落的運輸噸位提高。

第三個港，叫做卡魯阿（Garoua），這是喀麥隆唯一重要的河港。此港離開海有一千五百公里之遙，每年只有二，三月可以使用，使用時間雖甚短暫，但仍不失爲一極寶貴的內港。查德土產的輸出及轉運，以此爲唯一場所。

西喀因地勢險峻，河流漲落的水位相差過大，以致無一可眞正航行的河流，沿海及內灣航行，多用小型船隻載運當地貨物及漁業產品。

西喀有二個海港，一爲維多利亞（Victoria）港，主要爲自進口船卸貨的小船停泊之所；一爲帝戈(Tiko)港，此港現已整修完畢，有一可停泊船長一百五十公尺的碼頭，平時多爲出口貨物裝船之用，木材在此港輸出者特多。

空運：東喀之航空事業係由法國航空公司及喀麥隆航空公司所擔任，主要的航空站有杜阿拉、雅恩德、巴都里(Batouri)、弗班(Foumban)、恩宮德勒、卡魯阿、馬魯阿等處。東喀擁有一個甲級機場(杜阿拉)十一個丙級與十一個丁級機場。空中運輸，經常每週有六，七條連絡線，內陸飛行則隨時接受申請。

西喀唯一稍具規模的航空站爲帝戈機場，喀麥隆航空公司每週二次由此載運旅客及貨物至杜阿拉。此外尚有六個輔助機場，大都位於墾植園附近，其中最重要的爲維多利亞與波達間的一機場，現爲法國香蕉公司所經常使用。最近的將來，空中運輸可能對西喀的經濟與地方開發上更爲重要。但機場建設，如永久性跑道等俱極繁重，需要大筆投資始克有濟。

對外貿易

東喀的對外貿易，仍保持非洲的傳統方式，可謂眞正的「門戶開放」，在貨物進口時，無法作任何檢查，但可略徵稅捐。

價格敏感的農產品，如可可，咖啡等，出口時必須經有關機關核准，但此項核准手續並不困難。過去二十年中，東喀進口貨物的數量由五萬九千噸增至三十七萬噸，增加率爲百分之七百；出口貨物數量則由十六萬四千噸增至四十二萬六千噸，增加率爲百分之一百六十。

東喀農產品輸出以可可，咖啡，香蕉爲大宗，根據一九六六年的統計，可可輸出八萬四千五百五十公噸，價值三千一百一十六萬八千美元；咖啡輸出六萬四千三百九十公噸，價值四千三百零二萬美元；香蕉輸出七萬公噸，價值四百五十三萬美元。此外，棕櫚仁，棉花，花生等亦有出口。向東喀採購以上各種農產品最多的國家爲法國及法郎地區的其他國家。此外，英國、美國、西德、義大利、荷蘭等亦有貿易，至於輸入方面，除產生動力的貨品外，大多爲不能久留的消費品，而原料與生產機器的輸入反見減少。聯邦政府對此已予注意，今後將對內不忽視任何擴展生產的可能性，對外則儘量發展與隣邦及友好國家的經濟關係。

西喀的進出口與東喀不同，在出口方面，㈠有南喀麥隆運銷局主持調整各種產品的價格，一面還收購產品以供輸出。㈡有若干大規模的合作社存在，此等合作社社員擁有多種產品，且其產量亦很可觀；在進口方面亦二點與東喀不同，㈠傳統交易與合作社同時並存，他們均從事進口貿易，㈡奈及利亞依據過去商約，獲有關稅優待，現仍以大量貨品輸入西喀，故別國貨品均不能在西喀與奈國競爭。

丁、農業潛力的開發

喀麥隆的經濟基礎主要奠定在農業生產上，農產品輸出的收入佔全國歲入約百分之七十。第二次世界大戰後，農產品的生產量，消費量與輸出量均已增加，部份是由國外對喀國生產的熱帶產品需要量增加，另一部份則由於國內一般經濟的發展，可可產品，咖啡，棉花，香蕉，棕櫚仁及橡膠均成為重要的商業產品。

自我農耕隊進駐喀國後，喀國的農業潛力開發已漸見端倪，為使讀者明瞭喀國農業潛力及我協助開發的情形，特將我農耕隊在該國工作情形摘記如後：

駐喀麥隆農耕隊

壹、成立日期：民國五十三年十一月七日。（該國現已與共匪建交，我已與斷絕邦交，農耕隊撤回）

貳、編制人數：隊長一人，副隊長二人，分隊長二人，技師五人，小組長二人，隊員二十二人，計三十四人。

參、隊址：塞內加(Haute Sanaga)省南加依波谷(Nanga Eboko)鎮，距喀京雅恩德（Yaounde）一六六公里。

肆、分隊（推廣站）分佈情況：

分隊名稱	成立日期	工作人員			距離隊部（公里）	備註
		副隊長	隊員	合計		
恩底分隊 Ntui	五六年七月十四日	一	六	七	八八	
巴孟達分隊 Bamenda	五六年九月十六日	一	六	七	六四八	
巴方推廣站 Bafang	五七年五月廿五日	—	二	二	三一二	
東加推廣站 Tonga	五七年七月十五日	—	二	二	二七六	

伍、示範區地址及面積：

南加依波谷（Nanga Eboko） 二四·五〇公頃

恩底（Ntui） 五·三三公頃

巴孟達（Bamenda） 三·八一公頃

合計 三三·六四公頃

陸、推廣區地址及面積：

南加依波谷（Nanga Eboko） 二二七·五四公頃

恩底（Ntui） 一六六·八〇公頃

巴孟達(Bamenda)	二三四・九八公頃
巴方(Bafang)	五八・七五公頃
東加(Tonga)	二七・〇五公頃
合計	七一五・一二公頃

柒、工作計劃：

一、規劃農場，並改善灌溉排水系統。

二、改良栽培方法示範及推廣，推廣目標爲七〇〇公頃。

三、引進優良品種繁殖推廣。

四、繼續舉辦訓練喀國農民從事農業生產。

五、推廣優良農具。

六、指導組織生產及銷售合作機構。

七、協助農民開闢山坡地種植大豆等旱地作物。

八、補助推廣農民設置曬場。

九、充實農產加工設備。

捌、工作概況：

一、示範區工作：

㈠稻作：

①水稻：臺中在來一號、臺南一及五號，每公頃產量爲四、〇〇〇至六、〇〇〇公斤，每公頃達當地種產量（五〇〇公斤、公頃）一〇倍，當地每年僅種植一期，該隊在有灌溉水地區，年種三期，每公頃年產量爲當地栽培法之三〇倍。

②陸稻：該隊曾試種過東陸二及三號，臺南二號，其中以東陸三號爲最優，產量每公頃三、〇〇〇公斤爲當地品種產量之六倍，係目前推廣之陸稻品種。

㈡雜作：

①大豆：臺大高雄五號、十石、百美豆三品種，每年種植兩期，每期每公頃產量一、五〇〇公斤（查喀國原無大豆），產量無從比較。

②黃麻：以 Solimoes 品種產量最豐，每公頃精洗麻二、六〇〇公斤。

③鐘麻：以 No. 51品種最優，每公頃產量精洗麻二、六〇〇公斤。

喀國原無麻類作物，所需包裝之麻袋，需要量甚多，且全仰賴外國成品輸入，如有加工設備，此種麻類推廣價值極高，前途頗有希望。

④甘藷：以臺農五三及五七號爲最優，鮮藷產量每公頃二二、二二〇公斤，澱粉含量高、味甜，深受喀人之歡迎，爲推廣之品種。

⑤胡麻：引進國內優良品種，經兩期示範種植，產量高出本地種三倍。

㈢蔬菜、瓜果：

①西瓜：以蜜寶、富光、富寶等三品種最優、銷路好，極具推廣價値，農民已普遍種植，獲利甚豐。

②鳳梨：引進品種因甜度比本地種爲高，農民索苗種植者多。

③蔬菜：曾種植過蕃茄、萵苣、豇豆、敏豆、白菜、茄子、甜椒、南瓜、包心菜、結球甘藍、甘藍、花椰菜、胡蘿蔔、冬瓜、苦瓜、絲瓜、葱、韮菜、辣椒、南方芥菜、蘿蔔、雪裡紅、胡瓜、蘆筍、越瓜、長扁蒲、豌豆、薑、抱子甘藍等成績均極優良、尤其蕃茄、果大，肉嫩最受當地歡迎。

喀國幅員廣大、地形高低不一，氣候亦略異。因此，東喀適合種植一般熱帶蔬菜，西喀氣候較涼爽，適合生產花椰菜、包心白菜、薑等高涼地區之蔬菜。

㈣稻作品種試驗：

①水稻：曾試種臺中在來一號、臺南一、三、五號；嘉農二四二號、IR3-66、IR4-2、IR8-246、IR9-60、B572A3-29、B5711A1、MILFOR、IR8-288-3、結果以臺中在來一號、臺南一號爲最佳，且臺中在來一號因稻穗在劍葉下面可減輕鳥害、產量高而穩定，抗病力強，爲目前普遍推廣之良種，Milfol 米質甚佳，味淸香，極受喀國高層社會及外籍人士之喜歡。

②陸稻：曾試種東陸二、三號、臺南二號、白殼早等品種，結果東陸三號分蘗強，谷粒大，抗病力強，產量高，爲目前推廣之品種。

㈤栽培方法之改良：

喀國農民原對水稻栽培方法粗放，土地不加整平，直接撒播，種後欠管理。農耕隊教導採用秧田以正條密植法，適時除草、施肥、灌溉排水及防治病蟲害，使用鐮刀收割及脫谷法，並行年三期作示範種植結果產量高出本地栽培方法三〇倍，目前農民逐漸仿照。

又各類蔬菜、瓜果的栽培，因農民缺乏資金購用化學肥料，農耕隊教導農民盡量施用不花本錢的堆肥，牛羊鷄等糞便，目前農民已逐漸普遍使用堆肥。

二、訓練工作：

㈠爲期四個月，分五組實習水稻、旱作、蔬菜、瓜果、農機具，農產加工等，在各組實習天數之多少，視各期受訓學員之需要而定，課程之講授由該隊釐定，並聘請曾赴我國受訓的專家擔任學科講師，而田間實際操作術科則由該隊隊員親自擔任教導。

㈡南加依波谷(Nanga Eboko)隊部已舉辦農技訓練共六期，第一、二期各二〇名訓練各項作物栽培技術，第三期一二名，言練重點在農機具之使用、保養，第四期爲Cidr（鄉村開發組織）實習生共四〇名，訓練一般作物之栽培技術及農產加工，第五期二〇名，由東喀各省縣遴選派來受訓，第六期二〇名，爲配合新推廣區 Bissaga 的工作推進而遴選派來受訓，訓練一般作物栽培技術及農機具，農產加工等，以上所受訓的學員皆爲推廣幹部農戶，另外代訓外籍機構技術員四名，及爲期一週的大豆加工煑食訓練班，普通推廣農民班三三二名。

巴孟達(Bamenda)農業幹部訓練班一六名，普通推廣農民一一〇名。

恩底(Ntui)普通推廣農民班八〇名，大豆加工煑食班四四名。

總計訓練人數七〇八名（包括外籍機構技術員四員）。

三、推廣區工作：

年份	推廣戶數	推廣面積（公頃）	種植作物	年產量（公斤）	收益（法郎）
五四—五五	九八	八八·一〇	水稻、陸稻	六一七、四〇〇	一三、三四八、〇〇〇
五五—五六	八四	六二·七三	水稻、陸稻	四三七、六四〇	八、七五二、八〇〇
五六—五七	一〇三 三五	一六五·九〇 四五·四九	水稻、陸稻 瓜果、旱作、蔬菜	一、一六一、三〇〇 一	二二、二二六、〇〇〇 一
五七—五八	一、四二〇 五七一	二三八·三〇 一〇四·三九	水稻、陸稻 瓜果、旱作、蔬菜	一、六六八、一〇〇 一	三三、三六二、〇〇〇 一
合計	一、七〇五 六四八	五五四·九二 一六〇·三〇	水稻、陸稻 瓜果、旱作、蔬菜	三、八八四、四四〇 一	七七、六八八、八〇〇 一

該隊自民國五十五年開始推廣以來，面積逐年增加，由於農民普遍深悟栽培中國的水稻、陸稻、西瓜、大豆等物，產量多，獲利厚，加上本年度推廣工作的極力推進，因此，本年度的推廣面積竟超過原定目標七〇〇公頃而達到七〇四・八〇公頃，同時新的推廣區如 Mfou, Sangmelima, Akono, Bissaga, Bibey, Doume, Mgaomou, bikok, Lolodorf 等地區皆紛紛要求給于技術指導，故未來的推廣前途甚為樂觀，為推廣工作積極進行，該隊擬將在各該區設置推廣站，或定期派員前往指導，以擴大推廣面積。

四、水利設施：

㈠Nanga Eboko 示範區建有引水灌溉幹線五二、〇〇〇公尺，支線五〇〇公尺，排水幹線一、一四〇公尺。支線一五二公尺，水庫一座，溢洪門一座，水閘一座，灌溉量四〇公頃。

㈡Ntui 分隊示範區建有灌溉溝五〇〇公尺，排水溝三〇〇公尺。

㈢Bamenda 分隊示範區建有灌溉溝二、五〇〇公尺，排水溝五〇〇公尺。

玖、特殊事蹟：喀國丘陵旱地廣大，且年有兩次足夠旱地作物生長的雨季，為充分開發山坡地生產，該隊除極力推廣種植陸稻、大豆、西瓜、鳳梨等作物外，上年度由國內引進胡麻品種經兩期試種結果，產量高出本地種三倍其單株莢數比本地種約多一倍，且一莢中有八排籽粒，而本地種僅四排，胡麻栽培較易，收穫簡單，經示範宣導後，許多農民紛紛索種種植，將為山坡地極有希望的作物。

二、剛果民主共和國（金夏沙）
(Democratic Republic of Congo (Kinshasa))

甲、概　述

葡萄牙人在十五世紀發現剛果，並在剛果河口興建堡壘。他們是首批來到剛果的白人。至少有一個世紀，他們在非洲西海岸非常安定，毋須恐懼歐洲其他鄰國經濟或政治方面的侵襲，在這一段幸運的時間內，他們建立了一個基督教王國，開發極有限的國家農業及礦業，且適時自巴西輸入水果及植物。

繼葡萄牙基督教王國時代之後便是萬惡的販奴時代開始，人類多少痛苦與財富均由此源源而生，幾近三百年，非洲大陸，尤其是西海岸，幾變爲魔鬼的天堂。遠在白種人來此之前，非洲即有奴隸制度，但獲利與剝削的程度，遠不及這個黑暗的販奴時代。

當這無情的買賣荼毒非洲海岸之際，比利時人尙無他們自己的國家，在剛果亦無他們的地位，當時英國人已開始進行販奴，但在他們的經濟潛力變成顯著獲利時，其他歐洲國家始相繼插足，自此以後貿易競爭乃轉趨激烈，荷蘭人、法國人、丹麥人及瑞士人均趕來參加此項人的買賣，共享鉅利。

當人們認識容易賺錢的時代已隨廢止販奴而結束時，一個向非洲腹地挺進的新口號甚囂塵上，英國人在這方面獨佔鰲頭，在西元一七八八年，著名的科學家本克斯（Joseph Banks）男爵組織非洲協會，其堂皇宗旨爲：「促進科學和人道目標，探測地理的神秘，勘察資源及改善此一不幸大陸的命運」。繼該協會之後，其他同樣性質的協會不斷的產生，猶如雨後春筍。

當眞正向非洲荒蠻地區探險的時期開始後，有許多勇敢的探險家前往非洲探險，其中最傑出的一位叫做斯丹來(Stanley)，他服務於紐約論壇報，他因探險非洲而享盛譽。遠在百年前，一八五六年及一八七一年間，利文斯頓（Livingstone）在非洲蠻荒腹地失蹤，紐約論壇報卽派斯丹來赴剛尋覓，斯氏終於在尋找二百三十六天後獲得成功。因此，現在剛果河在金夏沙出口處建有斯丹來銅像，以爲紀念。

當探險與殖民風氣鼎盛時，葡人、英人、荷人、丹麥人、法國人競爭衝突之際，歐洲立國未及五十年的比利時國王利俄波爾德二世（Leopold II），他不平凡的野心，全部貫注在非洲，尤其是剛果，這可能是他觀察到剛果河流域，由於狹窄的通海道路以及具有特別秘密的內地，可以逃過奴隸販賣的刼運，也可能他認爲，如果他企圖染指此一特殊地區，他將會遭到較少的反抗。

在西元一八八四年俾士麥(Bismarck)召開柏林會議後，各國立卽大事展開非洲大陸的探險工作，此後十五年間，非洲大部份的土地被歐洲英、法、德、義、比、葡六個國家所瓜分。

比王利俄波爾德以斯丹來擔任他赴剛果的代理人，在一八七九年至一八八〇年間，斯丹來數次旅行剛果向酋長們遊說，終於爲比利時取得約九十萬方英里的土地。

剛果(金夏沙)推廣農民收割

西元一九〇八年十月十八日比利時與剛果合併，十二日後，比利時成立一殖民部，從此剛果自由邦即改爲比屬剛果。

兩次世界大戰期間，比利時的政策是視非洲人爲另一世界之人，應遠離歐洲人所保有的一切事物，在教育方面，除僅使其獲得較簡單的技術知識與經驗外，餘均未曾顧及。

在西元一九五九年一月四日，比利時在剛果的家長政治因雷堡市街頭的流血，不光榮地結束，何以家長政治瓦解得如此迅速而突然呢？實際上，這問題並不是眞正有何突然，因在一九四五年至一九六〇年間，比利時當局與剛果人民的接觸，就從未恢復到他們在第二次世界大戰前的舊觀，有充分的證據顯示，比政府在剛的腐蝕現象已經令人嘆息。

西元一九六〇年六月三十日剛果正式宣布獨立，同年八月十日與我建交，我在該國現設有大使館。

自一九六〇年獨立以來，剛果省區的劃分曾有數度變更，目前剛果分爲八省，剛果中央省(Congo Central)，班東杜省(Bandundu)，赤道省(Equateur)，東方省(Orientale)，吉福省(Kiru)，卡坦加省(Katanga)，東卡賽省(Kasai Oriental)，西卡賽省(Kasai Occidental)。

乙、自然環境

位置與面積

剛果民主共和國爲位於非洲大陸的一個大國，通常均將它首都的名稱金夏沙(Kinshasa，以前稱雷堡市 Leopoldville)加在該國國名之後，以便與鄰近布拉薩(Brazzaville)剛果共和國有所區別，剛果的面積共有二百三十四萬五千四百零九平方公里，(合九○四七四七平方英里)除在大西洋沿岸有一長約二十英里(合三十二公里)的重要狹長地帶以外，剛果是一個內陸國家，其四鄰：西爲布拉薩剛果，北爲中非共和國及蘇丹共和國，東爲烏干達(Uganda)，盧安達(Rwanda)，蒲隆地(Burundi)及坦桑尼亞(Tanzania)，南爲桑比亞(Zambia)，北羅德西亞(Northern Rhodesia)，西南爲安哥拉(Angola)。在經緯度方面，它約介於北緯五度至南緯十二度與東經十二度至三十度之間。

地形

剛果最主要的地理特色爲通航長度僅次於亞馬遜河(The Amazon River)的剛果河系統(The Congo River System）以及剛果盆地（The Congo Basin）茂盛的熱帶雨森林。該盆地為一相當低窪的台地，四週地勢較高，尤以東邊和西邊的山地高升而成為高達六、五〇〇英尺的山脈，越過盆地四週，北方卽為沼澤乾涸後形成的大草原，南方則為森林地帶。

氣候

剛果由赤道分為南北兩個季節相反的氣候區，佔全國三分之二的赤道南方地區在雨水豐富的夏季時，北方地區却是乾燥的冬季。在赤道南方的西部地區，雨季從十月開始到翌年五月，經常有暴風雨，不過時間不長，很少超過數小時。赤道北方的雨季，從四月開始到十一月，而中部地區則終年很規則的獲有多少不同的雨量，剛果河盆地內每年下雨天約為一三〇天，盆地中心附近的雨量從六〇至八〇英寸不等。在四周的高地地區則從四〇至六〇英寸。全國的平均年雨量約為四二英寸。盆地地區內的濕度經常都在六〇％以上，而熱帶森林內的溫度頗不相同，從華氏六〇度到一〇〇度不等，不過一般都在九十度上下，其他地區的平均溫度為華氏七七度，但依地勢高低的不同有很大的增減。

丙、農業經營的現狀

地理條件

縱跨赤道的剛果境內，包括有從熱帶雨林到起伏伸延的草原，以至涼爽的高原等各種不同的地形，同時也具有各種不同土壤，氣候和供水情形，因此可以種植各種各樣的農作物。土壤方面除東部火山地帶分，均因雨水的冲刷，甚爲瘦瘠，僅餘的肥力極易爲農作物所消耗罄盡，同時，森林的人爲破壞，草地的過度放牧以及土壤的冲刷等問題，均造成剛果農業上的嚴重問題。

勞働力

根據西元一九六六年的統計，剛果人口爲一千六百萬，惟據最近五十九年五月我外交部所得的資料，則顯示剛果的人口已達二千二百萬。目前，剛果的人口仍以每年百分之二點三的增加率增加中，剛人口平均密度爲每平英里十七人，不過，剛國與其他各國情形一樣，人口分佈亦極不均勻，大約有一半以上的地區每平方英里只有三人。

金夏沙是剛果最大的都市，據一九六八年的統計，它的人口約有一百二十萬之衆，此外，魯孟巴市（Lubumbashi）（前稱伊麗沙白市 Elizabethville）約有三十二萬五千人；姆布吉馬伊（Mbuji-Mayi）約有二十萬人；吉桑加尼（Kisangani 前稱斯丹來市 Stanleyville）約有十萬人。

在一九六五年的統計中，顯示數達七百萬的勞動人口中，以工資或薪水爲生的人，僅佔百分之二十，其百分之八十，約五百六十萬人則屬傳統的自耕自食經濟中的農人和沒有工資的家庭工人。目前，有一個趨勢，卽公共機關僱用的人逐漸增加，其所得薪資大部份被物價的上漲所抵消，這些現象，有一部份因受此業餘糧食耕種和小型商業的擴展而冲淡。

主要農作物

剛果的農業可分爲兩類：一類是外銷農業，具有農場，農產品加工廠，銷售系統等，大部份均爲歐洲人所經營；一類是內銷農業，此類農業大多仍採古老的耕作方法，均爲非洲人所經營。

剛果的農業生產者又可分爲下列四種類型：

⑴**大規模外國公司**：此類公司資本雄厚，擁有許多大規模農場及加工廠，僱用大量剛果工人，以經銷可可，橡膠，棕櫚等爲主。

⑵**中小規模公司或經營農產品的企業**：此類公司或農產品企業，經營農場或農產品加工廠，或同時兼營農場與農產加工廠，經銷本身農場之產品或中小規模歐洲種植者及非洲種植者之產品，此類公司與農產企業所經銷的主要產品爲咖啡，茶，棉花和棕櫚油等。

⑶**非洲農民**（個別農民或參加農民合作社者）：這些農民生產本地所需的主要糧食，如樹薯、稻米、玉米等。另並種植供應外國農產加工廠所需的棕櫚核，棉花、橡膠、咖啡、茶。

⑷**自耕自食的小農戶**：這是以自己家屋爲中心自耕自食的鄉村農民，很少與外界往來，大多生活十分艱苦。

根據一九六八年世界糧農組織的年鑑報告，剛果金夏沙全國土地利用的總面積爲二億三千四百五十四萬一千公頃，其中耕地佔四千八百九十九萬五千公頃，牧地佔二百四十三萬五千公頃，林地佔一億公頃，從上面數字看，剛果的耕地面積在西外非國中算是首屈一指的了。

茲將其主要農作物簡介如后：

(1)**棉花**：於一九二〇年開始種植，全由剛果人經營，却由外國私人公司經銷。在獨立前除能自給自足外當有多餘纖維可供輸出唯一九六〇年以後種植面積減少，現已由美國四八〇號公法計劃輸入。現全國種植面積約六萬九千公頃，年產量約八千公噸單位面積產量平均每公頃爲一百二十公斤。

(2)**咖啡**：羅伯斯特(Robusta)和阿拉伯加(Arabica)的咖啡在剛果境內均有種植。煙燻磴咖啡的生產集中於東北部，生產量較阿拉伯加種爲多，阿拉伯加種則在東部較高的地區種植。

(3)**可可與橡膠**：大部份生長在西北部一九五八——一九六二年間，輸出數量有所增加。此兩種作物大多爲外國公司所經營，且無走私出口情形。

(4)**茶**：剛果境內的氣候情況很適合於茶樹的種植主要產區在吉福(Kivu)省境內。

(5)**棕櫚和油質棕櫚**：在價值與數量上都爲剛果最大的農業輸出品，產品之年產量約八〇%由外國人所有的大農場生產的。

(6)**甘蔗**：其生產全由私人外國公司經營，有糖廠二家：①吉福省的蘇克拉(Sucraf)②金夏沙附近的莫爾貝克(Mocrbeke)。

(7)**菸草**：一九四八年開始種植，主要種植地區爲卡坦加省（Katanga）全國種植面積約三千公頃，年產量約二千九百公噸，單位面積產量平均每公頃約九百公斤。

(8)**樹薯**：根據一九六八年世界賴農組織年鑑報告，此項作物的種植面積約爲七十四萬公頃，年產量爲八百萬公噸，單位面積產量平均每公頃爲一萬零八百公斤。

(9)**稻米**：全國種植面積約爲十一萬五千公頃，年產量爲十二萬公噸，單位面積產量平均每公頃爲一千零四十公斤。

(10)**玉米**：全國種植面積爲二十七萬五千公頃，年產量爲二十五萬公噸，單位面積產量平均每公頃爲九百一十公斤。

(11)**花生**：全國種植面積約爲二十萬公頃，年產量約爲十一萬三千公噸，單位面積產量平均每公頃爲五百七十公斤。

上述稻米、樹薯、玉米、花生等糧食作物，多由自立的各別生產者，農民及合作社等所生產，在美國四八〇公法下，也輸入很多玉米，稻米和麵粉。現卡塞（Kasai）省的玉米生產正逐漸增加中。

交通運輸

水道：剛果因受了天然水道網的賜予，使得剛果國內能有一個廣泛而又相當廉價的運輸系統。雖然沒有天然的深水港，但有四個港口已經建造完成，其中最主要的爲馬塔地(Matadi)港。在東部地區內的六個內陸湖，現均加以充分利用，以便促進邊界沿線上的運輸，並且提供了前往東非洲的出口。

鐵路：除水道以外，剛果有長達三千英里的鐵路，鐵路經過剛果河不能航行的地區，如馬塔地至金夏沙，吉桑加尼至彭塞市(Ponthierville)，琴杜(Kindu)至達巴羅(Dabalo)，並連接卡坦加(Katanga)省和位於大西洋海岸線上的馬塔地港以及通向安哥拉的洛比都(Lobito)；坦桑尼亞(Tanganyika)的達來撒蘭(Dar es Salaam)；莫三鼻給(Mozambique)的貝伊拉(Beira)等港口的外國鐵路。

從境內東邊至西邊或南邊到北邊，沒有完整的鐵路系統，也沒有完整的公路系統，目前，所有的鐵路及公路，幾乎完全是連接水道的路線和生產中心的短程運輸路線。

剛果境內有三條主要的運輸路線：

最重要的一條爲國家公路(Voie Nationale)，是一條從魯孟巴市(Lubumbashi)(從前名伊麗沙白市 Elizabethville)通往馬塔地港的河道與鐵路的連接線，共長約一千七百二十五英里。

第二條爲通往安哥拉(Angola)境內，位於大西洋沿岸的洛比都(Lobito)的廸歐羅公路(Voie Diolo)。第三條爲經由撒卡尼亞(Sakania)到尙比亞(Zambia)(首都路沙卡 Lusaka)及北羅得西亞(Northern Rhodesia)鐵路的路線。除上列三條主要路線外，尙有其他重要鐵路，其一爲位於東方省北部，長達五百二十五英里的維西諾克斯鐵路(The Societe des Chemins de Fer Vicinaux du Congo)，其二爲在該國中央東部經營的剛果大湖鐵路公司(The Societe Congolaise des Chemins de Fer def Grands Lacs)。

公路：剛果現已有長達七萬英里的公路，不過，鋪好路面而可全年通車的公路却不多，在赤道森林地區內，多量的雨水，使道路的興建及維護頗爲困難，而在其他地區內，腐蝕和交替變化的乾，濕季節，也造成了許多公路問題，使得公路運輸發生困難。

空運：空中運輸，在剛果極具重要性，它是與許多現仍隔離的地區接觸的重要方法之一，全國現約有三百四十七個飛機場，其中主要者有五十三個，次要者有二十三個，其餘皆為小型機場。剛果和歐洲及非洲境內各主要城市，每天均有飛機來往，金夏沙機場的起飛與降落尤為頻繁。

對外貿易

對外貿易，在剛果是非常重要的，剛果的經濟是靠相當高的輸出額來維持的。輸出品是獲得外滙的來源，可以用來協助抵銷政府的赤字，並可為輸入消費品及工業設備與工業原料提供支付的財源，以一九六六年為例，剛果輸出總值達十八億美元，佔國民生產毛額百分之二十六。這反映了對外貿易在剛果的重要性。

剛果對外貿易，一直維持着出超，特別是和法國，義大利以及英國等國的貿易更屬如此。

剛果對外貿易最主要的產品為銅，這在剛果輸出品中佔了絕大部份，筆者一九六九年七月間參觀該國所主辦的國際商展，其在銅礦及銅製造品方面的展出，眞是令人歎為觀止，本書所討論的是西非農業地理，養重在農業地理的研究與介紹，礦業地理及情形不在討論範圍之列，玆根據西元一九六六年的統計，將剛果主要農產品的輸出入情形簡介如后：

輸入品

(1)**馬鈴薯**：此項農作物全年輸入總額爲四千九百二十公噸，價值五十五萬五千美元。

(2)**稻米**：全年輸入量爲三萬三千四百公噸，價值五百零三萬美元。

(3)**菸草**：此項農作物在剛果的對外貿易記錄上有輸入也有輸出，不過，輸出的數量極少，以一九六六年爲例，輸出額僅七十二公噸，價值爲十五萬美元，而輸入額則達三千二百五十六公噸，價值達四百零一萬美元，其所以有輸出的記錄，可能是因爲轉口的關係。

(4)**玉米**：此項食糧的輸入額，全年有七萬四千四百公噸，價值四百零四萬美元。

(5)**小麥**：小麥輸入量較少，這年共計運進一千一百公噸，價值不過十二萬美元。

輸出品

(1)**香蕉**：此項香蕉的輸出，在這年共計爲七千一百二十公噸，價值爲十二萬美元。

(2)**棕櫚及仁**：此項作物的輸出，在早先數年，每年常在一萬公噸以上，而近年來則略有減低，以一九六六年爲例，輸出額僅及一千一百三十公噸，價值十三萬美元。

(3)**棉花**：在西元一九六一年時，剛果棉花輸出額達一萬五千多公噸，至一九六二年，一九六三年間則有輸出也有輸入，不過輸出額仍大於輸入額，及一九六五，六六年間則僅有輸入而沒有輸出了。一九六五年的輸入額爲九千二百二十公噸，一九六六年輸入額爲五千三百二十公噸，價值二百七十九萬美元，棉花在剛果由輸出變爲輸入，據傳係產棉區政治不安定，銷售系統中斷所致。

⑷**可可豆**：是年（一九六六年）可可豆的輸出額爲三千八百公噸，價值九十二萬七千美元。
⑸**咖啡**：此項農作物全年輸出額爲三萬五千一百公噸，價值二千二百一十一萬美元。

丁、農業潛力的開發

剛果政府已經擬訂一項發展計劃，預計在一九六八年至一九七三年間完成，據悉，這項計劃的重點將置於建立一項經濟基礎，最後的目的在發展一個鋼鐵和化工中心，以配合印加台地（The Inga Plateau）上剛果河水力的開發，印加台地距大西洋約八十英里，離剛果河主要港口馬塔地（Matadi）約二十五英里。此項擬議中的計劃對於農業方面較爲忽略。

剛果全國人口中有百分之七十五的人民依靠農業爲生，由於剛境內各地氣候不同，因此能有多方面的農業生產品，而其水道和鐵路的運輸又能使農產品相當迅速地的到達市場。

剛果的大片土地可用作從事農業生產，但現在實際利用的却不太多，在剛果全部土地面積中，大概祇有百分之一的土地已用作生產農地及森林作物，百分之一的土地用作永久牧場。百分之四十的土地植有樹林，其餘的土地，則多爲沼澤，沙地和山脈。

截止西元一九五九年，比利時對剛果發展農業的技術援助計劃已經實施了二十年，但對改進剛果人耕作方法和剛果農業現代化，並未發生多大作用，目前這種援助計劃已經中斷。

一九六六年八月十一日，史無前例的，我派遣一由七十八位農技人員所組成的農耕隊，前往該國協助農耕工作，四年來，我已完成了示範工作和訓練工作，現亚進入推廣階段，該國政府及人民對剛我兩國的農技合作，不僅已具信心，且深奠基礎，發展前途，非常樂觀，茲將我駐剛農耕隊工作概況，簡介如后：

駐剛果（金夏沙）農耕隊

壹、成立日期：

民國五十五年八月十二日。

貳、編制人數：

隊長一人，副隊長二人，分隊長五人，技師十四人，小組長三人，隊員四十八人，顧問一人，計七十四人。

叁、隊址：

金夏沙（Kinshasa）市恩吉利（Ndjili）區距首都十五公里。

肆、分隊（組）分佈概況：

分隊名稱	成立日期	工作人員				距離隊部（公里）	備註
		分隊負責人	技師	隊員	合計		
思賽萊分隊（N'sele）	五五年十二月五日	副隊長	二	九	一二	三八	

馬翁織分隊 (Mawunzi)	五六年四月十二日	分隊長	三	七	一一	一八五	
彭巴分隊 (Bumba)	五八年一月十五日	分隊長	一	四	六	一,二〇〇	
金市蔬菜分隊 (Kinshasa)	五八年十一月二十日	分隊長	一	二	四	三八	
恩吉利示範農場組 (Ndjili)	五八年十一月一日	組長	—	—	一	一	
鹿登得利推廣組 (Lutendele)	五八年十二月八日	組長	—	—	一	三〇	呈請核准中
計		六	七	一二	三五		

伍、示範區地址及面積：

地址	面積（公頃）	地址	面積（公頃）
恩吉利 (Ndjili)	二·一〇	彭巴 (Bumba)	四·七三
馬翁織 (Mawunzi)	五·一九	計	一二·〇二

陸、推廣區地址及面積：

地址	面積（公頃）	地址	面積（公頃）
恩吉利 (N'djili)	一八·六七	恩賽萊 (N'sele)	二四·〇〇
馬希那 (Masina)	二五·三三	桑巴 (Zamba)	三〇·〇〇
鹿登得利 (Lutendele)	一·〇五	吉隆安哥 (Kiluango)	三〇·〇〇

馬姑他賽鳥（Makuta Sevo）	三〇·二七	計	三七五·七七
彭　　巴（Bumba）	六·〇〇		

柒、工作計劃：

一、隊本部：

㈠繼續舉辦稻作試驗、示範、推廣。

㈡舉辦農民服務，供應農用材料。

㈢增設 Masina 及 Lutendele 二推廣小組。

㈣興建示範農場排水工程。

㈤籌建工作室、倉庫、晒場與車庫。

二、恩賽萊分隊：

㈠代理經營全場二三四公頃農作生產事宜。

㈡代理全場庭園佈置與管理工作。

㈢籌設小型鳳梨加工廠。

㈣籌設樹薯加工廠。

㈤興建一七〇公頃灌溉排水工程。

㈥拓墾高地一七二公頃。

三、馬翁畿分隊：

㈠繼續舉辦試驗示範，稻作引種，品種純化工作。

㈡開墾推廣區二〇〇公頃。

㈢舉辦農民服務。

四、彭巴分隊：

㈠開墾三—六公頃作稻作試驗示範區。

㈡推行稻種純化更新計劃。

㈢農村經濟調查。

五、金市蔬菜分隊：

㈠開闢十五公頃蔬菜農場。

㈡擬訂全年生產計劃供應首都蔬菜。

六、增設東方省分隊。

七、實施剛果主要稻作區域勘察。

八、舉辦農業幹部訓練。

捌、工作概況：

一、示範區工作：

①水稻：

剛果向無水稻栽培品種，故產量無從比較，唯經該隊引進品種作較大面積之試種，其中以台南三號、嘉農二四二號、高雄二七號等產量比較穩定。

②陸稻：

剛果民間栽培品種 R66 及 R67，平均產量在八〇〇——一、〇〇〇公斤之間，該隊自台灣引進東陸三號陸稻品種，經多次試種其產量與當地種比較，相差無幾，唯在中央省馬翁畿地區作較大面積推廣栽培時，生長期較短，且產量較當地種之平均產量二、五〇〇公斤爲高，可達三、〇〇〇公斤之譜。

③雜作：

該隊曾由臺灣引進各種雜作物一一種，歷年來分別加以試種。

④蔬菜瓜果：

該隊自外地（主要爲我國品種）引入剛果蔬菜計三十七種（八十八品種）先後在各單位駐地試種，除在隊本部 N'djili 推廣區指導農民耕種外，歷年來在農民服務項下，致贈蔬菜種子並指導種植截止五十八年底止計九十八處，主要大面積推廣生產是在總統農場，金市蔬菜分隊已墾有十五公頃土地，從事大量生產（一九七〇全年計劃產量六七四、八五〇公斤）供應首都金夏沙市場需要。

⑤稻作品種試驗：

該隊自民國五十五年九月開始，於 N'djili 示範農場舉行「稻作品種比較試驗」逐年試驗區域已擴大至馬翁纖分隊駐地 Mawunzi 及彭巴分隊之 Bumba，從歷年試驗成績顯示，在中央省馬翁纖地區，水稻品種以台南三號、台南一號、嘉南八號、及高雄二十七號品種產量高且穩定，台中六十五號，較耐低溫，米質佳良，除感染稻熱病外，在馬翁纖分隊亦爲初期推廣品種之一，在隊本部及恩賽萊地區則以高雄二十七號，及台南三號推廣較多，其他品種仍在試驗中，陸稻品種目前仍以當地之 R66，R67 爲推廣品種，不僅耐旱、抗病，且產量穩定，唯今已開始由外地（如菲律賓國際稻米研究所等地）引進多種旱稻品種（系），正在加速試驗中。

⑥栽培方法之改良：

㈠訂定並分發稻作，蔬菜適期種植表。

㈡建立輪作制度實施於推廣區。

㈢推廣蔬菜集約栽培方法。

㈣推廣鳳梨密植栽培。

㈤利用城市廢料、木屑、垃圾、咖啡殼等推廣堆肥製造。

二、訓練工作：

自民國五十五年八月至民國五十八年十二月底止已訓練農民、學生及幹部三九六人（其中農民二九八名）。

三、推廣及農民服務工作：

歷年推廣工作概況表

年期	推廣戶數	推廣面積	作物 \ 單位面積產量 \ 單位	隊部	恩賽萊分隊	馬翁籤分隊	備註
五六年	五四〇	九八·五四〇	水稻	—	四、五七五	—	
			高粱	—	一、〇五一	—	
			大豆	—	四三五	—	
			小米	—	七五〇	—	
			綠豆	—	六三〇	—	
			蔬菜	*二三、五八〇	*三六、八六四	—	*全年總產量
			水稻	三、六五六	△二、八二二	四、五〇八	△直播缺水灌溉
			陸稻	—	—	一、七六〇	
			大豆	—	三四六	—	

五七年	二八三	三七·六八	高粱	—	二二七	—
			玉米	—	七五〇	—
			甘藷	—	五、七六四	—
			蔬菜	*九、六五五	*八五、六二九	—
五八年	三七六	三〇三·六七	水稻	三、二〇一	—	四、四七〇
			陸稻	—	—	二、六四〇
			大豆	—	三五〇	—
			高粱	—	—	—
			玉米	—	一、二〇〇	—
			甘藷	—	八、〇〇〇	—
			樹薯	—	三五、〇〇〇	—
			鳳梨	—	二五、〇〇〇	—
			花生	—	—	—
			蔬菜	*一三、三五二	*七九、六七〇	—

總統農場土質均係砂土，缺乏有機質，又乏水灌溉，故雜作物產量均未臻理想。

稻作推廣區農民收益估計表

單位：Zaire/公頃

推廣區	作物	一期	二期	年產量	單價(Z)	總價(Z)	扣繳農貸款一六%(Z)	年收益(Z) 小計	年收益(Z) 總計
N'djili	水稻	三,九一〇	三,一〇五	七,〇一五	〇·〇七	四九一·〇五	七八·五七	—	四一二·四八
Zambu	水稻	四,二二三	四,六六〇	八,八八三	〇·〇五	四四〇·六〇	七〇·四九	—	三七〇·一一
Makuta Sevo	陸稻	二,六四〇	—	—	〇·〇五	一三二·〇〇	二一·一二	一一〇·八八	一七〇·八八
	花生	—	一,二〇〇	—	〇·〇五	六〇·〇〇	—	六〇·〇〇	
Kiluango	陸稻	二,六四〇	—	—	〇·〇五	一三二·〇〇	二一·一二	一一〇·八八	一七七·八七
	樹薯	—	一一,六六六	—	〇·〇〇六	六六·九九	—	六六·九九	

* 樹薯生長期以一八個月，產量以三五、〇〇〇公斤計算。

** 1Zaire＝2 美金。

上表各項數字，均係該隊過去三年推廣實績，年收益之計算爲農民收穫後(不計算開墾投資費)，僅扣繳百分之十六農產物，作爲各項用料費用，其餘部份均爲農民因自身參與勞動全年所得毛利（概括估算值）。

該隊各單位均訂有長期稻作推廣計劃，在工作方法上，列有四種方式，即㈠實驗推廣區，㈡代耕推廣區，㈢技術指導區，及㈣專案計劃區，例如中央省地區，除該隊實驗區（Mawunzi 農業中心 Noa 河流域）可按計劃如期完成二二四公頃稻作耕種推廣區外，進而執行機械代耕辦法，協助農民開墾，

(限於四〇公里半徑內)爲農民自動申請代耕區，再擴而大之，卽在中央省境內，各縣區，公私營農場或農莊，已種有陸稻或擬種稻作之農民，由該隊派設小組轄區分別作耕種技術指導(栽培方法改良，更換稻種及病蟲害防除或施肥等)是爲技術指導區，最後一種，專案計劃區，乃在選擇適於大面積開墾，可行集約經營之肥沃河谷平原，如 Boma 河谷地之開發，該隊配合剛果政府及國際機構之投資，組成專案小組技術合作，亦爲稻作推廣之另一計劃。

該隊彭巴分隊計有五年稻種更新計劃，在該隊技術工作方面可按計劃逐年分期實施，以上各計劃之推展情形，端賴該隊與剛果政府與人民相互合作配合得當與否，以決定未來工作成果。

四、水利設施：

各單位水利設施概況表

單位＼類別	水利設施：水壩	水利設施：欄水坝	水利設施：池塘	水利設施：抽水站	可灌溉面積(公頃)	目前已灌溉面積(公頃)	備註
隊本部	—	—	—	二	二一·九一	二一·九一	灌溉水量不足，正清理池塘以增加其蓄水池。
恩賽萊分隊	一	—	—	—	一五五·〇〇	四九·六五	水量充足
馬翁議分隊	一	一	一	—	六〇·〇〇	四二·一九	水量充足
彭巴分隊	—	—	—	二	一四·七三	四·〇〇	正擴大開墾中
金市蔬菜分隊	—	—	—	—	一五·〇〇	三·三五	與總統農場同一水壩。
計	二	一	一	四	二六六·六四	一二一·一〇	

(一)隊本部示範農場，正清理挖掘蓄水池塘，增加容水量，以便灌溉示範田區。
(二)馬翁戧分隊計劃在 Noa 河流域 Zamba 區下游一．五公里處建混凝土欄水壩乙座，引水灌溉 Kinzinga 至 Makuta Sevo 間之 Noa 河沿岸耕地，可灌面積約八十五公頃。
(三)恩賽萊分隊，在按預定計劃開墾土地，以達成現有水壩一七〇公頃之可灌能力。
(四)赤道省分隊，良種採種田正開墾中，擬設抽水站灌溉一〇公頃種子繁殖田。

玖、特殊事蹟：

(一)象牙海岸總統 Mr. Félix Houphouët-Boigny，查德總統 Mr. François Tombal baye 暨奈及利亞總統，達和美總統等，參觀恩賽萊分隊時，均予佳評。
(二)剛果農部致函該隊，讚許其與剛果農技人員合作成果。

三、查德共和國 (Republic of chad)

甲、概　述

在歷史上，查德的往史是很難稽考的，但從史前的及考古的遺蹟看，該國北部曾有過石器時代的用具及化石等物，沿着已經乾涸的撒哈拉江兩岸，有過獵人及牧人的生活遺跡，也有過重要的「沙河」(SAO)文化，一直維持到十六世紀。

十四世紀時，回教徒曾侵入查德。

十九世紀歐洲探險家出現在查德湖濱，曾從事販賣黑奴，搜集象牙與駝鳥羽毛，並將黑奴運往東非一帶。

西元一八九〇年至九三年間，法國和當地各酋長訂立條約並在此搜集科學研究資料。

一八九七年探險家桑締（Enücle Gentil）到了查德湖的湖濱。土酋拉巴（Rabah）見法國探險家與巴吉美（Baguirmi）的蘇丹和烏湘（Garunang）訂約，大怒，遂與法國探險隊開火，苦戰二年，至一九〇〇年被三路法軍圍攻而擊斃。三路法軍因此分別佔領了查德全境。

現在首都拉米堡（Fort-Lamy）卽於此時修建。

一九四〇年八月十六日由於原係非洲人後裔的總督艾布埃（Felix Eboué）的主動，查德成爲法屬

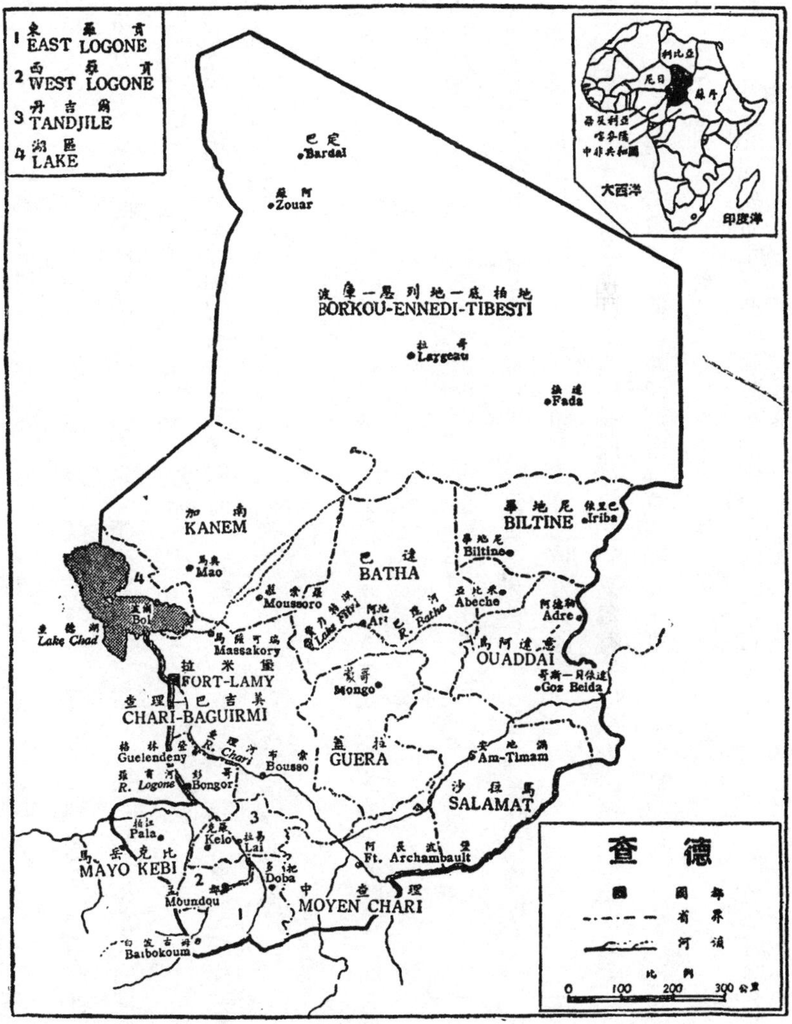

1 EAST LOGONE
2 WEST LOGONE
3 TANDJILE
4 LAKE
大西洋
印度洋
Bardai
Zouar
BORKOU-ENNEDI-TIBESTI
Largeau
Fada
KANEM
Mao
BATHA
BILTINE
Iriba
Biltine
Moussoro
Lake Fitri
Ati
R. Batha
Abeche
Adre
Bol
Lake Chad
Massakory
FORT-LAMY
CHARI-BAGUIRMI
OUADDAI
Mongo
Goz Beida
Guelendeny
R. Chari
Bousso
GUERA
Am-Timam
R. Logone
Bongor
SALAMAT
Pala
Kelo
Lai
MAYO KEBI
Ft. Archambault
Doba
Moundou
MOYEN CHARI
Baibokoum
查德
0 100 200 300

黑色非洲下的第一片領土，並與「自由法國」結合在一起。

二次世界大戰後，依一九四六年法國憲法及布拉薩市會議之建議，查德成爲法國的海外領土。除派代表出席法國國民會議及法國國協外，另有一「領土會議」，這「會議」具有相當大的權力。一面參與查德的內政，一面表現查德各階層的團結力量。

一九五六年「領土會議」權力再行擴大。同時，成立「政府會議」，先是自治，最後完全獨立。

一九五八年九月二十八日查德人民對法國戴高樂總統所提出的憲法，於複決時，大多數予以讚成。

一九五八年十一月二十六日，「領土會議」集會，確定查德在法國國協中的地位，同日宣布查德共和國成立。

一九五九年三月三十一日依憲法選舉立法會議議員八十五人。

一九五九年六月十六日立法會議通過任命董巴貝(Francois Tombalbaye)爲總理。

一九六〇年六月四日法國議會修正憲法，准許國協會員國獨立。

一九六〇年七月十二日，法國與查德達成協議，將國協行使之權力，交回查德自理。

一九六〇年八月十一日，查德共和國莊嚴地宣佈獨立，董巴貝被選爲總統。

一九六〇年九月二十日查德共和國加入聯合國爲會員國。

目前，查德共和國共有十三個行政區，相當於我國的行省分掌地方行政工作，茲將其名稱及首邑列后：

(1)查理・巴吉美（Chari Baguirmi），首邑拉米堡（Fort Lamy）。

(2)馬岳・克比省（Mayo Kebi），首邑彭哥（Bongor）。

(3)中查理（Moyen-Chari），首邑阿長波堡（Fort Archambauct）。

(4)西羅貢（West Logone），首邑孟都（Moundou）。

(5)東羅貢（East Logone），首邑多巴（Doba）。

(6)唐朱爾（Tandjile），首邑拉易（Lai）。

(7)沙拉馬（Salamat），首邑安地滿（Am-Timan）。

(8)加南（Kanem），首邑馬阿（Mao）。

(9)巴達（Batha），首邑阿地（Ati）。

(10)蓋拉（Guera），首邑蒙哥（Mongo）。

(11)烏阿達意（Ouaddai），首邑阿比采（Abéché）。

(12)畢地尼（Biltine），首邑亦名畢地尼。

查德農耕隊農民收割

⒀波庫・恩列地，底柏地（Borkou-Ennedi-Tibesti），首邑華也拉哥（Faya Largeau）。此區在國境的極北部，近沙哈拉（Sahara）大沙漠。

首都拉米堡於一九五六年成立市政府及市議會，市務行政由市長及市議會按常規行使職權。

乙、自然環境

位置

查德共和國位置在非洲北部的內陸，介乎東經十四度至二十四度及北緯八度至二十四度之間，東與蘇丹共和國相接；南與中非共和國爲鄰；西與喀麥隆，奈及利亞，尼日三國爲界；北與利比亞接壤。

查國地處赤道非洲，無足够的道路溝通全國，又因缺乏海岸線，故無論對內對外的交通均極感不便。全國總面積約爲一百二十八萬四千平方公里，相當我臺灣省面積約三百五十餘倍。無論就土地或人口而言，查國在赤道非洲均爲較大的一國，其國土的廣袤在非洲國家中，約居第四位。

地勢

查德係內陸平原，平均海拔甚低，河流係沿查理（Chari）及羅貢（Logone）兩峽谷流入查德湖。

河流：查境最主要的河流爲查理河，長凡一千二百公里，流經首都拉米堡，羅貢河來滙，因此其流域面積普及拉米堡六十萬平方公里。在查德湖的東北，有那巴愛加查(Baha-el-Ghazal)長溝，積水斷續，這可能是古代河流的遺蹟，該河當時是與米拉(Djourab)低地相交通的。

在查德東部亦有一些季節性河流，一般係由東向西流，這些河流一年中僅少部份時間有水，較重要者爲巴達(Batha)河，其水流注菲特力(Fitri)湖。

一般說來，河流的缺乏，加以雨量不均衡，對於農業水利形成一嚴重的問題，現查德政府正設法求其解決中。

查德湖：查德湖位於查德西方海拔八百英尺之地，爲一三角形低地，周圍爲一百至二百五十公里，介於查德，尼日，喀麥隆及奈及利亞四國之間。亦卽是東經十三度至十五度及北緯十二度五十分至十四度十分之間，此一廣大的水域，平均都不很深，因此，在湖岸形成了許多沙汀，紙草樹(Papyrus是一種可製紙的樹)的小島或深水。由於旱涸湖的範圍，日漸縮小中，湖的北岸小城，現已距湖濱二十公尺以上；湖的西岸，非常平坦，所以偶有氾濫，卽使湖的範圍極爲擴張，故在估計湖的面積時，此點應予注意。

在湖內有兩層泥沙的島嶼，北部爲布都瑪(Buduma)，南部爲庫立(Kuri)，湖水深度亦不一致，自北部的五英尺至南部的二十英尺不等。湖水的來源爲查理河及其他河流，流入之後並無去處。每年十二月至翌年一月，湖水可升高至廿四英尺，泛濫於低窪地區，然後任令乾涸，尤以五、六月間爲甚。

山脈：國境的東部與北部有若干髻狀小山，已被侵蝕得相當厲害。在東部烏阿達意（Ouadai）的山，約有一千五百公尺高，在北部底柏地（Tibesti）的山約有三千公尺高；在中部蓋拉(Geura)方面的孤山，高約一千八百公尺；在南部與中非共和國接壤處，地形比較高聳，因此與查理及羅貢兩盆地有別，形成了邊境上的門限，造成該國與中非共和國的分界線。

從地理學的觀點看，境內自北至南，可分爲三個不同的自然區：

⑴**沙漠地區**：在赤道與北緯十六度之間，佔有國境的最大部份。此區岩石爲風沙長久的吹襲，儼如宮殿或古堡；具有無數大沙丘與高原，但亦有棕櫚林與平地，人們大都居於深谷及綠洲上，多以飼養駱駝爲業，過着游牧生活。

⑵**草原地區**：此一位於北緯十六度以南的草原區於天氣乾旱時，赤裸無寸草，初降甘霖時，卽重新覆蓋着青翠碧綠的青草，爲放牧駱駝的理想地區。由此再向南，爲一大草原地區，草的生長情形良好，可飼養體形較大的牲畜，有些地方，更有許多肥沃的土地，可種植糧食及工業用作物。

⑶**草木茂密地區**：此爲雜有樹木的蘇丹草原，間亦有厚密成叢者。乾旱季節，樹木呈灰色或如火燒後的彩色，一到雨季，復變爲綠色。雨水在此降落時間較長，盛產花生及棉花，人口較稠密，主要從事農業。

氣候

查德自北至南的一千七百公里間，包含了三個顯著不同的氣候及地理區域，其間雨季的長短，大氣蒸發，植物，人口密度及人民活動等均各不相同。

(1)**北部**：指北緯十四度以北的地區，此區面積有七十七萬平方公里，佔全國總面積百分之六十，年雨量不到三百公厘。十分乾燥，該地區維持着四十二萬人口，從事畜牧。北部地方有六十六萬平方公里，幾佔全國總面積百分之五十，在撒哈拉大沙漠之內，住有七萬五千遊牧人民。形成北部地區一大遊牧區域。

(2)**中部**：此區北止北緯十四度，西南界查理河谷，面積約三十萬平方公里，幾佔全國總面積百分之三十，年雨量約在四百至九百公里之間，爲乾熱帶氣候，惟夏季多雨。人口約有一百五十萬人，居民生活爲固定農民及半遊牧人家。另外，查德湖附近，尙有許多漁民。

(3)**南部**：本區面積約十三萬平方公里，約佔全國總面積百分之十。年雨量約爲七百至一千三百公厘，屬半濕性熱帶氣候，每年十一月至翌年四月爲乾季，其他各月多爲雨季，爲全國人口最稠密的區域。人口約超過一百五十萬，每平方公里的密度約有十二人。

土壤

查德地處乾旱地帶，因雨水稀少，大部份土地不適宜於固定耕種，卽雨量充沛的地方，土壤亦多貧瘠，不是缺乏養分的沙土，便是爲洪水淹沒的低地。許多土地被季節性的大雨侵蝕及溶化，一部份則遭林火的損壞，因此，查德可耕之地很少，不到百分之二十。換言之，總面積一億二千八百萬公頃中，可耕地僅有二千二百萬公頃。

查德湖的沿岸，有少數土壤肥沃的地區，如利用正常供水灌溉，則可從事耕作。羅貢河岸亦有適於稻作的肥沃土地。

地下水

地下水是查德自然資源之一，該國經於一九五四年成立地下水脈探測處從事地下水的探測，現已明瞭地下水分佈的大概，尤其是離地面大不深的水源。至於較深的水脈，迄今尙祇知其小部份，卽查理・巴吉美（Chari-Baguirmi）之北部與巴達（Batha）北部之一小範圍。

查德的地下水脈有三個大系統：

(1)北巴達的地下水脈，亦名沙尼埃（Sanié）地下水脈，分佈於瓦第・里美（Ouaddi-Rimé）的南半部與烏木・哈折（Oum-Hadjer）的整個北部，土質大部爲沙土。在一九〇〇年左右，此區頗多深井，有深達七十公尺者，但此後管理不善，亦無新井的挖掘，至一九五〇年，只剩約十口了。目前，開始挖裝鐵筋混凝土的水井，以備開發此牧草茂盛的地區。

在亞比朵（ABéché）附近所做的雨後地面流水試驗，證明雨後在地面流通的水，僅有降下雨水的百分之一，其餘俱滲入地面以下。

(2)查理・巴吉美的地下水脈，此水脈實又越過省境，直達國境東部，東南部與南部。此等地區的土質大都爲含沙的黏土。此水脈的深度約爲三十五至四十公尺，含礦物質甚少。此水脈係以雨水爲其主要來源，但來自查理河與其支流及由查德湖滲入的水，亦屬相當重要。

(3)加南的地下水脈，此地下水位於三公尺至十五公尺的深處，但在邊界則較深，約爲三十公尺。此處地層較薄，地面較易滲透，或亦因其底爲橫的冲積層，所以含水特多。此地下水的來源，一部份由於加南省南面的查德湖經常溢出，另一方面，由於雨水極易透入此地區之砂土平原，而大量充實地下水源。

此處地下水有一特徵，即含鈉鹽甚多（即碳酸與碳酸鈉）但其含量並不固定。

丙、農業經營的現狀

地理條件

查德的地理條件較差，發展農業也比較困難，先就溫度而言，全境溫度均甚高，而且一日間變化亦大，以首都拉米堡爲例，日間溫度有時爲攝氏三十三點六度，入夜則降爲八點八度，相差竟達二十四點八度。

查德的雨量很不均勻，有時非常潮濕；有時非常乾燥，在北緯十二度以南，每年四月初旬至十月中旬間，雨量豐沛，是爲濕季；可是自十一月中旬至翌年三月中旬則非常乾旱。

北緯十五度與十二度間，屬赤道氣候，含有沙漠性質，雨水稀少。每年六月初至九月末爲濕季；十一月初至次年四月終爲乾季。

另自南方邊境至北緯十五度係沙漠氣候，雨量絕少，晝夜間溫度相差很大，全年均爲乾季，除偶有暴風雨外，濕季在此區幾不存在。

溫度與雨量均不正常，加上土壤貧瘠，農業技術不知改進，因此，要使查德農業作有效而順利的發展是比較艱難的。

勞働力

查德的人口，根據一九六八年世界糧農組織的統計，總人口數爲三百三十萬零七千，其中農業人口有三百一十二萬八千，佔總人口的百分之九十五；又據該組織的統計，查德從事各種經濟生產活動的人有一百四十七萬五千，而眞正務農的却有一百三十五萬五千，佔所有從事各種經濟生產活動人數的百分九十二。

查德的人口多居於農村。首都拉米堡爲該國最大城市，居民約十二萬五千人，其他三個區域中心——阿長波堡，孟都及亞比采（Abéché）的人口約在二萬五千至三萬五千人之間。加上許多超過五千人的城鎮，則該國都市人口約佔總人口的百分之八。

查德人口有百分之四十六爲十五歲以下的兒童，十五歲至六十歲間的有百分之五十一，其餘則爲六十歲以上的老人。從這數字看，知道查德的農業勞動力應是不成問題的。

主要作物

根據一九六八年世界糧農組織的年報，知查德土地利用情形，大致如下：

全國總面積爲一百二十八萬四千平方公里。

全國農地爲五千二百萬公頃，其中耕地有七百萬公頃；牧地有四千五百萬公頃。

全國林地有一千六百五十四萬公頃。

高粱及小米：查德人民最主要的食糧爲小米及高粱，這些作物大部份供農民自己消耗，僅少數出售，換取現金。自喀麥隆及中非共和國邊界起至畢地尼止，都種植是類作物。

小米的生長地多在草原地帶，通常多與棉花或花生間種，或種於洪水退後的地帶。根據一九六八年世界糧農組織的年報報告，查德的高粱小米種植面積爲一百一十一萬六千公頃；年產量爲八十二萬五千公噸；單位面積產量爲每公頃爲七百十公斤。

花生：花生在查德，尙係新近傳入的作物，現已盛產於東部與北部兩地區的查理．巴吉美；蓋拉；巴達；烏阿達意諸省。以上各省的雨水不足以維持棉花的正常生產，但適宜於花生的種植，故多花生的出產。

花生爲查德第二主要糧食作物，過去，多在拉米堡至阿比采一線以南種植，現已擴展至棉花種植區。

根據一九六八年世界糧農組織的報告，查國花生生產面積爲十四萬五千公頃；總生產量爲九萬八千公噸；單位面積產量爲六百八十公斤。

查國有三個榨油廠，一在拉米堡，一在孟都，一在阿比采（由我國先鋒計劃項下援助建立），所產食油已足可供給各該地區居民的食用，如花生可以增產，則有餘油足資輸出。

樹薯及甘薯：此兩種作物在境內南部已有種植，這些原係森林地帶的產物，對於以穀類爲食物的生活習慣，雖一時難以改變，但人民已漸漸以該兩類作物爲食物了。

根據一九六八年世界糧農組織年報統計，該國樹薯的種植面積已有一萬五千公頃；全年總產量爲五萬二千公噸；單位面積產量每公頃爲三千五百公斤。甘薯種植面積有一萬公頃；全年總產量爲五萬公噸；單位面積產量每公頃爲五千公斤。

小麥：小麥已逐漸在查德湖附近的低窪地區繁殖，尤其是波爾（Bol）地方一帶。目前，查德的小麥種植面積已達三千公頃，年產量爲五千公噸，單位面積產量爲每公頃一千六百公斤。

在拉米堡所建立的麵粉廠已開始生產麵粉，在波爾地方正籌設一現代化農業試驗所，準備研究開發查德湖附近低窪地區，以資擴廣小麥之種植。

水稻：在二次世界大戰結束時，水稻已介紹至拉易（Lai）與克羅（Kelo）兩地區，近年來，因我農耕隊的派遣，水稻種植正在擴展範圍中。根據世界糧農組織一九六八年的統計報告，水稻種植面積已有二萬五千公頃，年產量爲三萬三千公噸，單位面積產量爲每公頃一千三百二十公斤。

近來，查國加速發展水稻，一面要求我國派遣農耕隊協助其栽培水稻，一面又在拉易，克羅，彭哥三地設現代農業實驗所，負責選種，推廣，加工及銷售等最佳方法的研究。到目前爲止，稻米已在城市與人口密集地區逐漸代替小米高粱爲主要食物了。

其他糧食作物：如玉米、豌豆、蚕豆參茨、椰棗、芝蔴等均有出產。其中以椰棗食用較多，係撒哈拉棕櫚產區的主要產品，出產地點爲波庫・恩列地・底柏地(Borkouennedi-Tibesti)及安爾底（Tnn-edi)等地區。此外，上述地區的居民們間亦有致力於葡萄及蔬菜的種植。

根據一九六八年的統計，上述作物的產量列表如后：

品名	產量（千噸）	品名	產量（千噸）
玉米	二四・〇	蠶豆	四六・〇
參茨	二二〇・〇	椰棗	二五・〇
豌豆	二二一・〇	芝蔴	五・〇

拉米堡的蕃茄與查德的洋葱及白豆均負有盛名。

棉花：自古以來，當地人民即不斷種棉，以供紡織之用。棉花自開始種植以來，其產量即逐漸增加，增加的原因，一方面應歸功於農業服務機構，改善了種植方法，使經常獲得滿意的收穫，另一方面應歸功於查德工業研究中心供給優良品種，提高生產率及改善軋棉作業。

目前，棉花已成爲查德現代經濟的支柱，包括軋棉，銷售與運輸的價值，約佔國內生產毛額貨幣部門的百分之二十，佔有記錄輸出的百分之八十。因此，棉花收成與世界棉價對整個經濟均產生重大影響，特別是貨幣部門。

棉花產量及單位產量非常不穩，倘能利用相當的社會壓力，特別是勸導農民及時栽植，植棉前途是燦爛的。

根據一九六八年世界糧農組織發表的統計，查德植棉面積爲二十九萬八千公頃，年產量爲三萬九千公噸，單位面積產量爲每公頃一百三十公斤。

畜牧

畜牧業在查德非常普遍，也可說是相當發達。從北方邊境直至北緯十度，所有地區，幾乎均飼養牛，羊等牲畜。畜牧是查德經濟的重要資源，現正急劇的發展中，其牲畜種類有牛、羊、馬、駱駝等，在南部並有猪隻。玆分述如后：

(1) **牛**：牛在經濟上最爲重要，據估計，現約有四百萬頭，其中瑟卑、阿拉伯 (Zébu arabé)種，約有三百五十萬頭；瑟卑、波羅羅(Zébu Bororo)種約有三十五萬頭；古里(Kouri)種約有十五萬頭。阿拉伯種產奶量，每日約爲二至三公升，牛肉品質尚稱良好，此牛種在非洲屬中等牛隻。波羅羅種，產奶平平，牛肉品質聊可應市；至於古里種牛隻，其產奶量日達八至十公升，牛肉則爲最佳肉食之一。

(2)**羊**：全國羊羣共約有三百萬隻，亦可分爲三類；一爲普爾（Peul）羊，毛色半黑半白，身材高大，盛產於西部，查德多數羊羣屬此品種；二爲阿拉伯（Arabe）羊，毛長短不等，色或白或黑，多產於加南省，毛長而黑者多產於烏阿達意省；三爲吉第（Kirdi）羊，產於北緯十度以南。

(3)**馬**：全境約有十二萬匹，分爲東哥拉(Dangola)，阿拉伯，巴貝(Barbe)及吉第四種，東哥拉繁殖於加南省，身高一公尺半；阿拉伯及巴貝兩種身高一公尺四七，生長於烏阿達意及巴達兩省；吉第種身高一公尺十，集中於馬岳・克比省內之查理，羅貢兩河的中部流域。

(4)**駱駝**：單峯者居絕對多數，現約有三十萬隻，身高常超過二公尺，分佈在北緯十三度以北各地。

交通運輸

查德的國內外交通運輸，障礙重重，最嚴重的爲距港口太遠，五條通海的路線，其距離均在一千七百零五公里至二千九百五十公里之間，且至少需轉運一次。

公路：最普遍被利用的爲赤道公路，爲一自孟都與阿長波堡經班基（Bangui）與布拉薩市（Brazzaville）到黑尖港（Pointe Noire）的鐵路——河流——公路聯營的路線，黑尖港距孟都二千四百五十公里；距首都拉米堡二千九百四十五公里。這路線的最後一段，自班基至孟都或阿長波堡，在雨季時很難通行。

查德的對外運輸，須仰仗非洲其他各地，特別是港口，因此，共有四條通路可資利用：

(1)通喀麥隆與奈及利亞的公路，以便由該地鐵路通至哈可特港(Port Harcourt)。

(2)由彭哥至喀麥隆的公路，以喀麥隆首都爲終點，此亦即杜阿拉(Douala)鐵路的終點。長約一千六百二十至二千零八十公里。

(3)由孟都與阿長波堡至班基的公路。

(4)經產棉區，以邊路愛(Benoue)河之加路亞(Garoua)港爲終點之公路。在東部，當乾季時，與蘇丹間有一聯絡路線，可由此路線經蘇丹至回教聖地，長約二千六百六十公里。

國內運輸網，包括大約一萬二千公里的公路及二萬公里的支線道路。據估計，百分之七十五的運輸集中於班基至拉米堡及奈及利亞的二萬五千公里的道路上，雨季時，整個東部地區線與外界隔絕，主要都市之間的距離相當遠，道路狀況非常惡劣。

河道運輸：查德具有數條可以通航的河流，雖大部份通航時間爲斷續的，但對運輸上亦不無裨益。

(1)查理河，經過阿長波堡及拉米堡以達查德湖。

(2)羅貢河，經過班桑格(Pandzangué)孟都，彭哥與拉米堡。

⑶朋德河（Pendé），經過哥勒（Goré），多把，而流入羅貢河。

⑷沙拉長溝（Baha Sara），從阿長波堡直至巴丹卡福（Batangafo）。

查理河與羅貢河有許多彎曲長短不等的沙帶，在其間航行頗感不便。

查理河在拉米堡與阿長波堡間部份，爲自黑尖港進入查德時通道，當阿長波堡至拉米堡的陸路不通時，便可代替該路。就班基卸下而運達北查德的貨物運輸而言，在經濟上是有相當價值的。

查理河自七月初旬至次年元月初旬航行最爲暢通，但自九月初旬至十二月初旬則水深僅約二公尺，航行困難。

查理河在拉米堡至查德湖段，全年可以通航，但在水低季節，因有沙帶阻礙，航行至爲艱難，故在此時只能容重三十公噸的船舶通行。在高水位時，四十公噸的船舶行速，拉米堡至查德湖下水時每小時十公里；查德湖至拉米堡上水時，每小時五公里。

羅貢河彎曲非常，通航很不方便，較重船隻俱不能通行。⑴它的航程可分四段：自拉米堡至甘塞（Gamsai），全年可以通航，但在三、四、五、六諸月低水位時，至五噸的船卽無法通行。

⑵自拉米堡至彭哥，七月中旬至十一月終可以通航，八月中旬至十一月上旬水位高時，三十公噸的船可以通航。

⑶自拉米堡至孟都，八月下旬至十一月上旬可以通航，但較重船隻，則較難航行。實際上此段河流不能作商業性的航行。

行。

(4)自拉米堡至班桑格，此段航行非常困難，實際上很少利用，四噸長形木船勉可於九、十月間航朋德河，此河亦因過份彎曲，只允許極小噸位的船隻航行，故在航行上亦很少有舟楫之利。

鐵路：若干擴展鐵路的計劃正實施中：

(1)奈及利亞鐵路的延長，由約斯(Jos)至麥杜居里(Maiduguri)計長六百公里，業已全部完成。

(2)由雅恩德至孟都計長一千一百公里，此路築成後可爲產棉地區所利用。

(3)計劃中擬將鐵路延至東部邊境，直達蘇丹。

(4)班基至拉米堡鐵路亦正籌劃中，全線築成後共長一千一百公里，爲中非共和國與查德間的交通主幹。

航空：查國空中運輸尙稱良好，除拉米堡國際機場外，另有七個機場，因國土很大，民航交通成爲最切實與最迅速的工具。

查德的空運係由聯合空運公司與法國航空公司所共同維持，必要時，亦請喀麥隆航空公司協助，剛果航空公司則擔任拉米堡及金夏沙剛果間的空運。

查境重要城市如孟都，阿長波堡、巴拉、彭哥、蒙哥、阿比采等均經常每週有數次之法航公司班機聯絡。

自肉類由飛機載運後，杜阿拉至拉米堡線及拉米堡至布市剛果，金市剛果的運輸量均大爲增加。

對外貿易

查德的貿易，無論對內對外都無完整的記錄，大部份活牲畜及燻魚或鹹魚的輸出，以及許多進口物資（其中一部份由走私者以牲畜與魚交換而得）都沒有記錄，從查德的牧人及漁人看來，此爲承襲先祖的正常貿易傳統。

北部牧人，世代以來，已慣於將牲畜售予奈及利亞的買主，或者親身將牲畜趕到奈國交換較便宜的貨品。查國牧人同樣與中非共和國作秘密交易，漁人比牧人更易逃脫，因查德湖位於奈及利亞，喀麥隆，尼日與查德四國之間，查理與羅貢兩河亦靠近奈及利亞與喀麥隆邊界之故。

查國的輸入物品，大部份爲汽油，煤油，客貨汽車，棉紡品等，輸出貨品則以棉花，活牲畜，鮮魚鮮肉獸皮等爲主茲列表如后：

查德有記錄進口主要商品

項目	一九六六年（單位百萬非洲法郎）	項目	一九六六年（單位百萬非洲法郎）
汽油與煤油	九四〇·六	藥品	二六一·三
棉紡織品	六三三·一	烈性飲料	二三三·〇
客貨汽車	六〇三·三	衣與鞋	二二九·五
鋼鐵製品	二九三·八	茶	一七一·七

水泥	一五五·七	麵粉	三二一·〇
內外胎	一一五·二	其他	四、一九五·一
乳產品與蛋	九八·〇	總計	七、九六二·三

查德有記錄出口主要商品

項目	一九六六年（單位百萬非洲法郎）	項目	一九六六年（單位百萬非洲法郎）
棉花	四、五〇八·六	油餅	二二·〇
活牲畜	六九一·四	鮮魚	一一·三
鮮肉	二一七·六	椰棗	九·六
獸皮	一一五·六	花生	三·四
阿拉伯膠	六五·〇	其他	一六〇·一
天然碳酸鈉	四三·五	總計	五、八四八·一

資料來源：Statistiques Generales,Customs Union, Comme ce Exterieur。

丁、農業潛力的開發

查德的自然環境雖較艱難，但因國土面積廣大，全國十五歲至六十歲的人佔有總人口的百分之五十一，因此，勞動力也不致缺乏，倘能有計劃，有步驟的作農業上的開發，農作物的增產是有前途的，我國不僅派有農耕隊駐在該國協助其小農制的經營，且有獸醫（現已歸併於農耕隊）及榨油廠技術隊駐在該國，分別協助其對獸類疾病的預防，治療及食油的增產。

茲摘錄農耕隊，油廠技術隊簡況如后：

駐查德農耕隊

壹、成立日期：

民國五十四年四月十七日。

貳、編制人數：

隊長一人，副隊長二人，分隊長一人，技師十五人，隊員二五人，計四四人。

叁、隊址：

馬岳克比（Mayo-kebbi）省彭高（Bongor）縣拂勒索（Fressou）村距查京拉米堡（Fort-Lamy）二六〇公里。

肆、分隊分佈情況：

分隊名稱	成立日期	工作人員					距離隊部公里
		副隊長	分隊長	技師	隊員	合計	
多巴（Doba）農業分隊	五四年五月十八日	一	一	一	五	八	三一五

彭高(Bongor)農業分隊	五七年三月	—	—	二	一五	一七	二〇
彭高(Bongor)水利分隊	五六年六月廿四日	一	—	六	—	七	二〇
拍拉 (Pala) 獸醫分隊	五六年六月廿三日	—	一	二	—	三	一五〇

伍、示範區地址及面積：

一、拂勒索 (Fressou) 八·三一公頃
二、多巴 (Doba) 三·〇〇公頃
合計 一一·三一公頃

陸、推廣區地址及面積：

一、彭高 (Bongor) 一四一·〇公頃
二、多巴 (Doba) 一三八·四公頃
合計 二七九·四公頃

柒、工作計劃：

一、訓練農業推廣幹部，舉行有關作物試驗。
二、在彭高(Bongor)墾殖區於五十九年度繼續開墾八〇公頃並興建灌溉工程進行水稻推廣。
三、在柏拉 (Pala) 建立家畜疾病診療所協助查國政府防治獸疫及寄生蟲病患改善家畜衛生。
四、建立示範牧場，訓練役牛，作牧草栽培調理貯藏等各項示範，並對有用之野草做有系統之研

究。

捌、工作概況：

一、示範區工作：

㈠稻作示範區工作：

1.水稻：該隊自成立以來在示範區所種品種有臺中在來一號、臺中六五號、一七八號、一六八號、臺南三號、高雄五三號、六四號、六八號、一二二號、新竹五六號、臺中糯四六號、IR8、IR5 等品種，其中所種品種以臺中一七八號、新竹五六號、臺南三號及高雄三號較穩定。

2.陸稻：多巴(Boba)分隊成立以來種植品種有農旱一號、臺東二號，三號，第一期作因乾旱缺水每公頃平均產量爲八九五公斤，第二期作每公頃平均產量爲三、八六五公斤（臺東二號）四、七七一公斤（農旱一號）四、九六四公斤（臺東三號）較查德農民所栽培當地品種 Bentou Ball，每公頃平均產量八〇〇——一、一〇〇公斤約達四——五倍以上，現多巴分隊正進行研究適合此地最適合推廣品種。

㈡雜作：該隊自民國五十四年下半期以來所種植品種有玉米、高粱（三品種）大豆（六品種）綠豆、生花（二品種）黃麻（三品種）鐘麻（三品種）棉花（四品種）甘蔗（六品種）煙草（二品種）現所栽培有玉米大豆（百美豆、愛家豆、二品種）綠豆，花生（臺農一號）

甘蔗（四品種）其中綠豆單位產量約二、〇〇〇公斤，花生單位產量二、四八三公斤，因排水不良大豆產量較差單位產量爲九一五公斤。

㈢蔬菜瓜果：該隊自民國五十四年成立以來所種植蔬菜瓜果計有小白菜、甘藍、莧菜、芹菜、芥菜、卷心萵苣、甜瓜、胡瓜、南瓜、扁蒲、花苔菜、蘿蔔、冬瓜、越瓜、絲瓜、苦瓜、空心菜、萵苣、甜椒、包心白菜、球莖甘藍、葱、黃金白菜、半結球白菜、芝羅白菜、洋葱、菜豆及香蕉、木瓜等瓜類以西瓜生育情形最良好，其餘瓜類，因此地果蠅特別多影響產量，蔬菜方面除了花椰菜、經過幾次栽植成績均不佳、其餘甘藍、芝羅白菜、蘿蔔成績非常良好。

㈣稻作品種試驗：

本年度經試驗品種有 IR-8、IR-5、臺南五號、嘉南二四號、嘉農八號等，其試驗結果以 IR-8、臺南五號將來可能爲適宜推廣品種。

㈤栽培方法之改良：

本地第一期作成育期間特長氣溫高（晝夜溫度相差25°C以上）分蘗力強之品種如 IR-8 種植挿秧時其苗枝數必需減少三——四枝（第一期作普通成育期間約一四〇天）第二期作因生育期間較短（一一五天左右）挿秧苗數可略增，本地第一期作收穫後再生能力極強，經三次試驗結果單位產量均達三、五〇〇（公斤/公頃）左右，但病蟲害較多，如防治方法適宜頗有推廣價値。

㈥其他：

現該隊所使用脫谷機均爲動力脫谷機，唯因人力不足不能隨時跟隨農民指導且當地農民尚無使用能力和保養常識，致常發生故障，現大部份改爲脚踏式脫谷機以免引擎之損壞及油料之消耗。

二、訓練工作：

㈠訓練方式：自五十五年六月開始至五十八年十二月已訓練八期，其訓練對象爲當地政府協調遴選青年團員來隊本部或多巴分隊訓練六個月，訓練完畢後，分發彭高墾殖區擔任推廣幹部協助推廣，歷年來訓練學員（青年團）八期一一一人，農民（包括推廣農戶）約五六五人。

三、推廣工作：

㈠歷年推廣成果統計表：

年度別	推廣農戶數（戶）	推廣作物及面積（公頃）			各年度推廣面積（公頃）	年產量（公斤）			備註
		水稻	陸稻	雜作		水稻	陸稻	雜作	
民國五四年		—	—	—	—	—	—	—	無推廣
民國五五年		—	—	—	—	—	—	—	無推廣

民國五六年	七二	—	九·三三	〇·八七	一〇·二〇	—	僅二期作 一九、八六六	—	雜作小面積無統計
民國五七年	二一	四二·〇〇	四三·〇〇		八五·〇〇	僅種植第一期作 一三三、五〇〇	僅種植第二期作 九四、六〇〇	—	
民國五八年	三八三	九八·一〇	六七·三〇	〇·九〇	一六六·三〇	一、二期作合計 五九三、二九一	僅種植第一期作 一八三、二七〇	—	
合計	五三三	一四〇·一〇	一一九·六三	一·七七	二六一·五〇	七二六、七九一	二九七、七五六	—	

㈡有關農民收益因查國政府收購稻谷價格僅一四法郎（每公斤），而肥料價格高，故以現在農民之收益尚不多但農民多能碾米出售每公斤可得60Ｆ收益增加，生活已改善不少，且有固定工作，固定收入比栽培當地農作物如棉花、高粱、花生等收益較多，目前在彭高墾殖區已開墾面積（五十八年底）已達一四一公頃現尚繼續規劃開墾農田至五〇〇公頃推廣目標，至於多巴分隊陸稻推廣，現積極推廣其面積日日增加，五十九年度約增加八〇公頃，推廣前途頗爲樂觀。

四、水利設施：

㈠引水灌溉情形：

該隊迄今已開墾種植面積（指彭高部份）一二〇公頃另有二一公頃已規劃好，尚未種植，依原計劃所需水量爲 0.288CMS 惟幹渠（土渠）因全係填方且土質欠佳，滲透損失甚大，抽水站所抽水量，部份漏失致按照計劃發動抽水機一部不易應付所需水量（每部抽水機抽水量爲 4.800 GPM）又抽水站係按照計劃五〇〇公頃之水量而設，故目前雖因幹渠漏水嚴重，惟因目前面積尚少供應現時之灌溉尚可應付，但如繼續開至推廣面積接近預定數目時如不設法改善漏水情形（或加強土方之塡壓或舖設內面工）勢將無法應付所需水量。

(二)正擬進行之水利設施及配合推廣計劃情形：

該隊本年度擬續開墾推廣爲配合，該計劃正進行第三支線，分線小給水路及附屬構造物等工程，迄今已完成幹渠制水門支渠，土渠、量水槽及虹吸工，分水門等多處以目前進度估計當能如期完成預定工作另爲配合推廣計劃爾後亦將陸續辦理幹渠延長及第四、五支渠等工程之測量設計及施工工作。

玖、特殊事蹟：

查德共和國董巴貝總統透過我駐查大使館請農耕隊在其故鄉（離多巴分隊一〇〇公里）設計總統私人農場，有關人員已到現場勘查，計劃擬開墾一〇公頃待總統決定後開始工作。

駐查德油廠技術隊

壹、成立日期：

民國五十七年八月十六日。

貳、編制人數：

隊長一人，技師三人，技術員三人，計七人。

叁、隊址：

查德共和國(Rep du Tchad)阿必采市(Abéché)，距離首都拉米堡(Fort Lamy)八八二公里。

肆、工作計劃：

一、開工製油：本年期收購花生量，據估計約為一五〇公噸，計劃於(五十九)年一月五日開工，自晨六時至晚六時，慢壓每日平均約需花生量八公噸預計在二月上旬完工。

二、人員訓練：繼五十八年訓練計劃續辦，本年開工製油經常操作悉交由查方人員自理，以資熟練，該隊技術人員在旁協助或解答疑難問題。

三、結束移交：該隊任務為建廠，安裝機器及訓練當地人員製油技術，預定於五九年即可達成，準備造冊移交，並辦理結束事宜。

伍、工作概況：

一、興建廠房：油廠廠房三幢，由我國整套供應，運抵阿市工地後由法商承包興建，自五十七年十一月初開工，至五十八年二月底如期完工。

二、建築圍墻及厠所：原計劃以半塊磚砌墻，全長為二四八米，預算為六、六八〇美元，為節開支計，奉准自辦，以一塊磚砌墻，增長為三七〇米經結算後實支五、七六〇·二九美元，節省九一九·七一美元，本工程自五十八年二月開始至五月底完成。

三、安裝機器：製油機器由我國於三月份陸續運抵工地後，隨即着手安裝工作，至七月底，全部製油機器安裝完畢，較預定九月底完工提前兩個月，本工程預算爲八、五〇〇・〇〇美元，結算實支爲三、七四二・三二美元，計節省四、七五六・六八美元。

四、開工生產：自五十八年九月份起至十月份止，開工三八白天工，將查方收購之花生一三四、八九一公噸全部製油完畢，計產花生油三八、一〇六公噸，精煉花生油二、〇一三公噸花生餅四九、七〇〇公噸，產油率爲二八・二二%。

五、人員訓練：在開工中，訓練查方所派人員作現場操作，迄五十八年完工止，查方人員均已能擔任經常製油操作。

四、剛果人民共和國(布拉薩)
(People's Republic of Congo, Brazzaville)

甲、概　述

在法國佔領之前，剛果的歷史無從稽考，法國人對剛果感到興趣是由於一種偶然的機會，在十九世紀上半期，法人和英人一樣，反對西非洲沿海地區販賣奴隸而想在該沿海地帶獲得一個作爲巡邏艦隻的供應站，西元一八三九年二月九日，法船長龐德・威廉梅茲 (Bouet-Willaumez) 與當地酋長鄧尼斯(Denis)協議，在加彭海灣左岸兩個小地方獲得居留權。一八四三年又與酋長路易斯 (Louis) 簽約獲得該海灣右岸的居留權。至一八六二年時，法國的勢力已逐漸擴張至沿海地區。

在普法戰爭後，法國政府對赤道非洲的圖謀益加積極，出身義大利而歸化法國的布拉薩 (Pierre Savorgnan de Brazza)將軍在剛果河的北岸進立法蘭西帝國(French Empire)，並相繼與內陸各酋長簽訂條約，使他們置於法國勢力保護之下。

西元一八八〇年法國在剛果河斯坦萊池 (Stanley Pool) 附近建立布拉薩市，一八八五年剛果河以南，法國控制的領土割讓給剛果自由國(Congo Free State，即今之金夏沙剛果)。

在西元一八八五年柏林會議之後，法即致力於非洲領土的擴張，至一八九一年，加彭和中剛果

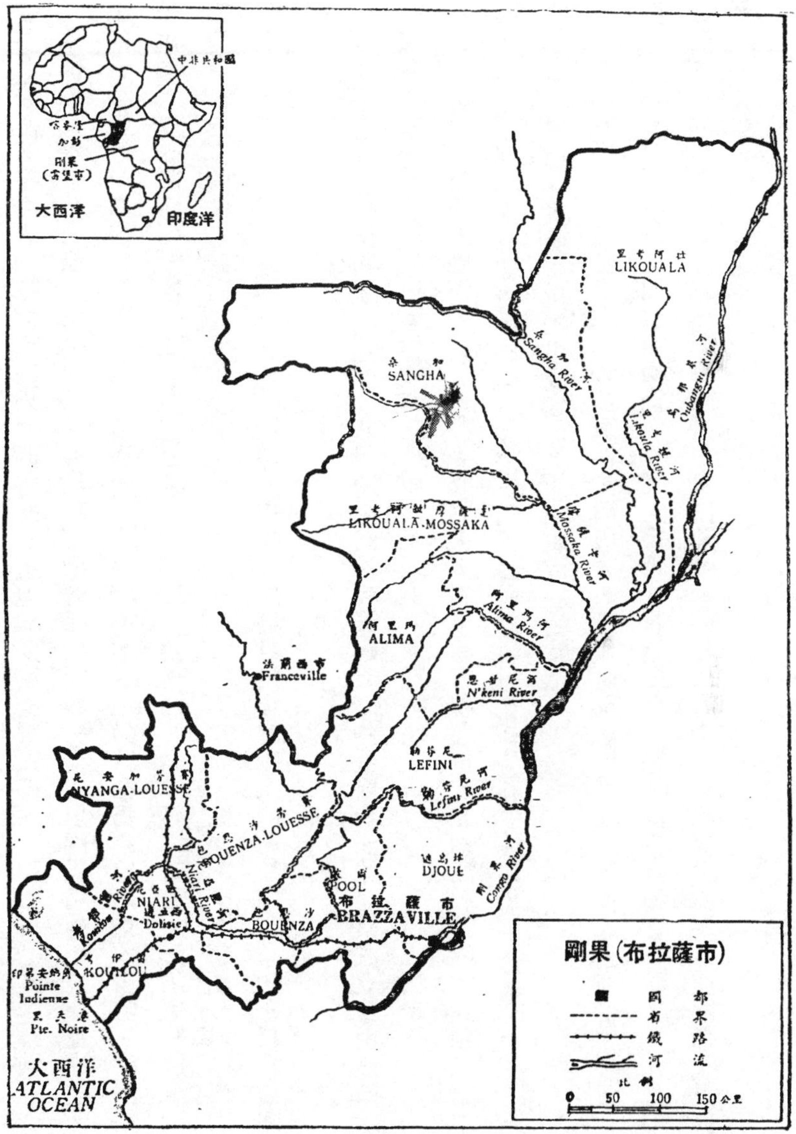
中非共和國
大西洋
印度洋
LIKOUALA
SANGHA
Sangha River
Oubangui River
Likouala River
LIKOUALA-MOSSAKA
Mossaka River
ALIMA
Alima River
N'keni River
LEFINI
Lefini River
法蘭西市
Franceville
NYANGA-LOUESSE
BOUENZA-LOUESSE
Kouilou River
Niari River
NIARI
Dolisie
POOL
布拉薩市
BRAZZAVILLE
DJOUE
Congo River
BOUENZA
KOUILOU
Pointe Indienne
Pte. Noire
大西洋
ATLANTIC OCEAN
剛果（布拉薩市）
國都
省界
鐵路
河流
比例
0 50 100 150 公里

(Middle Congo 即今之布拉薩市剛果）的大部份土地均爲法國所取得。

法國於征服查德之後，與德國簽約解決喀麥隆的疆界問題，從此以剛果爲中心的法屬赤道非洲的雛型卽告形成，一九〇二年至一九一〇年間，法屬非洲殖民地仍統稱爲法屬剛果，當時，該法屬地區劃分爲兩區：一區包括下剛果(Lower Congo)和加彭；另一區卽爲今日之查德。法國主管法屬剛果的行政專署卽設在現今加彭首都自由市（Libre ville)。一九〇五年時，法屬剛果重新劃分爲四個行政區卽現在的剛果，加彭，查德和中非共和國。中央政府移設於今日剛果的布拉薩市（卽今日布市剛果的首都)。

第二次世界大戰期間，法國於一九四〇年與納粹德國簽訂停戰條約，戴高樂成立自由法國政府並以布拉薩市爲首都，當時法屬赤道非洲爲西方盟國主要供應基地。

自從法屬赤道非洲聯邦於一九一〇年成立後，剛果的布拉薩市卽成爲該聯邦的行政和商業中心，同時，也是法屬非洲的經濟重心。尤其由布市至黑尖港 (Pointe Noire) 的海洋鐵道 (Congo-Ocean Railroad) 的興建，更使布市剛果成爲赤道非洲的貿易運輸中心。

一九四六年剛果獲得成立議會並取得法國國會的議員席位，一九五六年擴大議會權力，實行普選制度。一九五八年剛果獲內政自治權，一九六〇年八月十五日剛果獲得完全獨立。同年，九月十日與我建交，一九六四年二月二十二日該國復與匪建交，同年四月十七日我與之斷絕外交關係，現匪在該國設有僞大使舘。

剛果在地方行政方面分有十二個行省，茲錄如後：

⑴考伊留省（Kouilou）
⑵尼亞里省（Niari）
⑶包恩沙省（Bouenza）
⑷尼安加勞賽省（Nyanga-louéssé）
⑸包恩沙勞賽省（Bouenza-louéssé）
⑹波爾省（Pool）
⑺遮烏愛省（Djoué）
⑻勒芬尼省（Lefini）
⑼阿里馬省（Alima）
⑽里考阿拉摩薩卡省（Likouala-Mossaka）
⑾桑加省（Sangha）
⑿里考阿拉省（Likouala）

乙、自然環境

位置與面積

剛果人民共和國（布拉薩）

剛果人民共和國（布拉薩市）位於赤道非洲，約介於南緯五度至北緯四度及東經十二度至十八度之間。北界喀麥隆與中非共和國，西北與加彭爲鄰，東南與金夏沙剛果接壤，西南臨南大西洋。它是沿剛果河(Congo River)及烏班基河（Oubangui River）由南大西洋沿岸向非洲內陸延伸約一千二百八十公里的狹長地帶，其面積總共爲四十四萬三千平方公里。（我外交部五十九年五月份的資料顯示僅有三十四萬二千平方公里）。

地理區

依剛果的自然環境，全國可劃分爲八個地理區：

(1)**黑尖盆地區**(Pointe Noire Basin)：此區約佔考伊留省沿海地區的一半，爲碳酸鉀及天然氣蘊藏最豐富的地帶。

(2)**山脈地區**：此區亦可稱爲森林地帶，位於考伊留省的北部。

(3)**尼亞里谷地**(Niari Valley)：此區爲剛果人口最密，農產品最豐富的一個地區，其範圍亦最廣，包括有尼亞里省大部份，包恩沙省全部，尼安加勞賽省南部。

(4)**尼亞里森林地區**(Niari Forests)：位於尼安加勞賽省及包恩沙勞賽省境，境內除盛產木材外，並產咖啡，花生等，產量相當豐富。

(5)**卡泰拉特高原區**(Plateau of the Cataracts)：此區包括波爾省的南部地區，該地區的東南部份人口稠密，出產菸草，稻米，花生和水菓。

(6)**巴德基高原區**（Batékés Plateaus）：此區包括勒芬尼省，遮烏埃省和波爾省的西北部，主要農產品爲棕櫚油。

(7)**中央盆地區**（Central Basin）：此區包括剛果中部及北部的大部份地區，中部爲稻米及咖啡的產地，北部則爲可可的產地，產量甚豐。

(8)**上桑加地區**（Upper Sangha）：此即桑加省西部的地方，出產可可。

河流

境內除與金夏沙剛果爲界的剛果河及烏邦基河外，尚有下列諸主要河流：

(1)考伊留河（Kouilou River）及其上游的尼亞里河（Niari River）。

(2)桑加河（Sangha River）

(3)阿里馬河（Alima River）

(4)摩薩卡河（Mossaka River）

(5)里考阿拉河（Likouala River）

(6)勒芬尼河（Lefini River）

(7)恩甘尼河（N'Keni River）

上列各河流，除剛果河的航運，使布拉薩市成爲前法屬非洲重要的貨物集散中心之一外，其他各河流對於剛果農產地區，適於耕作的土壤濕度，有莫大的裨助。

山脈

剛果主要的山脈爲克里斯託山（Crystal Mountains），它蜿蜒在境內的西南部，此山的山峰並不甚高，最高的高峰亦僅海拔一千零三十七公尺（約合三千四百英尺）

氣候

剛果位於赤道非洲，氣候潮濕而酷熱，平均溫度在華氏八十度左右，年雨量在一千一百七十四公厘至二千零三十六公厘之間，主要乾燥季在每年的七月至九月。

剛境雨量最多的地區爲中部及桑加省西部，年雨量約在二千公厘左右；雨量最少的地方爲包恩沙省附近，年雨量約爲一千二百五十公厘。

剛果盆地有許多地方均屬陰霧地區，全年出現陽光的時間不足二千小時。

剛果全年溫度相差甚微，平均最大差度約爲華氏十度左右。每日溫度變化，大約在十五度至二十度之間，首都布拉薩市的平均溫度爲七十八度，每當天雨時，其溫度可降低二十度，一年中最熱的季節爲五月，平均超過華氏九十度，最涼爽的月份，其溫度通常亦在華氏七十度以上，每年的六月至十月雨量較多。

丙、農業經營的現狀

發展農業的地理因素

剛果的地理位置相當優越，但自然資源相當缺乏，在農業方面，其全年的生產，幾乎一半以上係屬自耕自食的生產。農作物的種類雖多，但大部份都是叢林地區，而且土壤也限制了農業的發展，故欲求剛果農業的有利開拓，仍須在土壤改良，耕作方法，灌溉系統等多方面予以加強、目前，剛果尚有甚多未開發的森林，木材應是該國最重要的輸出品之一。

勞動力向爲發展經濟的重要因素之一，農業耕種尤須有充分的勞力，否則，定無良好成果。根據世界糧農組織一九六八年出版的年鑑統計，剛國的人口總計約八十四萬（據我外交部民國五十九年五月的調查已有一百萬人），其中農業人口佔五十四萬六千人，而在從事經濟活動的三十八萬人口中，有二十四萬五千人爲農業工作者，佔經濟活動總人數的百分之六十四。

剛果的人口多數集中在都市，如首都布拉薩市即有十萬人之衆，黑尖港約有六萬之衆，道立西市(Dolisie)約有一萬餘人。在剛果十二行省中，以波爾省及包恩沙省的人口爲最稠密，人口最少的爲北部的桑加省和里考阿拉省，平均每省不足二萬五千人。

主要農作物

剛果雖大部人民皆從事農業，但其產品主要屬於非洲人傳統糧食作物，如樹薯，玉米，花生等，根據一九六八年世界糧農組織的資料，剛果土地利用的面積共計爲三千四百二十萬公頃，其中耕地面積佔六十三萬公頃，林地面積有一千六百二十五萬公頃。茲將剛果主要農作物簡介如後：

(1)**玉米**：玉米是現金作物之一，全國種植面積約爲二千公頃，全年總產量約爲二千公噸，單位面積產量平均每公頃爲八百五十公斤。

(2)**水稻**：亦重要現金作物之一，全國種植面積約爲三千公頃，全年總產量約爲三千公噸，單位面積產量平均每公頃爲八百三十公斤，較我農耕隊在金夏沙剛果所植水稻單位面積產量少的多多。

(3)**花生**：花生在布拉薩剛果要算是極重要的現金作物了，全國的種植面積計約二萬公頃，全年總產量爲一萬七千公噸，單位面積產量平均每公頃爲八百五十公斤，就產量言，亦屬低落。

(4)**樹薯**：這是剛國人民主要糧食之一，全國種植面積約有十萬公頃，全年產量約爲四十萬公噸，單位面產積量很低，平均每公頃約在四千公斤左右。

(5)**甘藷**：全國種植面積有一萬二千公頃，全年產量爲六萬二千公噸，單位面積產量平均每公頃爲五千二百公斤。

(6)**香蕉**：亦屬現金作物之一，其種植面積全國約只二千公頃，全年產量約有一萬公噸，單位面積產量平均每公頃爲五千公斤。

(7)**甘蔗**：全國種植面積爲二萬公頃，全年產量爲十萬零三千五百公噸，單位面積產量平均每公頃爲五萬一千八百公斤。

(8)**他如棕櫚油**：年產約有五千六百公噸，咖啡一千九百公噸，可可豆一千二百公噸，煙草五百公噸，橡膠二百公噸，上述各種作物，在過去產量較現在爲多，其產量降低的原因，可能由於國民所需糧食種植面積增加的關係。

附帶值得一提的是黑尖港海岸外的漁產資源，剛果每年自國外輸入的魚類僅次於麵粉，如果漁船改大，捕魚技術改進，冷藏設備增加，則每年捕獲量可以超過一萬噸而不致危及漁源。

交通運輸

剛果原爲法屬赤道聯邦的運輸中心，在國際上處於相當重要的地位，但因國內交通不便，對整個經濟發展及區域性的合作，形成甚大的障礙。茲就鐵路、公路、航空、港口四方面分述如後：

(1)**鐵路**：由於剛果對外貿易的逐漸發展，刺激了國內運輸業務的活躍，故目前剛果境內的運輸量已漸有增加。例如從加彭法蘭西市（France Ville）連接剛果海洋鐵道的三百公里鐵路，就對該國農林業的開發，具有極大的貢獻。

(2)**公路**：全國公路截止一九六一年總長爲七千零四十公里（合四千四百英里），其中舖修路面的道路尚不及三百三十公里（合二百英里），聞近年來該國政府正利用歐洲共同市場的基金來改善現有公路，俟計劃實施後，將可分期完成路面的舖築工程，那時，對於運輸將有更大的便利。

(3) **航空**：剛國最主要的飛航中心爲首都布拉薩市及黑尖港。據統計，此兩航空站的客運較貨運發展爲快速。

(4) **港口**：剛果有兩個重要港口，一爲布拉薩市，一爲黑尖港，布市是剛果河的河運港口，黑尖港是海運港口，每年的運輸量黑尖港較布市爲大。該國政府曾一度擬將黑尖港建成爲自由港，刻正根據該港在經濟上的地位研究改進中。至於布市河港，則因該國政治傾向共產極權，發展前途殊爲有限，筆者去歲訪問金市剛果時，曾立於剛果河的右岸（金市剛果）遠眺該市，晚間不到九時，全市已一片漆黑。毫無生氣，反觀金市剛果則燈火輝煌，車水馬龍，呈現一片繁榮景象。

對外貿易

剛果對法郎地區的貿易，不受任何限制，但對其他國家的貿易可能需要申請許可，包括貿易量的限制，其限制程度視產品及貿易國家而定。

剛果對外貿易最大的輸出品爲木材，其出口的木材幾乎全部爲原木，其次則爲食糖，再次則爲棕櫚仁，花生及其製品，此外，尚有咖啡，可可，菸草等農產品。

關於食糖，在擁有十萬噸產量的尼亞里糖業公司，原打算將食糖輸送歐洲銷售，但其售價必須依照歐洲共同市場及國際市場價格出售，同時，也可能運到其他國家新設糖廠的競爭，不管上述因素是否存在，剛果糖業如能善爲經營，即使按國際市場價格出售，依然可維持其生產成本的。

至於其他礦業如鉀碱等的外銷，因非屬本書討論範圍之列，略而不談，茲將剛果主要農產品輸出入情形簡介如後：

輸入品（根據一九六六年的統計）

(1)**小麥**：此項糧食的輸入，全年共爲一萬六千五百公噸，價值一百二十二萬美元。

(2)**馬鈴薯**：全年輸入量爲六百九十公噸，價值九萬美元。

(3)**稻米**：稻米亦爲剛果較上層社會的主要糧食之一，但生產量極微，每年均需輸入，以一九六六年爲例，輸入量爲一千六百公噸，價值二十七萬美元。

(4)**菸草**：此項作物每年均有輸出和輸入，除一九六六年輸入較輸出爲略少外，其餘自一九六一年起至一九六五年止，每年的輸入量皆較輸出量爲高，以一九六五年爲例，輸入量爲三百一十六公噸，價值十六萬美元，輸出量則爲一百五十八公噸，價值爲五萬美元。至於一九六六年則進口量爲三百四十四公噸，價值二十萬美元，出口量爲五百四十六公噸，價值一十八萬美元。其輸出入數量的多寡概視轉口赤道關稅聯盟諸國的數量多寡而定。

(5)**玉米**：一九六六年的輸入量爲一千七百公噸，價值十萬美元。

輸出品（根據一九六六年的統計）

(1)**棕櫚及仁**：棕櫚及仁和油的輸出，在一九五八年至一九六六年間均居全國農產品輸出的第四位，一九六六年共輸出四千零零四公噸，價值五十八萬七千美元。

(2)**花生**：花生在剛果農產品輸出中佔第五位，一九六六年時，它的出口量較前數年為少，僅一百二十公噸，價值四萬八千美元。

(3)**可可**：可可的輸出，約佔該國農產品出口額的第八位，不過，到一九六六年時有顯著的增加，計是年輸出量為一千零九十公噸，價值四十八萬四千美元。

(4)**咖啡**：這農作物有輸出也有輸入，不過，輸出量恒較輸入量為多，以一九六六年為例，輸出量為五百九十公噸，價值三十九萬美元，而輸入量僅十公噸而已。

(5)**香蕉**：在西元一九六一年至一九六四年輸出量較多，年約達六百八十公噸，價值四萬一千美元。至一九六六年則出口量大為減少，約二百公噸左右而已。

丁、經濟展望

剛果雖大部份人民從事農業，自然條件也非完全不適合於農業的發展，但因該國政治路線偏差，因而未能取得我農耕隊的協助，以致農業耕作方法仍停留在傳統的原始階段上，迄未能有所改革，同時，因為氣候炎熱，不適於畜牧，以致畜牧業的發展也成了問題。至於黑尖港一帶，雖漁產資源甚豐，但因捕魚的船隻太小，冷藏所和各種設備均較差，其發展前途，也受了限制。

剛果的經濟現仍處於一種困難的過渡時期，它正設法將其大部份仰賴勞務收益的經濟，調整爲着重於財貨生產的經濟。所謂勞務收益，其中絕大部份爲來自法國的軍事支付和其他支出。此種調整工作，雖不能說不可能，但必將遭受很多困難。

過去剛果的投資經費，大部份仰賴國外贈款及低利貸款與外國民間再投資方式的私人儲蓄，剛政府想在今後若干年內增加公共儲蓄率，但亦只能希望達到計劃投資的一小部份。

剛果首都布拉薩市，在過去爲法屬赤道非洲聯邦的首都，故其經濟大部份仰賴行政，軍事及運輸服務方面的收入，現在運輸設備有供應過多的趨勢，致加重了失業問題的形成。再加法國軍事機構的陸續裁撤，因此，剛果主要收入的來源又無形中減少了許多。

基於上述各種因素，剛果經濟的前途，勢將依賴現正發展中的私人投資計劃。目前，剛政府正致力木材的開發和糖廠的建立。將來國際市場如果能維持合理的價格，則其收益將可抵銷法國軍事機構撤消後所蒙受的損失。而由於年來鉀礆開採計劃的發展，勢將有一宗重要的輸出品及外滙收入的來源。同時，國內銷售的糧食和工業製品的擴展，亦將有助於增加收入和限制失業人口的增多。

剛果的整個經濟，卽使能朝着上述方向發展，今後若干年中仍將有困難存在，在渡過此一過渡時期前，經濟的前途將依然坎坷不平。因爲政治路線有了偏差，就好像艦隻上的舵手有了偏差，其航行方向必定是有差錯的。

五、達荷美共和國（Republic of Dahomey）

甲、概　述

在紀元十二或十三世紀時，亞加族(Adjar)人在摩洛(Mono)河兩岸定居，後因內部鬪爭而遷居，但不久以後，族內意見不同的人又歸和好，共同建立了阿拉達(Allada)城，該城後來卽成爲阿德拉小王國（Kingdom of Ardra）的首邑。不久，小王國內部又起爭端，一個想竊取王位者與其親信在境內北部建立一酋長王國，這王國卽稱之謂達荷美（Dahomey）。約經一世紀後，達荷美王國逐漸擴張疆界，並在不久以後統治了境內諸小鄰邦。

在可稽考的事蹟中，僅有少數王朝之名可查，但達荷美王朝諸帝王則均有記載，其第一位皇帝名叫達可（Dako 1625–50）。在達荷美諸王朝中，最著名的統治者叫做阿加遮（Agadja），他深知欲與歐洲諸邦通商，必需要有一海口，他爲求得海口，乃於一七二七年征服了阿德拉小王國。阿加遮在一七二九年逝世前，他已完成了控制沿海地區如賈金(Jakin)，阿德拉，奧夫拉(Offra)諸商業中心城市的任務。但在阿加遮死後，東鄰尤魯巴(Yoruba)人於一七三八年征服了阿加遮王朝的首都，並要求每年繳納一定的貢奉，直至十九世紀中葉爲止。

西元一七七五年至一七八九年間，新王邦格拉（Kpengla）重組軍隊，意欲解除尤魯巴人的枷鎖，

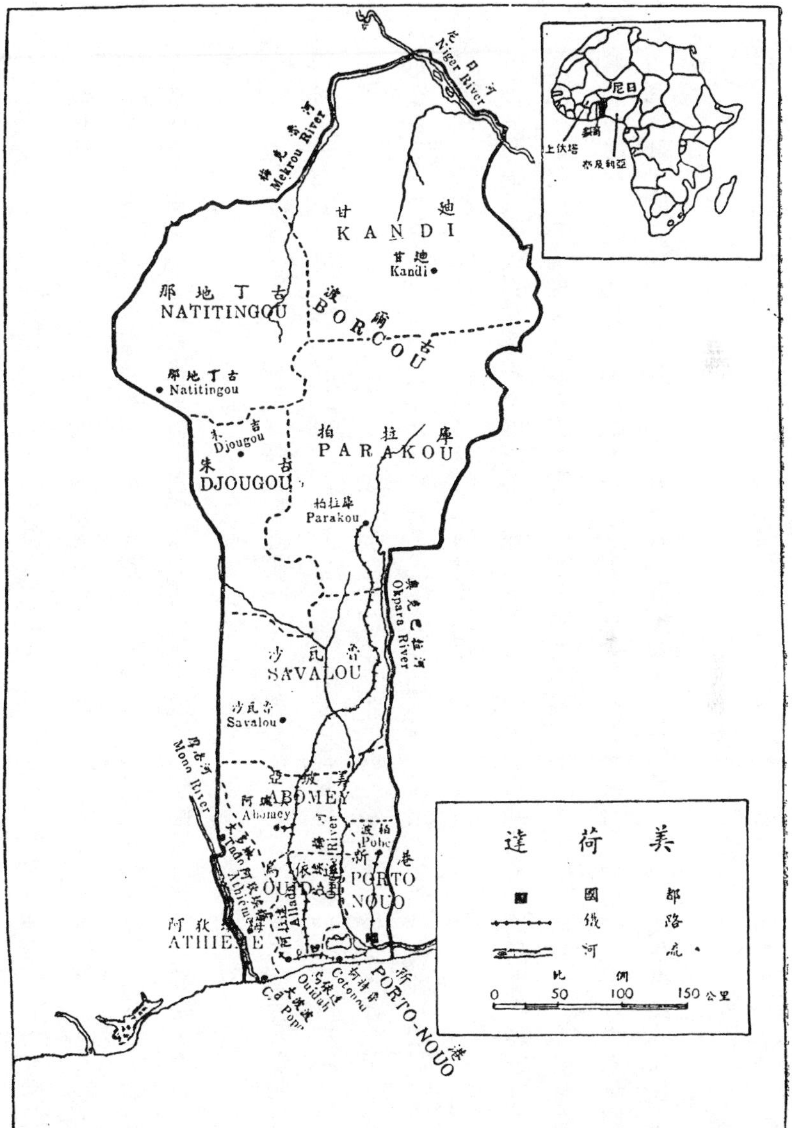
達荷美
國都
鐵路
河流
比例
0 50 100 150 公里
尼日
上伏塔
Niger River
Mekrou River
KANDI
Kandi
NATITINGOU
Natitingou
BORGOU
DJOUGOU
Djougou
PARAKOU
Parakou
Okpara River
SAVALOU
Savalou
Mono River
ABOMEY
Abomey
Pobe
OUIDAH
PORTO NOUO
ATHIEME
Allada
Cotonou
Ouidah
PORTO-NOUO

但終先失敗。直至一八一八年至一八五八年間蓋索（Gezo）王主政，在政治上始稍現曙光，蓋索王奮發有爲，勵精圖治，其第一步措施爲安撫內部，重整軍隊。當他的軍隊強大而擊敗尤魯巴人後，轉向北方抗拒馬依（Mahi）族的入侵，蓋索王穩定國基後，乃竭力改革行政體制，並於一八五一年七月一日首次與法國簽訂貿易協定。嗣後，繼承者昏庸無能，且不遵守與法國所訂條約的義務，因此，引起法軍的入侵而遭兼併。

西元一八九二年至一九〇〇年間，法國駐達荷美第一位總督維多巴拉（Victor Ballat）與當地酋長簽訂了一連串的條約，並接管了該國的政治與行政。政聲甚隆，深得達國人民的好感。在一九二三年至三一年間，總督瑞斯德（Reste）亦屬一優秀而幹練的官員，他對達國的經濟繁榮，貢獻至鉅。他曾建造新港（Porto-Nouo）經柯都魯（Cotonou）至烏依達（Ouidali）的道路，並創設柯都魯職業學校，最後並鼓勵達國人民種植咖啡，使成爲達國收入的重要資源。

一九四六年達荷美成爲法國邦聯的海外地區，一九五二年由選舉產生的地區議會在達成立。

一九六〇年七月十一日，達國與法國簽訂協定，獲允成爲主權國，同年八月一日正式宣布爲達荷美共和國。一九六二年一月十八日與我建交，一九六四年十一月十二日與匪建交，一九六五年四月八日我與該國斷交，嗣該國於一九六六年一月三日與匪絕交，同年四月二十一日與我復交，現我在該國設有大使館。

乙、自然環境

位置與面積

達荷美爲西非洲的一個小國家，她的面積僅有十一萬五千七百四十四平方公里，約爲我臺灣省的三倍多。達國地形狹長，南北距離爲六百六十八公里，在寬度方面，北寬而南窄，北寬約爲三百二十五公里，南寬約爲一百一十公里。

達荷美全境位於東經二度線上及北緯六度至十二度之間，其四鄰爲：南臨幾內亞灣，東鄰奈及利亞，西界多哥，北連上伏塔及尼日。

地理區

達荷美自南至北可劃成四個不同的地理區域：

(1)**沿海地區**——此一地區爲沙質，幾乎全爲平直地帶，其寬度約在一公里半至六公里之間，北部

五十八年七月九日達荷美農長葛萊萊(右第三人)視察灌溉渠道工程

與鹹湖區連接充滿流沙。

(2)**鹹湖區**——該區在海岸地區之北面低地，不少鹹湖互相連接。

(3)**鐵質土高原**——位於下達荷美區，自東至西有一長形大沼澤低地。同時亦有若干孤立的山地，如沙委山(Mt. Savé)及阿拉達山(Mt. Allada)，高度約四五七公尺左右。

(4)**花崗岩與片麻岩高原**——阿塔科拉山脈(Atacora Mountains)自東北至西南貫穿此區，該山高三三五至九一四公尺之間，此一地區同時包括東北部之波爾古(Borgou)及甘廸(Kandi)肥沃平原。

河流

在下達荷美區，諸河均自北而南奔流入海計有摩洛河(Mono River)長三四九公里，古夫河(Couffo River)長一二五公里，烏埃梅河(Ouém River)爲達荷美最長之河流，全長四六〇公里，其中二〇一公里有航運之便。

在上達荷美區之主要河流皆係尼日河之支流，計有索塔河(Sota River)長一二一公里，梅克魯河(Mekrou River)長二四九公里，阿里玻利河(Alibory River)長二四九公里。

氣候

達荷美氣候分南北兩部：南部爲赤道氣候區，炎熱而潮濕，每年四至七月爲大雨季，八月爲小旱季；九、十月爲小雨季，十一至翌年三月爲大旱季；北部地區屬熱帶性氣候區，每年六至九月爲雨季，十月至翌年五月為旱季，現將新港之氣溫及 Oueda 地區之雨量列表如下：

達荷美新港 (Porto Novo) 一九六一年氣溫表 (根據中非技術委員會考察報告)

地區 \ 氣溫 C° \ 月		一	二	三	四	五	六	七	八	九	十	十一	十二	平均氣溫
新港 (Porto Novo)	最高	三二·六	三三·一	三三·三	三一·五	三一·七	二八·九	二八·〇	二八·三	二八·九	三一·三	三一·九	三一·七	三〇·九
	最低	二四·九	二五·二	二五·七	二四·七	二四·六	二三·九	二四·二	二四·七	二三·一	二三·八	二四·二	二四·一	二四·一
	平均	二八·六	二九·二	二九·五	二八·一	二八·二	二五·九	二六·一	二五·二	二六·〇	二七·六	二七·九	二七·九	二七·五

達荷美我農耕示範隊工作地點 Oueda 雨量表 (一九五七年至一九六〇年) (根據中非技術合作委員會考察報告)

地區 \ 雨量(公厘) \ 月		一	二	三	四	五	六	七	八	九	十	十一	十二	平均
烏依達 (Oueda)	最大日雨量	三一·七	三六·六	二〇·五	三六·五	七八·七	一六三·〇	三八·三	一八·〇	七一·八	五七·八	三五·一	二六·〇	—
	最小月雨量	〇·六	—	二六·六	九二·九	一八〇·三	一八九·一	一三七·三	三一·〇	六〇·五	一四七·三	三五·六	七·八	—
	最大月雨量	三一·七	五六·〇	七一·四	一八四·二	三〇九·〇	三〇六·三	一三四·三	六一·七	一八四·七	二三五·七	九三·三	一六·九	—
	平均月雨量	一一·六	一八·七	四三·二	一三〇·四	二四六·四	三〇五·七	一五八·二	四二·〇	一一一·四	一九九·七	八三·八	三一·二	一三八二·三

丙、農業經營的現狀

地理條件

達荷美的氣溫極合農業發展的條件，惟雨量不够充足，故對農業發展略有影響，目前，達國最大的農業改進計劃爲開發烏埃梅河谷(Oueme Valley)，使成爲農業區，該河谷約有一千平方公里，自沙瓜拉多高原(Zaguanado Plateau)至諾顧埃湖(Lake Nokoué)一帶，約有八萬五千人依此河谷爲生。根據世界糧農組織一九六八年的年鑑統計，達國現有耕地一千一百二十六萬二千公頃，其中農耕地爲一百五十四萬六千公頃，農牧地爲四十四萬二千公頃，林地爲二百一十五萬七千公頃。

根據世界糧農組織一九六八年的統計，達國現有人口計爲二百三十六萬五千人，其中農業人口佔一百九十八萬九千人，佔總人口的百分之八十四，而直接從農耕工作的勞動力爲八十四萬五千人。

達荷美人口中最主要的爲達荷美人及其他非洲種族，歐洲人留居於此者僅三千多人。達荷美人口密度，平均每平方公里約爲十六人，在首都柯都魯及新港地區，人口密度每平方公里達一百零三人之多，而達國北部人口則低至每平方公里平均僅及四人。

達國主要的種族有：

(1)馮族或達荷人(Fons or Dahoman)：此族人約有七十萬之衆，爲亞加族(Adjas)之後裔，爲今日達國的優秀農民。

(2)亞加族：約有二十二萬人，住摩洛河與古夫河(Couffo)沿岸地區，均以農爲生。

(3)巴里巴族(Baribas)：約有十七萬多人，大都居於上達荷美，以種植槲樹(Shea Tree)與木棉(Kapok)爲業。

(4)尤魯巴族或奈各族(Yorubae or Nagots)：約有十六萬人，大都自奈及利亞移來，定居達國東部，以農爲生。

(5)普爾族(Peuls)：約有七萬人，多來自蘇丹遊牧民族，向以畜牧爲生，但現已逐漸定居。

主要農作物

達荷美雖以農業爲立國之本，但因溫度，雨量，灌溉，土壤肥料等原因，對農作物的栽培，不無阻礙，茲將達國主要農作物略介如後：

(1)**玉米**：玉米在全國的種植面積爲四十二萬公頃，全年總產量爲二十五萬公噸，單位面積產量平均每公頃爲六百公斤。

(2)**高粱，小米**：全國種植面積爲十四萬三千公頃，全年總產量爲七萬八千公噸，單位面積產量平均每公頃爲五百五十公斤。

(3)**水稻**：全國種植面積爲二千公頃，全年總產量爲二千公噸，單位面積產量平均每公頃爲一千二百二十公斤。

(4)**花生**：多半種植於海岸及北部地區，南部亦有生產，但不如前述兩區爲多，每年可收兩季，雨季收穫者供當地消費，乾季收穫者，品質較高，供外銷。全國種植面積爲六萬六千公頃，全年總產量爲二萬七千公噸，單位面積產量平均每公頃爲四百一十公斤。

(5)**香蕉**：香蕉在達國的種植面積爲二千公頃，全年產量爲一萬公噸，單位面積產量平均每公頃爲五千公斤。

(6)**甘藷**：全國種植面積爲七萬公頃，全年總產量爲六十萬零四千公噸，單位面積產量平均每公頃爲八千六百公斤。

(7)**樹薯**：全境的種植面積爲十八萬公頃，全年總產量爲一百一十二萬公噸，單位面積產量平均每公頃爲六千二百公斤。

(8)**棉花**：在達國北，中，南三部份均有種植，全國種植面積爲四萬五千公頃，全年總產量爲四千公噸，單位面積產量平均每公頃爲一百公斤。

(9)**菸草**：菸草的種植區域以沙委 (Savé) 及沙瓦魯 (Savalou) 兩地爲主，品質甚優。全國種植總面積爲二千公頃，總產量爲七百公噸，單位面積產量平均每公頃爲三百一十公斤。

(10)**椰子**：最初種植於沿海地區，自西元一九五四年實施「椰子改進運動」後，全國各地均有種植，其產品如椰子肉或椰子油均在當地消費，一部份椰核乾可供出口，其纖維可供製造地毯及毛刷等之用。

(11)**檞樹菓**：此種作物多生長在北部地區，其核仁可提煉檞油，以調製食物及製造蠟燭及肥皂等。

⑿**蓖麻油**：蓖麻油多產於達國中南部，春夏之交爲其收穫期。近年來因改良品種及推廣新式種植技術，每英畝的產量較前增高兩倍。

⒀**咖啡**：達國所產咖啡，係羅柏斯特（Robusta）種，栽植於南路，以阿拉達（Allada），地爲最多。

以上統計數字係摘自世界糧農組織一九六八年的年鑑。

交通運輸

達荷美的交通運輸系統在西非洲與其他國家相較，其發展情形比較尙爲完善，茲分述如後：

(1)**鐵路**：首都柯都魯（Cotonou）是達國鐵路的中心點，計①自柯都魯經沙委（Savé）至柏拉庫（Parakou）線長約四百三十八公里；②自柯都魯經新港至波柏（Pobé）線長約一百一十公里；③自柯都魯經烏依達（Ouidah）至賽格波魯埃（Segboroué）長約三二公里。三線共長約五百八十公里。其中有五百零八公里爲百寧尼日鐵路局（Benin-Niger Railroad）所經營。

(2)**公路**：達國全境公路長約五千九百五十四公里，大部份公路在各種天候下均可通車，偏僻鄉村與農場地區亦有可通汽車的支線，但僅在旱季可以通行。達國在聯合國經濟社會開發投資基金與公路基金協助下，公路發展正積極進行中。

(3)**海運**：達國的海岸與其他各國一樣，由於海浪的冲擊，形成一幾乎不可通過的阻塞，並夾帶大量泥沙至海岸，使外洋駛來之船隻無法接近海岸。至今達國可開放的海港僅柯都魯，大波波（Cd. Popo）及烏依達三處，原因即在此。達政府爲謀補救此種缺點，已計劃興建柯都魯深水港，以便農業增產品及礦產品運往國外市場銷售。

(4) **航空**：達國有柯都魯，甘廸（Kandi），拉地丁古（Natitingou），阿波美（Abomey）及柏拉庫（Parakou）等五處機場，其中以柯都魯機場爲最重要，其跑道長約六千餘英尺。是象國首都阿必尚飛向喀麥隆最大都市杜阿拉(Douala)的中途站，國內國外航空運輸尙稱便捷。

對外貿易

達荷美對外貿易仍以其獨立前的慣例，與法國及法郎區國家維持貿易關係，達國的產品，大部輸往法國，次爲非洲國家，再次爲英鎊地區，至於美元地區則爲數極少。輸入物資，大部來自法國及法郎地區的國家，自法國輸入的物品佔全年輸入量約爲百分之七十六。

茲將達國主要農產品輸出入情形，簡介如後：（根據一九六六年的統計）

輸入品

(1) **小麥**：全年中小麥輸入量約爲一千公噸，價値約合一萬美元。

(2) **馬鈴薯**：全年輸入量約爲三百三十公噸，價値約合四萬二千美元。

(3)**稻米**：全年輸入量約爲六千公噸，價值約合九十二萬美元。

(4)**蔗糖**：全年輸入量約爲六千二百公噸，價值約合十萬零三千美元。

(5)**菸草**：此在達國對外貿易的記錄中，有輸出也有輸入，其原因除轉口者外，可能因品質或加工關係造成既有輸出也有輸入的現象，以一九六六年爲例，達國進口三百九十三公噸，價值四十八萬美元；出口七百零二公噸，價值僅四十萬美元。

輸出品

(1)**棕櫚及仁**：全年輸出量約爲五千七百六十二公噸，價值約合九十一萬五千美元。

(2)**棉花**：棉花爲達國之主要農產品之一，全年輸出爲二千三百公噸，價值約合一百一十萬美元。

(3)**花生**：花生亦是達國大量生產的農產品之一，全年出口量爲三千二百八十公噸，價值約合四十五萬九千美元。

(4)**玉米**：達國玉米輸出量很小，全年約二百公噸，價值約合一萬美元。

(5)**咖啡**：咖啡的對外貿易與菸草一樣，有輸入也有輸出，不過數量很小，而且這情形在一九六五年時卽不存在，茲以一九六六年爲例，只有出口沒有進口，該年該國咖啡的出口量爲四百五十公噸，價值二十三萬美元。

丁、農業潛力的開發

達國政府爲欲提高一般農民的生活水準，特別注意農業生產方法的改良及農業技術的革新。政府曾揭示三個重點：①提高農業生產的質與量，②若干原料產品儘量就地加工製造，③國家收支預算力求平衡，基於國家收支預算平衡這一點看，達國對農業增產及輸出是極端重視的，換言之，國家收支平衡是要靠農產品輸出爲主的。

農業的增產，無論糧食，蔬菜及水菓，或工業上所需農作物，均具同一重要性，任何農作物之成長，皆需相當時間，故在栽培方面，應配以適量的人力，達國的人力應該充裕的，其所缺乏的乃是農耕方法及農作技術，達國在一九六二年十一月十八日與我建交後，我即於一九六三年三月十日派遣一由六十五位農技人員組成的農耕隊前往該國協助農耕工作，截至目前，我農耕隊在該國工作成績斐然，深得該國朝野人士所信賴，從我農耕隊在該國工作概況中看出，達國的農業潛力是無限的，只要達國上下，盡心盡力，使未開墾的土地，儘量予以開墾利用，則達國農業前途是燦爛的。

茲將我農耕隊在該國工作實況簡介如後：

駐達荷美農耕隊

壹、成立日期：

五十二年三月十日。

貳、編制人數：

隊長一人，副隊長三人，技師一六人，小組長六人，隊員四〇人，合計六六人。

叁、隊址：

蘇河（Zou）省查那那多（Zagnanado）縣過（Go）村，距離達京科特努（Cotonou）約一八二公里。

肆、分隊（組）分佈情況：

分隊名稱	成立日期	工作人員			距離隊部（公里）	備註
		技師	隊員	合計		
哥貝（Cove）	五八年九月十七日	一	一	二	四二	

伍、示範地址及面積：

過村（Go）　三〇〇公頃

陸、推廣區地址及面積：

過村（Go）　一七〇公頃

哥貝（Cove）　二〇公頃

合計　一九〇公頃

柒、工作計劃：

一、水稻新品種比較觀察與肥料試驗。

二、新墾荒地二四〇公頃。
三、將二七〇公頃陸稻田整地成一期灌溉田。
四、將新墾荒地整地成為二期水田。
五、蘇河墾區五四〇公頃區內道路及灌排水路施工。
六、辦理農民組織與分田。
七、新墾區之勘測，規劃及設計。
八、種植二七五公頃一期灌溉水稻（因抽水站建築與抽水機安裝順利成功，能大量抽水灌溉，故全力辦理農民組織分田）。

捌、工作概況：

一、示範區工作：

㈠稻作：

1水稻：IR-8-5，六四〇公斤/公頃，當地品種七〇〇公斤/公頃。

2旱稻：臺中在萊一號一、三三六公斤·公頃，當地品種三〇〇公斤/公頃。

㈡雜作：大豆：一、二〇〇公斤/公頃　當地無

玉米：二、〇〇〇公斤/公頃　當地品種八〇〇公斤/公頃。

(三)蔬菜瓜果：

小白菜	二公斤/平方公尺	未推廣
山東白菜	二公斤/平方公尺	
越瓜	二公斤/平方公尺	
刺瓜	二・五公斤/平方公尺	
花椰菜	一公斤/平方公尺	
西瓜	二・五公斤/平方公尺	

(四)稻作品種試驗：

該隊試作水稻引進品種觀察試驗二次，藉以重複求證，其產量結果以 IR-8 及臺中在來一號適合本地推廣之用，其餘引進之非洲品種，均因產量不高，未予採用。

(五)栽培方法之改良：

(1)該隊稻作，兩年來曾經遭受稻熱病之嚴重損害，故如何防治稻熱病，避免其災害，是爲最緊急之要務，蘇河墾區面積有五四〇公頃，位於蘇河邊，是爲一低窪地帶，四面均爲欉林所包圍，濕度甚高，經年皆在九〇%以上，同時雨季中，平均溫度在二四至二八度之間，甚爲適合稻熱病菌之繁殖與蔓延，又因天雨之影響，施藥較爲困難，藥效亦大爲減低，故①調節種植期，儘量利用乾季之有利條件增產稻谷，如第一期作宜作早種（一月至二月）第二期作宜晚種（八月下旬至十月中旬）惟因本墾區面積廣大，對於機具利用以及勞力分配，僅能採用大農場經營之安排，故將難清楚分別第一期作與第二期作之界限僅能採用旱季多種，兩季少種之原則。②選擇抗稻熱病與高產量之品種。③施用適量之氮肥，增加磷鉀肥之施用量。④選用最適合該區稻熱病菌類型之藥劑。

(2)為配合最適稻作時期之擴大面積種植水稻，除揷秧方式外宜兼行直播種稻方法，以應實際之需要。

二、訓練工作：

㈠(1)訓練方式：該隊自五十五年十月成立至五十八年七月係僱工開墾與自營種植，此等工人由各項工作中逐漸獲得經驗，是為構成農民組織之最理想人選。工人總數最多時曾達近六〇〇人。該隊農民組織之開辦始於五十八年七月。

(2)進行情況：農民組織由達農部指定之農村工程與土地改良司負責辦理，該隊僅在技術上給予指導與協助，截至五十八年十二月底止共組成農戶二二〇戶，其中在隊部有一六〇戶，分田八〇公頃。另外六〇戶在哥貝分隊分田二〇公頃，達農部在每一農民小組派有幹事一人，每六小組派有指導員一人，另派一副技師負責管理工作，此等人員負責領導農民推動工作，該隊則派技術指導員從旁協助，後因達方人員推動工作情形欠佳，該隊乃加以從中輔導。

㈡由開辦迄至五十八年底止各年訓練農民與總計訓練人數如下：

五十六年　三〇二人

五十七年　四〇五人

五十八年　二一〇人

其中五十六年　三〇〇人（工人——準農民）

五十七年　四〇〇人（工人——準農民）

五十八年　二〇〇人（農民）

五十六年　二人（推廣員）

五十七年　五人（推廣員）

五十八年　四人（政府官員）加六人（推廣員）等於一〇人。

三、推廣工作：

㈠推廣農戶：該隊自五十八年七月開始推廣水田種植工作予農民至五十八年年底共有農戶二二〇戶，面積一一〇公頃其他事項尙無資料。

四、水利設施（至五十八年十二月底）：

㈠現有之水利設施：

⑴蘇河墾區於本（五十八）年完成大型抽水站一座計安裝口徑四五〇厘米，及動力一一〇馬力柴油引擎各四台，（其中一台爲備用）每台設計出水量爲〇・四三五立方公尺／秒如

安裝全部完成總灌溉水量可達一・七四立方公尺／秒，其水源足以供給發五四〇公頃面積之用，則第一期足以灌溉五四〇公頃水稻，第二期値枯水期可灌溉四〇〇公頃水稻，及一四〇公頃水稻調節灌溉。

(2)蘇河墾開發五四〇公頃中已完成二一三・四公頃之水利設施計：

幹渠（混凝土內面工襯砌）　計長　一、一三五公尺

灌溉水路（包括幹支給水路）　計長　二三、四〇〇公尺

排水路（包括幹支排水路）　計長　三八、三五〇公尺

農路（包括幹道）　計長　一六、六〇〇公尺

各種構造物（大型）　計　六七座

(3)已完成蘇河沿河堤防計長七、三一九公尺可免洪水淹沒以策墾區之安全。

(4)蘇河墾區繁殖種籽場二三・四公頃，原裝有動力一五馬力口徑八吋之幫浦一台，灌溉水量爲〇・〇六七平方公尺／秒足以灌溉全面積二三・四公頃之用水量，玆因農場大型抽水機安裝完成後，於本年十月份起已暫停使用。

(5)哥貝(Cove)推廣區現設有閘門一座，利用蘇河上游泉水自流灌溉水量約爲〇・一立方公尺／秒，足供墾區三〇公頃灌溉之用，現已完成給水路一、六〇〇公尺。

(二)正擬進行之水利設施：

(1)現仍繼續趕辦蘇河墾區未完三二六・六公頃之區內灌漑排水路設施。

(2)配合哥貝新推廣區辦理水利設施。

(3)繼續調查牟諾河水之等有關資料。

(4)勘察新墾區。

玖、特殊事蹟：

一、蘇河墾區開發工程得能成功，因係水利方面設計及施工人員晝夜趕工大型抽水站始能於五十八年九月間安裝二台大型抽水機(一一〇馬力口徑四五〇厘米)並經試車結果情形良好接踵輸水幹渠亦於十月底完成且區內灌漑排水系統亦能配合趕工完成二一三、四公頃之水利實施，同時農務人員及時辦理整地，犂田，浸田，耘田，揷秧等農務工作致使已安裝二台之抽水機於五十八年十月上旬正式抽水灌漑時獲得水到渠成，適時灌漑之效，致使二期水稻產量劇增其已收穫者每公頃將近六噸。

二、查該隊五八年九月九日當値洪水期間蘇河之洪水位在抽水機站已漲至標高一五・五四公尺，已超墾區標高（一四・五至一七・〇之間）幸沿河堤防已於當年七月洪水期以前辦理完竣，致使墾區未遭洪水淹沒之虞。

六、加彭共和國（Gabonese Republic）

甲、概　述

加彭早期的歷史，很少爲人所瞭解，但歐洲人在西元一四七〇年曾經到過加彭海岸是有記錄的。此後，自十六世紀至十九世紀，加彭海岸地區變成了販賣奴隸的重要場所，歐洲人來此的目的，無非是販賣奴隸，故歐人之行踪，亦僅限於沿海地區，未曾深入內港。

十九世紀初期，法國政府爲欲澈底消滅非法販賣奴隸，乃派遣艦隊巡邏非洲西海岸。到一八三九年二月九日，法艦長布特——除勞梅茲（Bouet-Willaumez）與塞克族（Seke）的酋長丹尼斯（Denis）訂立友好協定，獲得了加彭江灣南岸兩地的居留權。一八四三年又與路易斯（Louis）酋長訂約，獲得了加彭江灣北岸的地方，此後陸續與其他土著居民訂約，到西元一八六二年，法國勢力幾已及於整個沿海地區。

一八四九年法艦長魏勞梅茲捕獲了一艘販賣奴隸的伊利西亞（Elizia）號船隻，他立即下令將奴隸釋放，並將送達加彭岸上安頓在一個小村莊中，定其名曰自由市，以象徵其釋放的意義，此即今日之加彭首都自由市（Libreville）。

一八五五至六五的十年間，夏里（Paul Belloni du Chaillu）向內陸伸展，到中部山區探險，發現了方族(Fang)，成爲首先與他們接觸的第一個外國人。

一八七五至八三年的八年間，夏里探索了整個的歐固（Ogooué）河上游。一八八〇年，夏里又到達了歐固河東岸的鄉間，建立了法蘭西市（France Ville）。

一八八八年加彭成爲法屬剛果（French Congo）的部份領土，一九三〇年成爲特別行政區，一九一〇年與中剛果(Middle Congo)，

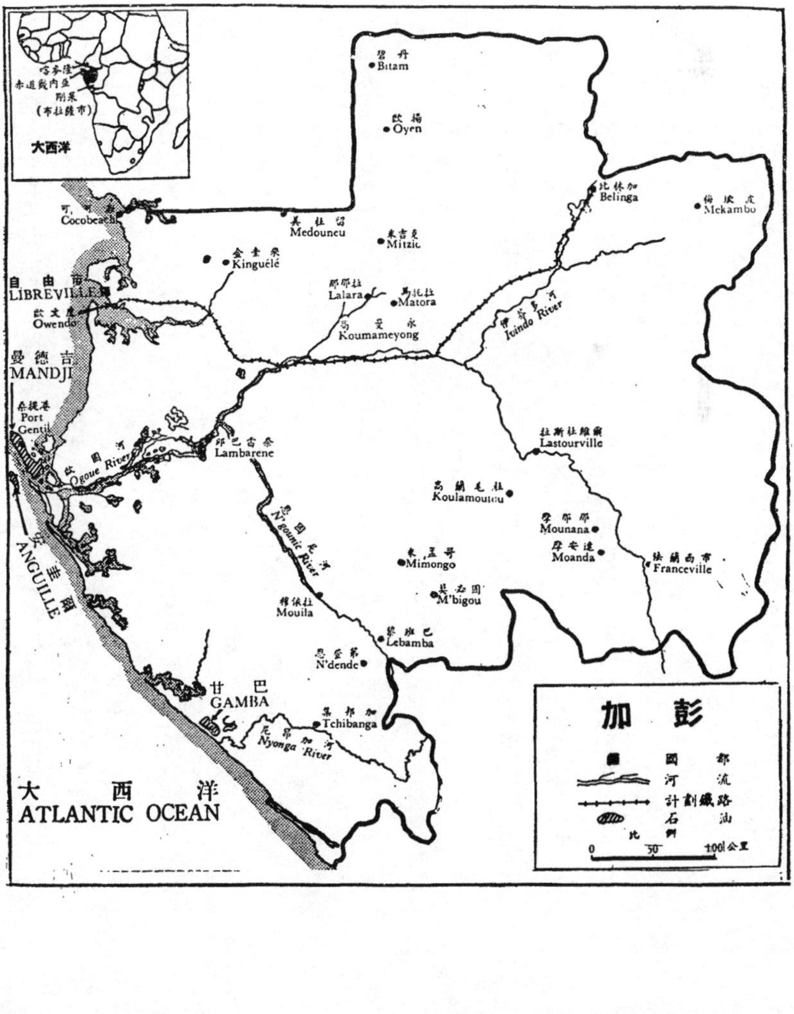

烏班基，沙里(Ubangi-Shari)，查德(Chad)合併爲法屬赤道非洲(French Equatoial Africa)。一九四六年法國憲法將加彭列爲法蘭西聯邦(French Union)的海外領土，加彭遂選出其第一個領地議會。

一九五六年擴大了領地議會的權力，並規定其議員均由全民普選，加彭人民從此獲得平等的投票權。

一九五八年一月二十八日領地議會改爲國民議會，並宣佈爲法蘭西社會之一的自治共和國。一九五九年二月十九日採用憲法，將國民議會改爲立法議會。

一九六〇年八月十七日宣佈獨立。在法國支持下，同年九月二十日加入聯合國爲會員國。

加彭獨立後，以「團結，工作，正義」作爲信條，定法語爲國語，以自由市爲首都，國民議會掌握立法權，由直接普選之議員組成，任期五年。現有議員六十七人。

總統爲國家元首，亦爲政府首長，掌握行政權，總統由國民議會產生，任期七年，現任總統爲莫巴(Léon M'ba)中央政府設有公共職司、內政、財經、農牧、林業、教育、勞工、衞生及公共工程九個部，推行國家各種建設。至於地方政府，全國共分爲九個行省，省下設縣，掌理地方自治工作。

乙、自然環境

位置與面積

加彭位於非洲中西部的海岸，橫跨赤道兩端於東經九度至十四度之間，就地形而言，加國爲一系列的高原所組成。全境略呈長方形，其西北與西屬幾內亞爲隣，北接喀麥隆；東部與南部均與布拉薩市剛果爲界；西面則整個與大西洋銜接，海岸線長約八百公里，全國總面積約爲二十六萬七千平方公里，較我臺灣省約大七倍半，和我國的興安省相彷。

地形

加彭的地形，一般說，爲高原所組成，但就地理觀點，可分三個主要地區予以說明：

(1)**沿海低地區**：沿歐固河及恩固尼（N'Gou-nié）河，向內陸延伸，寬自三十至二百公里不等高度都在三百公尺以下。從北部邊界至羅貝茲海岬（Cape Lopez）之間海岸線犬牙交錯。羅貝

加彭隊吉班加分隊隊員指導當地農民使用耕耘機

茲海岬被若干小的歐固河三角洲從大陸分隔而獨處一隅，再南端的海岸多與礁湖連接，這些湖泊的面積通常都很大，周圍長滿樹林。

(2) **高地**：通過沿海岸的狹長地帶之後，地勢逐漸隆起，一直蔓延到整個東部，北部及南部的一部份，高地上有河流及急湍縱橫其間。

(3) **山區**：山脈分佈於境內各地，其平均高度約為四百五十公尺，主要者有北部的水晶山脈（Crystal Mountains），幾處山峰的高度均在九百公尺以上；東南部的碧羅古山脈（Birogu）；中部有夏里山脈（Chaillu）為加彭的分水嶺，其區域內的伊布基山（Mount Iboun Dji），為全國最高的山峯，高度一千五百七十五公尺。

河流

加彭全境幾乎都在歐固河流域之內。歐固河全長一千九百三十公里，雖發源於隣境的剛果，然其河道大都流經加彭境內。從南部的法蘭西市起，歐固河河道呈一大弧形，將全境分成大小幾乎相等的兩半，而在羅貝茲海岬注入大西洋。歐固河上游急流甚多，故可通航的河道僅恩卓雷（N'djolé）至大西洋之間的二百五十公里。

歐固河的重要支流很多，在北方的有伊芬多河（Ivindo），長約五百九十五公里，西貝河（Sébé），歐卡諾河（Okano），阿班加河（Abanga）等；在南方的有恩固尼河，長約五百三十公里，部份可以航行，此外，另有歐富威河(Ofoué)等。

沿海一帶尚有許多小河，自成一水道系統，可利用之將木材漂運至海岸，以便運銷國外，此類河川重要者計有：

慕尼河（Riv Muni），是爲加彭與西屬幾內亞的界河。

哥摩河（CoMo），是河構成了加彭江灣。

恩庫密河（N'Komi），此河注入費爾南瓦茲湖（Fernan-Vaz）。

尼昂加沙（Nyanga），此河長約三百四十八公里。

氣候

加彭的氣候，爲赤道地區濕熱性氣候的典型，溫度變差不大，終年大抵在華氏七十一度至八十六度之間，沿海地區因受邊圭拉(Benguela)氣流的影響，較爲清爽宜人，至於內陸氣候則隨地勢之高低而有所差異。

就雨量而言，加境全年可分爲四季：大抵每年五月至九月爲乾季，氣候不甚悶熱；十月至十二月中旬爲雨季；十二月中旬至次年一月中旬爲短乾季；一月中旬至五月中旬爲長雨季。

首都自由市(Libre Ville)年雨量平均爲九十八吋，由此向北部沿大西洋海岸則雨量遞增，至可可灘(Cocobeach)竟達一百五十七點五吋，故雨水不可謂不豐。雨季時多季候風，乾季時多貿易風。

丙、農業經營的現狀

地理條件

西元一九六〇年以來，加彭共和國會對它的地質與土壤舉行調查，發現具有最佳農業發展前途的地區爲北部及夏里山脈一帶，它的土壤適合於多種作物的種植。在黎班巴(Lebamba)及梅約比——巴包魯(Mayombe-Bapounou)區域，土壤含沙較多。在其他地區，森林的砍伐及耕種習慣的常常改變，已使土壤耗竭與侵蝕，一般說來，在礦物儲藏的地方，土壤比較貧瘠，即使在該處使用肥料，亦常難維持較高的單位面積產量。但這些地方，降雨量相當豐富，而且相當均勻，每年陽光照射時間平均約有一千八百小時，故如土壤改良能獲得成功，則其農業發展前途，似甚有望。

勞働人

根據一九六八年世界糧農組織的統計，加彭全國總人口約有四十六萬三千人，其中農業人口約有三十八萬八千人，佔總人口百分之八十四。加彭的面積約爲法國的一半，而人口如此之少，其密度僅及每平方公里一點七的光景，可說是非洲國家中人口密度最低的國家之一。加彭的出生率相當低，每年僅百分之三點二；而死亡率却在百分之二點六左右。因而人口增加率每年只有百分之零點六，水準極低。十五歲以下兒童僅佔人口的百分之三十，而隣近國家的這項百分比往往高達百分之四十，又據加彭國家經濟研究及統計局戶口普查顯示：十五歲至四十九歲的有二十三萬九千人。從這個數字看，加彭的勞動力已超過人口的一半，換言之，一半以上的人均可從事農業工作。因此，勞動力在加彭是應該不成問題的。

加彭的人口分佈很不均勻，像烏龍東姆（Woleu N'tem）及歐固——伊芬多（Ogooué-Ivindo）區域實際上就無人居住，一般說來，人口大都集中於沿道路及水路的狹仄地帶內，密度最大的自然是都市中心，其中以自由市及桑提港(Port Gentie)爲最多；加彭就業人口的組成亦不很均勻，每一百個就業人口（十五歲至四十九歲）中，有四十四個男性加彭人。由於國內男性人口的遷移率較大以及外國移入勞工多爲男性，故全國就業人口中男性所佔的百分比亦往往不能一致。

主要作物

加彭的農業，雖有小規模作輸出用的工業性農場，但大部份的農業生產，仍在以自耕自食爲基礎的傳統性農民手中。根據一九六八世界糧農組織的統計，加國農地的總面積有二千六百七十六萬七千公頃，其中耕地僅佔十二萬七千公頃而林地却有二千萬公頃，其餘則爲牧地。玆將其主要農作物略介如後：

可可：現已成爲加國最重要的外銷作物，大都種植於歐固河北部地區，尤以烏龍東姆地區所產者爲最多，因爲該地土壤及氣候均適宜於可可之種植。

咖啡：主要產地爲烏龍東姆地區及伊芬多河流域，歐固河上游，恩古尼水系流域。

稻米：稻米出產多半集中在吉班加（Tchibanga）一帶，種植歷史僅十五、六年，單位面積產量一般均甚低。

花生：產量不豐，大部份均係供本地食用。

棕櫚：棕櫚產品悉由天然或人工栽培的棕櫚叢林採集而得，尼昂加河流域的摩比(Moabi) 地方有很大的農場種植棕櫚，並設立製油廠提煉棕櫚油。

其他作物，如樹薯，香蕉，玉米，甘藷等，近年來均在急劇的增產中。

林　業

加彭是一個出產森林的國家，森林業是它經濟上主要的支柱。

加彭林業包括多種熱帶樹，其中約有四十九種被認爲是具有很大的市場價値的。雖然在現有的林木中有這麼多種類可資選擇，但奧克美（Okoumé）樹，長時期來一直保持着唯一可以開發的木材。加國第二種最重要的林木，叫做奧日哥（Ozigo）樹。奧克美樹在加彭出產的數量很大，它幾乎可以壟斷世界市場。這種樹，易於去皮，特別適於製造夾板，但在加彭，大部份均未經加工卽行輸出。

加彭木材的採伐，原是集中沿海地區，蓋因運輸較爲方便之故，後來有人主張在內地開闢林區，以供採伐，故於一九五六年十一月後，加國就有第一林區和第二林區之分。開採量隨之而增加。

加彭政府並不忽視森林資產的保養與未來的準備工作，林業部在森林分類，保護與再造林方面，工作做得非常良好。

根據經驗，奧克美樹成長迅速，故其栽培切合經濟原則，且可同時種植香蕉與棕櫚。

畜牧與漁業

加彭的畜牧業和漁業都不是最重要的生產，在牛隻方面數量不太多，僅約三千五百餘頭，產地多集中在最南部的大草原地區。預計在摩安達（Moanda）地方設立一個由歐洲開發基金所資助的繁殖牧場，第二個繁殖牧場則擬在拜波拉(Bibora）建立，如再配以屠宰場，以科學方法屠宰，則牛肉供銷是有前途的。加彭的漁獲量不大，估計年約產一千二、三百噸，除銷售於自由市及桑提港市上外，因限於冷藏設備，運往內地的魚量很少。目前，該國政府有一項發展鮪魚漁業的計劃，如果成功，則加彭漁業前途當是有希望的。

交通運輸

加彭的地形崎嶇不平，幅員較廣而人口稀少，以致經濟與社會的發展，均受到交通與運輸的限制，玆將其交通運輸情形，略述如後：

內河航行：在公路交通未發達前，可航的水路成爲內陸交通的主要方法，即如今日，仍有利用內河航行將木材漂流至沿海港口的情形存在。

全國可以航行的河流，最主要的有：

⑴歐固河下游，自恩卓雷(N'djolé)至海岸之間的三百五十公里。

⑵恩固尼河（Ngounié），這是歐固河南部的支流。

⑶恩庫密河（N'komi），注入費爾南瓦茲湖（Fernan-vaz）。

其他河流尚多，惟因瀑布與急湍的關係，船隻不易航行，但有若干河段亦可航行獨木舟。由於自然條件的限制，所有河流運輸的途程，實不可能再行增加，然而如果有組織的規定航期，疏濬河道及於棧房倉庫處設立河港，則河運效率仍可顯著增加。

港口：目前，加國有兩個大港口，一爲自由市（包括歐文度"Owendo"）港，另一爲桑提港(Port Gentil)。這兩個港口對於貨物的吞吐量已自一九六〇年的一百五十萬噸增至一九六六年的二百三十萬噸。最近，加政府並已決定在歐文度修建深水港，一俟深水港完工後，其吞吐量將更形增加。

公路：全國現有全天候的公路約長五千二百公里，其餘多爲季節性的道路，其中最主要的一條爲南北縱貫線，長約八百七十公里，途經穆依那（Mouila），朗巴雷奈（Lambarene），恩卓雷及歐陽(Oyem)，此幹線且延伸至布拉薩維爾剛果的達里集（Dolisie）和喀麥隆的克利比（Kribi）及杜阿拉(Douala)，在朗巴雷奈及恩卓雷之間有一支線通往自由市，也有若干支線通往其他各主要城市，但其路面較差，因此，全國各主要城鎮間均有道路互相溝通，僅可可灘及歐姆布(Ombaue)仍藉水路通達。

由於交通運輸的日益發達，加政府已擬具龐大而完善的計劃，加以改進，現正着手進行，一俟完成後，將可使全國公路四通八達，形成公路交通網，以配合今後林業及農業生產的發展。

空運：一般說，非洲航空事業的發展非常迅速，加彭自亦不例外，全國現擁有一百個以上的飛機場，其密度幾成世界之冠。自由市及桑提港的機場可容納長程螺旋槳飛機的降落，另有十二個機場可供 Dc3 式及 Dc4 式之飛機起降，其餘各機場僅可供重要城鎮及林區間的輕便飛機使用。加政府為解除進入森林的困難及陸上交通工具的不足，刻正擬有一個發展良好航空運輸網，其密度在使每二千二百平方公里內有一處機場。

對外貿易

加彭的對外貿易過去均為入超，近來已逐漸好轉，加國出口物資以林產品為首位，其中尤以奧克美木材為最重要，約佔出口總值的百分之五十，此外，石油約佔百分之二十五，出口對象以法國及歐洲共同市場諸國家為主，但錳礦則以美國為主要對象，過去分配額祇有百分之三點四，現則驟增至百分之二十二點六，可見美國所須錳礦已自加彭大量進口中。

進口物質以消費品和資本品各佔半數，消費品以食物，燃料，潤滑料及製成品為主；資本品大都為水泥，鋼鐵產品，化學製品，機械及車輛等。

茲將加彭輸入農產品情形略舉如下：

一九六五年輸入馬鈴薯七百三十公噸；一九六六年輸入稻米一千六百公噸；蔗糖一千六百公噸；玉米一百公噸；菸草九十公噸。至於輸出品奧克美木材一項在一九六一年時卽已達到六十八萬噸，加上其他木材十一萬一千噸，共計有七十九萬一千噸。數量不可謂小。

丁、農業潛力的開發

加彭現有耕地十二萬七千多公頃，但如農業耕種技術加以改良，林地及牧地面積加以開發，再在農田水利溉灌方面加以充分發展利用，則農業前途當有可為。我政府為協助該國小農經營制的建立及農業潛力的開發，經於民國五十二年十二月二十三日在該國成立一農耕隊，以助其農業開發工作，茲將我駐加農耕隊工作概況介紹如後：

駐加彭農耕隊

壹、成立日期：

民國五十二年十月二十三日。

貳、編制人數：

隊長一人，副隊長一人，分隊長二人，技師十人，小組長二人，隊員二十九人，計四十五人。

叁、隊址：

加彭濱海省（Estuaire），阿柯克（Akok），距加京自由市（Libreville）約六十三公里。

肆、分隊分佈情況：

分隊名稱	成立日期	工作人員				距離隊部（公里）
		分隊長	技師	隊員	合計	
吉班加（Tchibanga）	五五年二月七日	一	三	九	一三	六四八
彭哥（Bongoville）	五七年三月十七日	一	一	七	九	一、一四〇

伍、示範區地址及面積：

阿柯克（Akok） 一一·○二公頃

吉班加（Tchibanga） 一○·四九公頃

彭哥（Bongoville） 二·一三公頃

陸、推廣區地址及面積：

一、隊本部

㈠阿柯克示範農場 二七·一四公噸

㈡推廣區 四六·一一（包括安通 Ntoum，恩富洛陽 Nfoulayang，阿蓋尼基 Akeniki，阿柯克(Akok)及前總統夫人農場）。

二、吉班加分隊

㈠木古仔（Mougotsi）	第一推廣區	一六・〇三公頃
㈡木古仔（Mougotsi）	第二推廣區	二七・八〇公頃
㈢木古仔（Mougotsi）	第三推廣區	一二・五〇公頃
㈣白雲度（Penyoudou）	推廣區	三・八〇公頃
三、彭哥分隊		一・八〇公頃
㈠彭哥市小學		〇・六〇公頃
㈡彭哥市（Bongoville）	推廣區	一・二〇公頃
總　計		一三五・一六公頃

柒、工作計劃：

一、繼續稻作，雜作，蔬菜示範栽培與試驗。

二、擴大水田面積，提高稻作單位面積產量，並協助與訓練農民提高生產技術。

三、充實訓練中心訓練內容及教學設備。

四、成立示範農村，輔導各農戶栽培各項作物，包括稻作，雜作，蔬菜及菓樹等。

捌、工作概況：

一、示範工作：

㈠稻作：

①水稻：

⑴隊部採用品種比較試驗產量較高之品種示範栽培，予以繁殖推廣，目前推廣以臺南一號為主，但繼續保留有價值之品種，水稻單位面積之產量每公頃平均四、〇〇〇公斤左右。

⑵吉班加分隊以嘉南八號為示範品種，每公頃產量在四、五〇〇公斤左右，五十八年除品種比較試驗外，並舉行稻品種抗稻熱病試驗一種。

⑶彭哥分隊雖土壤貧瘠，但經全力製作堆肥，改進土壤地力，去年嘉南八號及臺南五號旱稻均在三、〇〇〇公斤以上。

②稻種更新：

稻種更新工作於五十六年一期開始進行設置採種田，由五十六年一期之〇・二七二公頃增至五十八年二期一公頃以供應示範農場及推廣戶之需要稻種，由於過去田間觀察結果，成績滿意，今後將繼續進行更新工作以維持優良之稻種。

㈡雜作：

①大豆示範品種為KS247，百美豆，臺大KS5號，產量每公頃自一、〇〇〇公斤至二、〇〇〇公斤不等。

②黃麻示範品種爲Solimose，生長良好，惟當地人工貴，製纖維成本太高，似無推廣價值。
③甘藷示範品種爲臺農五十七號，臺農五十三號，產量達一八、〇〇〇公斤/公頃。
④玉米示範品種爲雜交玉米八號及五號，每公頃產量達二、五〇〇公斤以上。
⑤花生示範品種爲臺南選九號及六號，以九號產量較高，惟由於雨季中雜草太多管理欠週，成績普遍欠理想。

㈢蔬菜瓜果：
經試種之蔬菜有三十餘種之多，從臺灣引進之各種蔬菜均能生長良好，尤以西瓜，胡瓜，茄子最適宜本地栽培，該隊五十八年一月至十二月止全年生產蔬菜瓜果達三三、二五六公斤。

㈣稻作品種試驗：
①阿柯克隊部已舉行十次品種比較試驗。
②吉班加分隊已做六次品種比較試驗，及二次抗稻熱病檢定試驗。

㈤栽培方法之改良：
①該隊示範農場土壤普遍貧瘠，惟歷年利用客土，栽培綠肥，施用廄肥及實施輪作等結果，各種作物單位面積產量顯著提高。

②該隊過去推廣旱稻，由於雜草太多，管理無法週到，產量劇降，現已全部改推廣水稻，惟當地農民對揷秧未習慣，效率甚低，為此該隊曾試驗水田直播稻栽培法，頗為成功。

二、訓練工作。

㈠第一階段（一九六四——一九六六）：利用隊部示範農場及設備，訓練農場工人，農校學生，農業指導員及農民共四十四人。

期別	訓練期間	人數	訓練內容	說明
（未列期別）	民國五三年七月至五三年十二月	三	稻作、雜作、蔬菜	訓練農場工人、領班
一	民國五三年十月至五四年二月	二四	稻作、雜作、蔬菜	農業指導員一一人 農校學生九人 農民四人
二	民國五四年三月至五四年六月	一二	稻作、雜作、蔬菜	農業指導員九人 學生三人
三	民國五四年十一月廿五日至十二月廿七日	四	稻作、雜作、蔬菜	因農部預算短絀，無法發給受訓學員津貼，中途停辦
四	民國五六年九月至五六年十二月	一	稻作、雜作、蔬菜	由農部派來農校學生一人，實習四個月

㈡第二階段（一九六七年九月以後）：根據一九六六年二月中加農技擴大合約，在阿柯克隊部設立一訓練中心，由我政府建贈訓練中心學員宿舍，教職員宿舍，餐廳各一棟。其訓練情形列表於下：

期別	訓練期間	人數	訓練內容	說明
一	五六年九月十五日至五七年一月十五日	一九	稻作、蔬菜、雜作、及畜牧實習	農民四人，農校畢業生一五人。
二	五七年一月二十日至五七年五月廿二日	一七	稻作、雜作、蔬菜	學員爲農民。
三	五八年二月七日至五八年十月三日	二九	稻作、雜作、蔬菜	其中三名係農校學生，一名爲機械士，四名爲農民。
四	五八年十月三日繼續訓練中	一八	稻作、雜作、果樹、蔬菜、畜牧、農場經營、農機具測量等。	本期學員均爲農校學生。

㈢計訓農民八十四名，農業幹部四十三名，合計一二七名。

三、推廣工作：

㈠推廣農戶及面積：計推廣戶四九三戶，面積達一三五·一五公頃。

㈡推廣情況：

①阿柯克隊部推廣工作，由於地近都市，壯男多往都市謀生，賸下者均係老弱婦孺，農戶之徵求甚感困難，且地多零散，無灌溉設施，所種旱稻因農戶疏於管理，生長後期又因鳥害猖獗，至單位面積急降，無利可圖，自五十八年第二期起中止旱稻推廣，全力從事水稻之發展，並放棄幾個成效不著的推廣區，以期集中力量，提高工作效果，本期推廣農戶共種水稻八公頃，現在收穫中，預算單位面積產量在三·五噸至四·〇噸間。

由於自由市人口日增，對當地傳統的糧食作物如香蕉，樹薯，山藷等及蔬菜之需求日增，該隊循加國政府之要求，將對農戶在該方面加強指導。

②吉班加分隊稻作推廣過去亦幾全部爲旱稻，於五十八年一期起全力從事水稻之發展，旱稻予以中心推廣，迄五十八年底共完成水田二十餘公頃，年可產稻二〇〇噸以上，爲歷年最高總產量之一倍以上。

③彭哥分隊因限於地形，幾無一坦闊平原，且森林密波，土多砂質，開墾必需利用大型推土機D₇始可作業，但當地公共工程局缺少此種機械，因此目前推廣面積無法展開，僅限於小面積的庭園式，自五十七年十月二十日開始共有八戶農民參加，種植蔬菜〇・三〇五公頃，至五十八年已絡續增加至十三戶，其中一戶係協助彭哥小學完成開墾〇・六公頃土地，栽培蔬菜，旱稻及大豆，以改善師生們營養。

四、水利設施：

㈠隊本部：該隊示範農場，示範農村及前總統夫人農場，均靠河邊，利用抽水機抽水灌溉，共設有抽水站六處，灌溉水路幹線一、九九〇公尺，支線八一一公尺，排水路幹線一、一六〇公尺，支線六九〇公尺，足供灌溉二十五公頃面積。

㈡吉班加分隊：該分隊示範農場及木古子第一推廣區之水利工程係於一九六六年九月間由水利隊測量完成，其主要工程爲進水口一座，給水幹線一、〇九三公尺，支線二、七二三公尺，排水路六二〇公尺，農路二、三〇〇公尺，分水門四座，合流工程兩座，大涵洞四座等，至一九六七年七月正式奉准施工，本擬同年底完工，但因該地交通不便，材料運給困難，至一九六八年二月始全部竣工，其受益灌溉面積二一・五公頃，惟給水幹線，均未敷設內面工，旱季滲透嚴重，致灌溉水量不足，現計劃改善中，餘木古子第二、三及白雲度推廣區因地形關係僅能抽水灌溉。

㈢彭哥分隊：該分隊第一區示範農場，利用高壓抽水機分段抽水灌溉，因地勢關係，實際可灌溉面積僅〇・七三八公頃，灌溉量為每分鐘〇・四立方公尺，在配合雨季下，已足供目前種植之需。

五、示範農村情形：

本計劃係限據一九六六年二月五日中加農技擴大合作協定實施。

㈠安置農戶數：十五戶。

㈡土地開墾：自一九六六年二月開始至一九六六年十二月完成，計開墾土地二七・一三五公頃，每戶分配稻田〇・四公頃，菜園〇・一公頃，旱地一公頃。

㈢鋁屋十七棟，由我國政府建贈，於一九六六年十二月興建至一九六七年七月完成並有水電及衛生設備。

㈣農戶安置：

一九六七年九月十六日開始安置，農戶由加彭政府選送，惟其中半數係由示範農場及新計劃所雇用工人中由該隊向加彭政府推介。

㈤農場經營：

①採分耕合營方式，由該隊予以技術輔導。

②初期所需之大型農機具及運輸車輛由我政府供應。

③第一年所需之種子農藥由該隊供給，肥料則由加彭政府供應。

④種植作物包括稻作，雜作，蔬菜瓜果等。

⑤副業生產：

⑴養魚池一處，面積二公頃，現養有吳郭魚及其他魚類共兩種。

⑵原興建鷄舍一棟，於一九六八年九月十日興建，九月十七日完工，並於同年十月十七日由法國購來種鷄二〇〇隻交全體農戶共同飼養繁殖，至一九六九年經各農戶協議均分，改個別飼養。

⑶興建猪舍二大棟計十一間，堆肥舍一間，飼料間一間，蓄水池一個，猪糞尿池一個，於一九六八年八月十四日開始興建至十月三日完工，同時自吉班加 畜牧場 購猪隻飼養。

㈥稻田改良：

鑒於以往陸稻產量不高，雜草叢生，所費勞力代價甚高，往往不够成本，故利用五十七年及五十八年旱季將示範農村之旱稻田全部改成水田，改種水稻，以節省生育期中，中耕除草工作之人工，並加強管理，以提高單位面積產量。

示範農村蔬菜生產收益統計表

年度	生產收益（西非法郎）	備註
五七	一、九七〇、三五四	
五八	九四三、三二〇	本年因上半年期農場連續淹水及加政府收購機構降低蔬菜價格，收益顯著降低。

示範農村稻作生產統計表

期別	面積（公頃）	產量（公斤）	備註
五六年二期	四·〇四	二、七五五	
五七年一期	五·一〇	六、一二四·五	
五七年二期	四·八〇	一三、五三〇	
五八年一期	二·八〇	五、〇二八	本期因生長初期及收穫期農場連續淹水故遭歉收。
五八年二期	六·一四		收穫中預計產量二〇、〇〇〇公斤以上

七、甘比亞 (Republic of the Gambia)

甲、概述

最先到達甘比亞河（Gambia R.）的是兩位歐洲人，其一爲威尼斯人亞路易士（Aluise de Cada Mosto）；其二爲熱那亞人烏西底馬瑞（Usi di Mare）。西元一四五五年，他們奉了葡萄牙鼓吹航海的亨利親王(Prince Henry)的命令到達了甘比亞河岸。此後，葡人即相率來河岸定居。因葡人移民數目不多，其中一部份又與土著人通婚，結果，葡人的血統在他們的後代中很快的就消失了。但至十八世紀中期，仍有若干葡人後裔散居在甘比亞河沿岸各村落中。

喬拉（Jolas）人是居住甘比亞本地部落中最早的一種人。在歐洲人到達甘比亞以前，曼丁哥族(Mandingos)及烏洛夫族（Wolofs）自東方入侵，佔地而居。與奈及利亞北部的富拉尼族(Fulani)同源的富拉人(Fulas)則移入較遲，是十七世紀初期才開始陸續到達的。

西元一五八七年，葡萄牙逃犯費列尹拉（Francisco Ferreira）引英國船隻到達甘比亞，並運回獸皮，象牙等大批貨物，英人對此大感興趣，並引起了當時英王伊麗莎白一世的注意。當十六世紀與十七世紀之際，葡國，英國，法國所有的探險家在此發生了一連串的爭奪。

西元一六六〇年，英人獲悉甘比亞河上游藏有金礦的情報，乃又授權一批新的探險家，組成對非

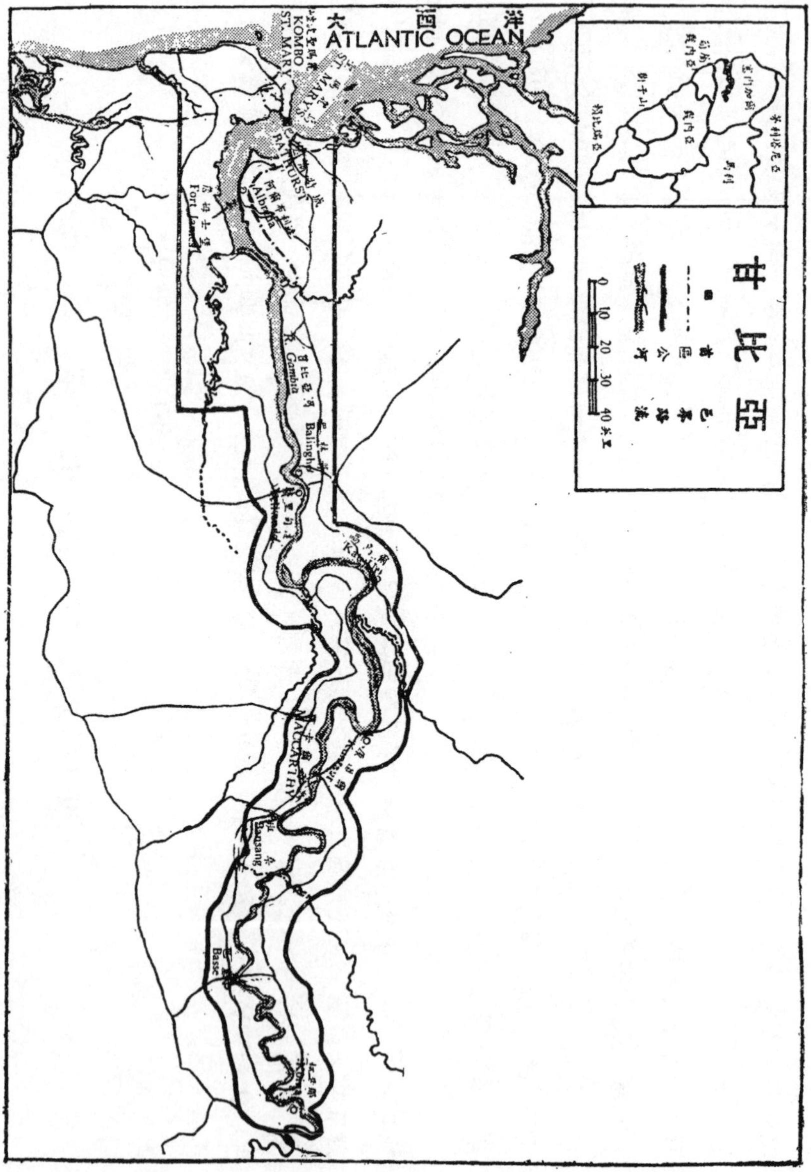
甘比亞
大西洋
ATLANTIC OCEAN
KOMBO
ST. MARY
BATHURST
Albreda
Fort James
Gambia
Balingho
MACCARTHY
Bansang
Basse
0 10 20 30 40

貿易及皇家探險隊，並派遣一支遠征軍，奪得了聖安朱島(St. Andrew's Land)，且以約克公爵(Duke of York)之名命名爲詹姆士堡(James Fort)，是爲英人定居西非海岸的第一批人。此後一百五十年間，聖安朱島遂成爲英人在此伸張勢力的中心點。

西元一六七二年起皇家非洲公司 (Royal African Company)，取得權利，在甘比亞負責經營貿易，其營業尚稱興旺，若干工廠設在沿河兩岸，貿易由此逐漸向內陸擴展，英政府雖曾盡力維護此項貿易工作，但最後在一七五〇年，該公司仍然宣告破產。

自西元一七六五年開始，甘比亞成爲塞內甘比亞(Senegambia)皇家殖民地的一部份，迨一七八三年凡爾賽和約成立，聖路易(St. Louis)和哥利島 (Goree) 歸還給法國，塞內甘比亞名存實亡，甘比亞乃宣佈爲英國之領土。

西元一八〇七年英國議會通過法案廢止非洲的奴隸販賣。一八一六年建立了今日首都巴蘇斯特(Bathurst) 城。此後，甘比亞河上的奴隸買賣遂告終止。

一八二一年甘比亞成爲獅子山政府的轄區，一八四三年脫離獅子山而爲另一殖民地，一八六六年獅子山與甘比亞又歸於同一政府管轄。

一八二一年教友會(Society of Friends)的傳教士首先到達巴蘇斯特城；一八二三年羅馬天主教第一批傳教士亦到達了巴蘇斯特城。

一八八八年甘國再度脫離獅子山而成爲獨立的殖民地，自己有行政會議及立法會議，並有專任總督處理政務。

一九〇二年，整個甘比亞成爲英國的保護地。

一九六三年十月四日建立了自治政府，管理內政。

甘國在西元一九六五年二月十八日由完全內政自治而變成爲不列顚國協內的一個獨立國家。同年九月廿一日加入了聯合國成爲聯合國會員國之一。

甘國面積爲一萬一千二百九十五平方公里，約合四千平方英里；人口約有三十一萬六千人。

由於領土幾乎全爲塞內加爾共和國所包圍，因此，它與塞國簽訂了一項有關外交，國防與安全及發展的特別協定。

甘國與我外交關係良好，其外長曾於一九六六年三月來我國訪問，並於一九六八年五月十四日簽定中甘技術合作協定，我不僅派駐象牙海岸大使館大使兼駐該國，每年且有總統所派遣的特使前往訪

甘比亞總理參觀蔬菜園洋葱

問。

在獨立前，甘國即有議會的設立，一九一五年立法會議中首次任命非官方議員，一九四七年非官方議員已佔過半數。一九五三年成立一個由民間各界名流三十四人組成的顧問委員會，由總督召集商議建議事項。根據這些建議，製成提案，經英國政府略加修正之後予以通過，於是一項根據這些建議事項而擬訂的憲法，於一九四四年開始生效。

西元一九六〇年，憲法將立法會議改為衆議院（House of Representative），三十四名議員中有二十七名係選舉產生之議員，其中八名為部落酋長指派之代表；十九名為地域普選而產生的代表。

甘國現有三個政黨，即聯合黨(United Party)，人民進步黨(People's Progressive Party)，民主大會同盟黨(Democratic Congress Alliance)，現總理為人民進步黨的領袖賈瓦拉（Mr. David Jawara）會來我國臺灣省訪問。

乙、自然環境

位置與面積

甘比亞位於非洲的西北海岸，三面被塞內加爾（Senegal）共和國所包圍，在未獨立前，它包括有一個殖民地(Colony)和一個保護地(Protectarate)，總面積約四千平方英里。殖民地面積僅二十九平方英里，它位於甘比亞河的河口，包括聖瑪麗島(St. Mary's Island)（首都巴蘇斯特即位於島上）及陸上的控波聖瑪麗區（Kombo St. Mary），保護地面積約三千九百七十四平方英里，沿甘比河兩旁向內陸伸展，爲一長約二百英里，寬約十五至三十英里的狹長地帶。

保護地區的人口極多，幾佔全人口的百分之九十，很少與外界接觸。此種情形，直至最近始稍有改變。殖民地區的人民則較爲開朗，開展的速度較保護地區爲迅速。

地勢

大體說，甘國全境都很平坦。甘比亞河出口處，沿河兩岸爲長滿紅樹的沼澤，稍遠有竹林，矮林及巨大的棉樹。東部流域則有丘陵起伏。土壤質多鬆軟，除沿海附近平地以外，排水都很迅速。

河流：甘境最大的河流爲甘比亞河，也是西非洲最佳航道之一，它發源於幾內亞的伏達加倫（Fouta Djalon）高原，流經塞內加爾，甘比亞兩國而注入大西洋，全長約五百英里，在甘比亞境內達二百九十五英里。幾佔全長五分之三。外洋巨輪可溯河航行至首都，也是全國第一大港巴蘇斯特。吃水不超過十七英尺的輪船，可溯航一百五十英里到達康道爾（Kuntoun）地方；吃水在六英尺以下的輪船則可自巴蘇斯特航行至極東部的柯尹那（Koina）地方。

島嶼：甘比亞河上有一島嶼，名叫麥喀爾西島（Mac Carhy），位於境內中東部，距首都巴蘇斯特約一百七十六英里。此外，沿河有三十三個碼頭鎮，平時，多爲政府往來的船隻停泊之處。每逢雨季河水水位高漲時，居民都必須及早遷居較高地區，以避水災。

氣候

甘國立國不久，過去，在殖民地時代，對於測候工作做得不完全，因此，氣候資料非常缺乏。

溫度：甘境寒暑季節區分異常明顯，全年氣溫在華氏六十度至一百一十度之間（攝氏十五度六至四十三度三）。

雨量：每年六月至十月爲雨季，雨量以沿海較豐，平均約在四英吋左右，愈向內陸則愈少。每年十一月至次年五月爲乾季，氣候濕熱，但不沉悶。

濕季時，甘比亞河流域，盛行瘧疾以及蚊蠅所傳播的其他疾病，尤以出海口紅樹雜生的沼澤地，更爲傳染病菌密集之區。

農作物僅能在濕季時播種，收穫則在乾季之初期。

丙、農業經營現狀

地理條件

甘比亞土質多鬆軟，除沿海附近的平地以外，排水都很迅速，復因乾旱頻仍，作物種類乃大受限制。甘政府農業部刻正從事肥料及土壤的研究，目的在使土地的肥力提高，以利種植。

全境土壤，多係沙質而貧瘠，僅有河邊沼澤地較稍肥沃，同時，因土地的過於磽瘠，故在耕作時，常有易地種植的情形。

甘國地勢平坦，農民雖有焚地的習慣，但尚不致引起冲刷問題。新地的墾殖，多以火焚叢林爲之。

因爲溫度，雨量，土壤等條件的限制，使甘國農業發展前途大受影響，今後如何加強灌溉設備，改良土質，革新農業栽培技術，是甘國農業方面應有的努力。

勞働力

根據一九六八年世界糧農組織的統計，甘比亞的人口共有三十三萬。其中農業人口約佔二十九萬，佔總人口的百分之八十八；各行各業的工作人員有十四萬，其中從事農業工作者有十二萬人，佔各行各業工作人員的百分之八十七。

全境人口，絕大多數爲非洲土著，僅有少數歐洲人，敍利亞人及黎巴嫩人寄居該國以十二萬農民耕種現有二十萬公頃的耕地，在勞動力方面而言，是不致造成過份缺乏的現象的。

主要作物

甘比亞過去爲英國的西非洲屬地之一，現在已經獨立，它是一個十分貧窮的農業國家，其財政來源，幾乎全部仰賴花生出口。近年來，因世界花生價格低落，因此，甘國的一切費用大部仰賴英國補助。

甘國面積狹小，缺乏天然資源，在孤立中，每不易發展其經濟，復因疆界過於特殊（三面均爲塞內加爾所包圍），使它不能完全利用甘比亞河；同時，也限制了巴蘇斯特港的發展。

甘比亞的土地總面積爲四千平方英里，約合一百一十三萬公頃，其中可資利用的耕地佔二十萬公頃；牧地佔四十萬公頃；林地佔三萬四千公頃。因此，土地被利用爲生產的面積不大，對國民生計影響至鉅。

茲誌其主要農作物如次：

花生：花生的種植，多在河邊沼澤以外的鬆軟沙土地區，每公頃產量約在六百六十公斤。每年六，七月間播種；十，十一月間收穫；十二月至次年三月爲打殼及運銷時期。在甘國，男人多種植花生；女子則種植水稻。但自我農耕隊派駐甘國後，男子亦多習慣於種植水稻的。花生仁在本地榨製成油，分別由巴蘇斯特，高烏爾（Kau-ur）或康道爾運銷歐洲。本國亦有一小部份的消費。

稻米：由於政府的鼓勵及我農耕隊的協助，稻米種植，除爲本國消費外現被視爲國家的第二種現金作物，地位漸趨重要。稻米種植的地區大多在沒有鹽分的沼澤及低窪之地，至於高地耕作，現亦在逐步發展中。我農耕隊在該國指導農民選種，播種，揷秧，除草，施肥，防治病蟲害收割等方法，已具成效。如果土地改良工作做好，則稻米發展的前途是非常樂觀的。

根據一九六八年世界糧農組織的統計，甘國水稻種植面積有一萬八千公頃；全年的總產量約有二萬公噸；單位面積產量平均每公頃爲一千一百三十公斤。

其他作物：在休耕而已開墾之地或經放牧牛羣施肥之地，均有蘆粟和小米的種植。居民住宅周圍更有玉米和樹薯的種植。一般鄉村中則間有紅棗，橘子，香蕉，萬壽果及萊姆果等。乾季時，如有適量的水份，亦可種植蔬菜。

茲將次要農作物列表如後：(摘自一九六八年世界糧農組織年報)

項目	面積(千公頃)	總產量(千公噸)	單位面積產量(每公頃百公斤)
玉米	一·〇〇	一·〇〇	四·四〇
高粱小米	四〇·〇〇	四四·〇〇	一一·〇〇
樹薯	一·〇〇	六·〇〇	六〇·〇〇

畜牧與漁業

甘比亞畜牧事業以飼牛，飼羊爲主，次爲猪與家禽。甘國現有牛隻約十八萬二千頭；山羊十萬頭；綿羊五萬四千頭；家禽十六萬四千隻；猪二千頭。

甘國，大西洋沿岸爲一優良的捕魚區，漁人們有的爲沿海居民；有的爲來自塞內加爾葡屬幾內亞及幾內亞。捕魚船隻多由舊式的帆或槳作爲動力，間亦有裝配馬達的獨木舟。其於沿海及河上大量作業者，不是甘國本國人民，而是來自塞內加爾的漁人。

交通運輸

公路：全國通行汽車道路共長七百三十英里，其中有三百零四里爲全天候的道路。經巴林哥(Balingho)及耶里田達(Yelitenda)的橫貫公路爲法國政府斥資所建造，現已交由甘政府負責保養。甘國境內缺乏碎石子，因此，所有公路路面均利用海濱蛤蜊殼代替之，是以路面均呈灰白色，一眼望去，景色特殊，爲在其他西非各國所僅見。根據一九六五的報告，該國有客車七百六十七輛，營業車七百零一輛，機器脚踏車二百一十六輛。

港口：首都巴蘇斯特爲甘國主要的港口，所有至英國及西非各口岸的貨物與郵件均由此交船舶運送。此處擁有二個深水碼頭，其中之一，最近曾大事擴充，擴建完成後，可容五百英尺長的船隻停泊。根據一九六五年的統計，巴蘇斯特港運貨量爲十一萬六千一百五十三噸。內河航行均由汽船與汽艇擔任。

空運：距首都十七英里處有一國際機場，名叫勇登(Yundum)機場，有班機飛往塞內加爾首都達卡(Dakar)，奈及利亞大城尹巴丹(Ibadan)，獅子山首都自由城(Freetown)及迦納首都阿克拉(Accra)，根據一九六五年的報告，勇登機場飛行次數爲一千五百零六次，其中多爲英國飛機，出入境旅客及空運貨物，郵件等均甚稱便。

對外貿易

甘比亞的商業活動，幾乎都是集中在花生銷售的活動上，因花生是該國唯一具有經濟價值的出口作物。其次，就是棕櫚仁、再次就是蜂臘，獸皮等，至於進口貨則有，稻米，小麥，食糖，煙草等。

茲根據一九六六年政治家年鑑的統計，主要輸出品爲花生三萬零三百二十三噸，價值一百六十九萬六千八百三十三磅；棕櫚仁一千三百一十二噸，價值七萬一千六百九十六磅；風乾及烟勳魚價值三萬六千六百一十五磅；花生油八千四百六十四噸，價值九十萬零八千一百五十六磅；花生餅一萬一千七百四十八噸，價值四十五萬一千一百六十二磅。主要輸入品爲稻米合值四十萬零三千磅；小麥八萬磅；食糖七萬六千磅；飲料九萬三千磅；香煙及菸草十九萬一千磅；石油產品十六萬五千磅；醫藥及製品十五萬磅；纖維六十四萬三千磅；水泥六萬八千磅；汽車及零件十八萬二千磅；衣着二十五萬六千磅。

甘比亞主要的貿易對象爲英國。因本國出產貧乏，對外貿易每年均是入超，故政府預算每年均有赤字出現。

丁、農業潛力的開發

甘比亞面積小，土質差，天然資源少，因此，開發工作進行得非常遲緩，一九六六年六月十二日我農耕隊進駐後，數年來，種植水稻的推廣農戶年有增加，一年兩作，收穫豐碩，較其他一般農民收入幾增十倍。茲將我駐甘農耕隊概況摘錄如後，以證明我農耕隊對該國農業潛力開發的一斑。

駐甘比亞農耕隊

壹、成立日期：

民國五十五年六月十一日。

貳、編制人數：

隊長一人，副隊長一人，技師四人，分隊長二人，小組長二人，隊員十四人，計二十四人。

叁、隊址：

麥卡錫(MacCarthy)省，約若布鋭(Yoro Beri Kunda)村莊，距甘京巴瑟斯特(Bathurst)約三〇〇公里。

肆、分隊（組）分佈情況：

分隊名稱	成立日期	工作人員				距離隊部（公里）
		分隊長	技師	隊員	合計	
巴謝分隊 Basse	五五年十二月十四日	—	—	一	一	八〇
撒布分隊 Sapu	五五年十二月三十日	—	—	一	一	二二
倉谷庫分隊 Dankunku	五七年十一月十二日	一	—	二	三	五〇

康道分隊 Kuntaur	五七年十一月八日	—	一	二	三	二五
阿佈谷分隊 Atuko	五八年十月十日	一	—	三	四	二八二

伍、示範區地址及面積：

一、尚可利農莊 (Sankuli Kunda)　三·九〇公頃

二、約若布鋭農莊 (Yoro Beri Kunda)　一·〇〇公頃

三、巴　謝 (Basse)　一·〇〇公頃

四、撒　布 (Sapu)　三·二〇公頃（已交 Sapu 國營農場經營）

五、倉谷庫 (Dankunku)　〇·二〇公頃

六、康　道 (Kuntaur)　〇·二〇公頃

七、阿佈谷 (Abuko)　〇·四〇公頃

合　計　九·九〇公頃

陸、推廣區地址及面積：

一、Y.B.K 隊部區域　九二·九〇公頃

二、撒布 (Sapu) 推廣地區　四十八公頃

三、巴謝鎮（Basse）　一〇公頃
四、倉谷庫（Dunkunku）　二二·五〇公頃
五、康道鎮（Kuntaur）　九七公頃
六、阿佈谷（Abuko）　四公頃
合　計　二七四·四〇公頃

柒、**工作計劃**：

一、成立甘京阿佈谷(Abuko)分隊，以雨季種植水稻爲主，旱季推廣蔬菜瓜果爲輔，以供甘京蔬菜之需。
二、訓練甘國農業推廣人員農械操作及保養技能。
三、輔導成立喬治鎮(Georgetown)，康道（Kuntaur）區域農民組織。
四、改善當地農民耕作方法，雨季澤沼地當地品種栽培，奬勵農民改撒播爲條播栽培方法，施行中排、除草、施肥、病蟲害防治，採取農民見效良佳，以爲今後雨季推廣模範。

捌、**工作概況**：

一、示範區工作：
㈠稻作：
(1)水稻：

期作別	品種名稱	稻谷產量 乾谷產量 公斤/公頃	指數	備註
第一期（旱季）	臺中秈二號	五,三一四·〇〇	一八〇·一	受鼠害減產
	Soavina（當地種）	二,九五〇·〇〇	一〇〇	
第二期（雨季）	臺中秈二號	五,九三八·七五	二一四·四	
	Soavina（當地種）	二,七七〇·〇〇	一〇〇	

⑵旱稻：

時期	品種名稱	稻谷產量 乾谷產量 公斤/公頃	指數	備註
七月至十一月	臺農選二號	三,七三〇·〇〇	二〇四·八	
	Soavina	一,八二五·〇〇	一〇〇	

㈡雜作：栽培有甘藷、大豆、綠豆、甘蔗、木瓜、鳳梨、蓮藕、苧薺、紅豆，其中甘藷已大量推廣現已有四〇·四公頃。

㈢蔬菜瓜果：栽培有茄子、蕃茄、馬鈴薯、花椰菜、油菜、甘藍、芥菜、空心菜、辣椒、豌豆、甜椒、小白菜、大蒜、葱、萵苣、蘿蔔、香菜、蘆筍、紅蘿蔔、結球白菜、茭白筍、胡瓜、苦瓜、絲瓜、黃瓜、西瓜、香瓜、等種類。

已經推廣的有：蕃茄、甜椒、辣椒、空心菜、包心菜、西瓜、茄子、香瓜、紅豆等。

㈣稻作品種試驗：

經試驗結果，其適宜品種如下：

水稻：臺中在來一號、臺中秈二號、高雄秈二號、高雄秈育四號，IR-8。

陸稻：臺農選一號，臺農選二號，大畑早生一二三號、赤殼早仔。

㈤栽培方法之改良：

①水稻：

適宜插秧時期：

旱季（十二月至次年六月）：十二月下旬至次年三月中旬爲最適宜水稻插秧時期。

雨季（七月至十月）：八月至九月中旬爲最適宜水稻插秧時期。

②陸稻：

⑴品種之選擇：選出耐旱抗病，不易倒伏，早熟，粗放栽培之中等產量以上之品種。

⑵土地之選擇：土壤應選擇保水性強地熱不高之壤土爲宜。

⑶播種期：應選定六月二十五日至七月十日之間播種完畢。

㈥其他：

①新型農機具之操作及改良耕作方法，每期均進行示範表演，邀請推廣農戶觀摩。

②示範田農路兩邊及空地試植香蕉、木瓜等水果，一年來生育良好，產量豐富，美化環境又增加收益，當地農戶相爭模仿。

二、訓練工作：

㈠抽水機訓練班：五十八年二月及七月於隊本部舉辦為期二十天之訓練共計四二名學員參加，以目前推廣戶抽水機使用人為對象，訓練內容包括各部名稱介紹、原理講解、分解結合、故障排除及一般操作要領，學員畢業後工作向能勝任。

㈡碾米機訓練班：五十八年八月一日起開始訓練為期一個月，由康道鎮及喬治鎮農會選派優秀青年四名，參加訓練，受訓人員結訓後各自回屬區農會負責碾米工作。

㈢動力噴霧器訓練：甘國農業推廣員一八名，參加訓練，訓練項目包括噴霧器使用要領、保養、故障排除等以及各種農藥配合方法，中毒預防措施等。

㈣歷年來總計訓練農民一、四六三名，農業幹部九三名，合計一、五五六名。

三、推廣區工作：

㈠推廣農戶：該隊推廣工作迄五十八年十二月底止，共有推廣戶七三三戶，其中五十八年五〇九戶，五十七年以前二二四戶，推廣面積合計二七四·四公頃，五十八年二二五·五公頃，其中水稻一八八·一公頃，陸稻三七·四公頃，年產量水稻平均每公頃九、〇〇〇公斤，（每英畝八、三二〇磅）陸稻平均產量每公頃三、五〇〇公斤（每英畝三、〇八〇磅）。（五十七年因雨水不足產量甚低）。

農民收益方面，照一般市價計算每磅四便士，每公頃之年收益，水稻約三四五英鎊（合美元八二八元，一英鎊＝二・四美元）陸稻約一二七・五英鎊（折合美金三〇六元）。因此凡是參加種植我中國水稻之推廣戶，其生活情況均大為改善。

㈡推廣情況：截至五十八年十二月底止各年推廣之面積及水稻，陸稻產量情形，均如前述，以五十八年計算一年之產量價值約為美金一七六、九二二元（折合臺幣七、〇七六、八八〇元）農民之收益提高，為推廣水稻最有效之方法，又加甘比亞河兩岸大多地區均適宜栽培水稻，農民之勞力，在第一期，原為休閒期，故有充分之勞力，用於水稻，第二期為雨季，可節省灌溉水，並可大面積推廣陸稻，故推廣前途遠大，五十八年度之推廣面積十二月底止已擴展四五％，預計五十九年六月底止，完成四〇〇公頃之總面積。

四、水利設施：

㈠利用甘比亞每月二次高潮之特性，修築土渠，直接引河水於田坵，並於進水口施以簡單之擋水設施，於將近退潮時予以關閉，以達保水之目的，此種灌溉設施，Dankunku 地區灌溉面積約為二〇・二公頃，Kuntaur 地區則為四〇・四公頃。

㈡上述方法僅使用於低窪之沼澤地(Swamp)如同一地區中，因地形變化較大，較高地區無法利用潮水，或因潮水本身未達理想高度，乃利用該地區較高地點，修築浮溝，以抽水機抽水以補潮水之不足，此種方式，使用於 Dankunku 者爲一二・一公頃，用於 Kuntaur 者爲四八・五公頃。

㈢部份甘比亞支流，流量雖不甚豐，然全年全無乾涸之慮，此種地區，乃於支流中選其適當地點，修築小型之擋水設備，（小型水壩）以提高其水位，或則直接引水灌溉，或則利用抽水機抽水，此種設施，用於 Dankunku 地區爲二〇・二公頃。

㈣直接引河水灌溉，選擇近河較高地點，作爲抽水站，修築引水溝，直接自河中抽水，此種設施，用於 S.K., G/Town, Laming. Koto 共爲三一・四公頃，Sapu 農場爲四〇・四公頃。

㈤挖溝引水，再抽水灌溉：此種地區因沿河地帶地勢過低，且起伏較大，無法使用，距河較遠之地區則甚爲平坦而爲理想之水田區，乃先挖溝（自河岸開始）至較高地點，則以抽水機抽水灌溉，此種方式，用之於 S.K, G/Town 地區者，爲三一・四公頃。

玖、特殊事蹟：

㈠該隊輔導喬治鎮(Georgetown)及康道鎮(Kuntaur)兩處農會成立。

㈡中甘第二次簽約兩年首期推廣面積第一年二〇二・三公頃已完成。

八、迦納共和國（Republic of Ghana）

甲、概　述

迦納卽過去的黃金海岸，是由波那（Bono）國與班達（Banda）國所合組而成的阿克安（Akan）族的最早的「國家」，大約在十三世紀時，開始由伏塔（Volta）谷地遷移至沿海平原。

西元一四七一年，葡萄牙人初次來到這塊被稱爲「黃金海岸」（Gold Coast）的地區，他們發現這裏的藏金量極豐富，於是在一四八二年在艾米拉（Elmina）地方建築了第一座堡壘。

十六世紀時，歐洲各國在此販賣奴隸的行業非常發達，因此，各列強在此競爭也就非常劇烈。一六四二年，荷蘭人將葡萄牙人逐出此地區，在此後的一百五十年中，英國，丹麥，荷蘭在此從事奴隸販賣，競爭更加劇烈。直至十八世紀末葉，英國在此項競爭中始佔優勢。

十九世紀，歐洲人與西非各地區的正常交易展開，傳教事業也逐漸在此生根，多數非洲人不但信仰了耶穌基督，而且也增加了一些知識，因此，販賣奴隸的勾當自然被淘汰，一般受過歐洲教育的非洲專業人士與商人，人數也逐漸增加，到了十九世紀末葉，他們對實際政治也發生了興趣。

一八二一年，英國政府直接控制了從前由商人所建造的城堡，因此，英國在迦納的勢力與利益迅速增加。進一步並與沿海及內陸的酋長們簽訂條約，最後，在十九世紀的末了三十年中又擊敗了亞先

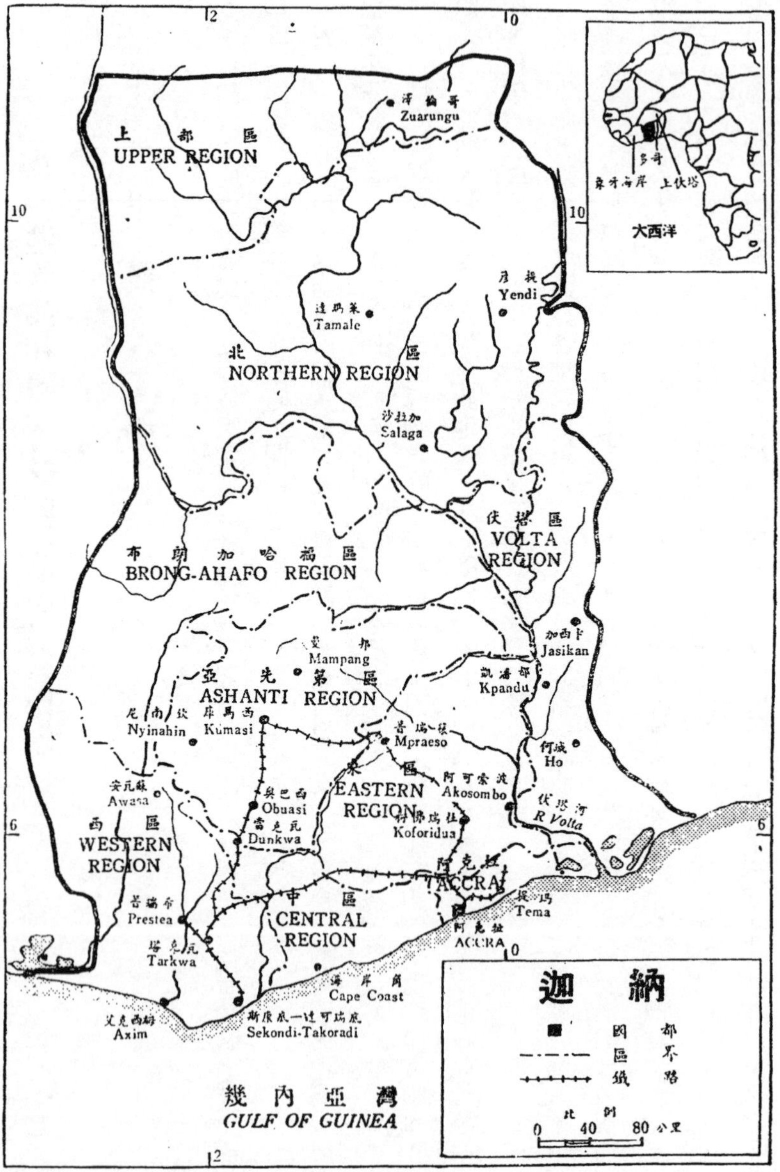
UPPER REGION
上部區
Zuarungu
NORTHERN REGION
北區
Yendi
Tamale
Salaga
沙拉加
VOLTA REGION
伏塔區
BRONG-AHAFO REGION
布朗加哈福區
Jasikan
加西卡
Mampang
ASHANTI REGION
亞先第區
Kpandu
Nyinahin
Kumasi
庫馬西
Mpraeso
Ho
何城
EASTERN REGION
Akosombo
Awasa
Obuasi
Koforidua
R Volta
伏塔河
WESTERN REGION
西區
Dunkwa
ACCRA
CENTRAL REGION
中區
Prestea
Tema
Tarkwa
Cape Coast
海岸角
Axim
Sekondi-Takoradi
幾內亞灣
GULF OF GUINEA
大西洋
上伏塔
多哥
迦納
國都
區界
鐵路
比例
0 40 80 公里

(Ashan) 族，於是英國人在此地區的勢力，就沒有其他力量可與抗衡了。

一八五〇年至一八六五年間，在黃金海岸時代卽有屬於它自己的立法會議，迨一八七四年成為英國屬地後，又成立了新的立法會議。到了一九〇一年，北部地區及亞先第 (Ashanti) 地區合併為英國屬地，第一次世界大戰後，一九二二年，前德國屬地多哥蘭 (Togoland) 的一部份地方由國際聯盟委託英國治理，最後，亦成為英屬黃金海岸領土的一部份。

二次世界大戰後，迦納的政治獲得迅速的發展。一九四六年憲法規定，立法會議的非官方代表應超過半數，迨一九五一年，經由直接與間接投票選出七十五位立法會議代表。這次選舉中，「人民會議黨」 (Convention People's Party) 獲得勝利，現已垮台的恩克魯瑪 (Kwame Nkrumah) 成為政府領袖。一九五二年恩克魯瑪正式成為黃金海岸的第一位總理。

一九五四年，迦納立法會議代表增至一百零四人，並實行成人普選。組成純非洲人的內閣。

一九五七年三月六日迦納成為獨立國，多哥蘭由英國治理的部份在一九五六年五月的一次公民投票中，贊成與迦納合併，是卽今日迦納的伏塔地區。

一九六〇年七月一日迦納改國體為共和國。一九六五年六月議會議員增加到一百九十八人。

一九六六年二月二十四日軍事政變，恩克魯瑪被推翻，由安克拉中將 (Lt. Gen. Ankrah) 領導的「國家解放委員會」 (National Liberation Council) 取得政權。

乙、自然環境

位置與面積

迦納共和國位於西非洲海岸，南臨幾內亞灣；東與多哥為隣；西與象牙海岸接壤；北界上伏塔，全國總面積為二十三萬八千五百三十七平方公里，約等於我臺灣省面積的六倍半。在緯度上，它位於北緯四點五度至十一度及東經一度至西經三度之間。通過格林威治子午線而跨有東西兩經度。

海岸線共長約三百四十四公里。

地理區

迦納共和國可分為五個主要地理區，茲分述如後：

(1)**沿海平原**：沿海平原可分為二大部份：一為首都阿克拉（Accra）以東的下伏塔平原；另一為西部濱海的西南平原。此兩區的漁業及畜牧業都很發達，稻米，木材，棕

迦納隊水稻豐收典禮正要開始

櫚油也都盛產於西部地區；迦納的大城市如阿克拉，海岸角（Cape Coast），提瑪（Tema），斯康第(Sekondi)，溫奈拔（Winneba）等，都靠近海岸。

⑵**奧克瓦平——**多哥山區（Akwapim-Togo Mountains）：這是指起自阿克拉以西及西北方的丘陵地帶，經多哥及達荷美向東北延伸，其高度逐漸上升。伏塔河（Volta River）流經山區，在伏塔峽(Volta Gorge)處築有水壩。此區多種植可可，稻米，咖啡，菸草，菓樹，甜薯並有家畜的飼養。

⑶**西部與南部丘陵山谷區**：此區包括西區，中區，亞先第(Ashanti)與布朗加哈福(Brong-Ahafo)地區的大部份，本區地域廣大，約佔全迦納的面積三分之一，人口尤多，佔全人口的三分之二。此區居民皆建有防風牆，以保護可可，防備被狂風吹襲。可可為迦納主要輸出品。礦藏及木材的蘊藏量亦豐。這區的主要城市叫做庫馬西（Kumasi）。

⑷**伏塔盆地**（Volta Basin）：這區人口較少，僅佔全國人口的百分之十六。多數散居在北區(Northern Region)的東南部，布朗加哈福，亞先第與東區(Eastern Region)。土地貧瘠，到了旱季，其含風沙的熱風吹刮不停。

⑸**北部與西北部高原地帶**：這一帶，人煙稀少，土質欠佳，不適合農作物的生長，故此區居民具有工作能力者，率多移往迦納南部從事開礦與種植可可工作。

氣候

迦納氣候的變化很大。南部及西部均爲赤道性氣候，愈往北則雨量愈少，達瑪來（Tamaals）以北變成了無樹平原地帶。此一地區的乾旱季節達四至六月之久。

雨季由每年五月開始至九月結束，溫度的季節性變化，越往北部則越大。平均最高與最低溫度，以阿克拉爲例，最高爲攝氏三十度點一，最低爲二十二度點五；以北部沙拉加（Salaga）爲例，其最高溫度爲攝氏三十二點二度，最低爲二十三度。

土壤

英國人在迦納，關於土壤調查分析的工作，做得比較切實，茲將該國土壤分佈情形摘錄如後，以供參考。

迦納的北部土壤可分旱地，谷地兩種。旱地土壤的組織，比較輕鬆，深度約爲十二英寸至十八英寸，瓦（Wa）及駝摩（Tumu）兩地屬之；谷地乃伏塔盆地之一部，土色棕黃，係冲積土，是屬粘質及沙質，極輕鬆，深度約爲十二英寸至十四英寸，排水良好，達瑪萊（Tamale）伊第（Yendi）等地帶均屬之。一般而言，迦納北部的土壤，呈帶酸性，較貧瘠，栽種植物，需要施肥。在伏塔區何城（Ho）附近，東南及東北均爲紅色礫土，其外圖高地則係淺灰色砂土，低地爲灰土，阿廸杜米（Adidome）以北高地爲深灰色砂土，低地爲灰土，土壤性質頗有差異。

阿飛飛（Afife）國營農場面積共有六千六百六十九公頃，我駐迦農耕隊卽擬在該場劃地經營，根據農耕隊已搜集的資料，顯示該地區爲三條谷地所組成，其土壤可分爲三類，分述如次：

(1)**草原沼澤地**（Meadow Boggy Soil）：所有谷地爲水泛濫部份均屬之，色黑及深灰，富腐植質，常有一薄層半分解之酸性泥炭土，土層厚約十二至五十米厘，平均二十至二十五米厘爲粘土，有水時成泥漿，乾燥時龜裂，底層爲粘土，不滲漏。

(2)**灰黃砂質壤土**（Grey and yellow Sandy Loam）：谷地中高起的地區屬之，主要分佈於谷地與台地間延伸的坡地上，可耕作的表土厚度，僅十三至十五米厘，表土層並不顯明，有機質含量較少，土質疏鬆，底土爲薄層的砂質壤土，或全爲砂土，至土深一公尺許，卽漸成壤土與粘土，沙土與砂質壤土層在水飽和狀態下，卽成流沙。

(3)**紅土及棕色紅壤土**（Lateretie and Orange Lateretie Loamy Soil）：分佈於當中的台地上，其土層厚約二十米厘，其底土層爲粘土或壤土，砂土不等，有機質含量不多。

丙、農業經營的現狀

經濟環境

就迦納全國而言，可以利用的土地有二千三百八十五萬四千公頃；其中耕地佔二百五十四萬四千公頃；牧地一千公頃；林地二百四十四萬七千公頃，如果保持現有的土壤肥力標準，上述耕地面積，尚可維持逐漸增加的人口。

迦納的農、礦業資源相當豐富，交通設施也相當現代化，工業正在發展，教育制度與多種社會設施，亦具相當規模。所以在非洲國家之中是一個經濟比較繁榮，社會比較進步的國家，每年平均個人所得約在八十到八十五金磅之間。

勞働力

根據一九六八年世界糧農組織年鑑的報告，迦納人口總數約爲七百七十四萬餘，其中農業人口約有四百六十四萬二千人，佔總人口百分之六十。人口密度，每平方公里約三十點八，爲非洲人口密度最高的國家之一。迦納的人口，約有半數集中在中南部，由鐵路貫穿的三大主要城區中，此三大城區爲：阿克拉（Accra），庫馬西（Koumassi），斯康第（Sekondi）。此地區的面積僅佔全國總面積約六分之一，故此地區平均人口每平方公里爲九十七人；北部地區及高原地帶佔全國總面積百分之四十，而該地區的人口僅佔總人口的百分二十。有更多跡象顯示，不久的將來，迦國的人口仍有向城市集中的趨勢。

迦納人口的增加，主要決定於人口死亡率的變動，根據對死亡率高低的假定估計，一九六〇年至一九七五年之間，人口增加率每年約爲百分之二點九，預計今年（一九七〇年）迦納人口將可達到八百八十萬，一九七五年將可達到一千零三十萬。依十五歲至六十歲的人佔總人口百分之五十計，其具工作能力的人，目前，有四百人，到一九七五年則當在五百萬左右，不可說勞動力不充足了。

主要作物

迦納糧食消費，估計每人每日平均為二千四百卡路里，而蛋白質營養却嫌不够。迦國的輸入物資有百分之十二至十四為糧食，其中以麪粉，糖，罐頭肉類，牛乳及魚類製品等為最多，迦納糧食輸入與非洲各國相比，若按人口比例計算則為最多的國家。其主要作物，畢述如次：

可可：在一九六四至六五年間，迦納生產的可可佔全世界總產量的百分之三十八。在亞先第，布朗加哈福，東區，西區與中區這個條形的森林地帶以可可為主要農作物，其中亞先第與布朗加哈福兩地為國內出產可可的主要地區。在伏塔區境內的何城周圍以及凱潘都 (Kpandu)，加西卡 (Jasikan) 兩城間，有廣大的可可田。

迦納可可的產量，在未來的歲月中，可能會繼續增加，可取代可可而有利可圖的其他農作物極為有限。將來產量增加，可能是單位面積產量增加的結果，而不是由於種植面積的增加。據最近幾年來的實驗，大量施肥與避免過於陰暗後，單位面積產量增加很多。

稻米：迦納稻米生產開始於西元一九三二年，當時係政府鼓勵農民種植，在早期稻米推廣計劃中，因缺乏良好的農田水利灌溉系統，故其成效不大。第二次稻米增產的鼓勵則由於第二次世界大戰糧食的缺乏，由於糧食的缺乏與戰後糧價的上漲，更鼓勵了農民對稻米的種植，到了一九五〇年，稻米產量約二萬二千噸，種植面積估計四萬九千英畝。我農耕隊進註迦納後，對該國稻米生產必有很大的幫助，詳情見農業潛力的開發一節。

菸草：過去，迦納進口菸草，以美國所產的一種黑色而肥大的菸草爲主，迦納人民將此種菸草放入口中咀嚼或用煙斗吸食。自一九五三年開始，迦納農業部與先鋒菸草公司大量試種以來，菸草產量迅速增加。一九六四年菸草產量達到五百五十萬磅，這些菸草種植面積約一萬三千八百七十英畝，主要爲小菸農所生產。菸草增產的速度，比預期者爲大，在迦納的研究報告中，預計一九六五年國內菸草產量爲四百萬磅，然則，一九六四年卽已達到五百五十萬磅，預計至今年（一九七〇年）僅須從美國進口七十萬磅未加工菸草卽可，根據計劃，至一九七五年將可完全自給自足。此外，最主要的作物爲樹薯，羊角蕉及甜薯，玉米，珍珠米（Guinea corn），芋頭，小米可樂果，水果及咖啡等，其中有些尚可供輸出。

茲將迦納主要作物生產統計列表如後：（根據聯合國糧農組織一九六八年的年鑑）

項目	面積（千公頃）	總產量（千公噸）	單位面積產量（每公頃一百公斤）
玉米	二三〇	二八二	一二·二
高粱小米	二五二	一六四	六·五
水稻	三六	四三	一二

花生	九一	六一	六·七
甘藷	七八	九〇九	一一七
樹薯	一三八	一、一七四	八五
鳳梨	—	一五	—
棕櫚仁	—	一五	—
棕櫚油	—	四五	—
咖啡	—	四	—
可可豆	—	四二一·二	—
菸草	三	〇·八	二·六
天然橡膠	—	〇·四	—

漁業

近年，迦納政府對海洋及淡水漁業的發展均相當重視，一九六一年即在提瑪開闢漁港，其他漁港也在陸續修建中。除向英國，挪威，日本等國訂購撈網船外，其他有關現代化冷藏等設備也在大量擴充中，從事捕魚技術的研究，尤爲政府所注意。至於淡水漁業前途，也非常樂觀，國內各大河流及湖泊均可用作發展漁業的場所，政府刻正注意伏塔壩所形成的人工湖，預備將此湖經營爲發展淡水魚的中心。

畜牧業

迦納的畜牧業，以北區及阿克拉平原爲主要地區，過去十餘年來，迦納的家畜數目及其產品的生產一直處於停滯狀態中。由於季節性雨量的缺乏，全年中滋養的牧草不敷牲畜食用，而萃萃蠅的爲患，使得畜牧業無法擴展。

在迦納，共有兩類生長植物的地區，一爲茂密的森林區；另一爲樹木與雜草叢生的大草原區，後者位於伏塔區南部海岸線一帶及北部丘陵地區，這些地方可以飼養牛類，這裏所飼養的牛隻叫做西非洲短角牛，這種牛對昏睡病的細菌有較大的抵抗力，牛隻在迦納，根據一九六五年的統計，約有五十一萬一千二百四十二頭。

綿羊及山羊在迦納亦有飼養，每逢盛大節日或隆重宗教儀式時，一般人民無力用牛祭祀，多以羊代替，但其數量因未經統計，依保守的估計僅約有綿羊六十八萬二千頭；山羊七十萬頭；猪約五萬頭；家禽六百三十萬隻。目前迦納所需的肉類，三分之一可由本國供應，不足的三分之二，則由上伏塔，馬利，奈及利亞等國輸入。

迦納畜牧業的是否能進一步擴展，主要須視有無更多的飼料而定。除非飼料產量增加，否則，由外人口增加而產生的供求壓力，必然使家畜與家禽總數減少。

林業

根據一九六五年的統計，迦納全國森林總面積約爲四千五百六十四平方英里，可供砍伐的森林約有三千八百二十六平方英里。

近年來，迦納木材工業發展很快，一九六五年木材出口總値約有一千二百三十萬磅，僅次於可可的數額。

交通運輸

公路：迦納的公路全長計約二萬英里，其中有二千英里現已舖設柏油路面，由阿克拉向多哥方面且有數十英里的高級公路，爲我臺省所未見。此外有一千五百英里的公路僅可通行汽車而已。

鐵路：迦納鐵路網全長計約八百英里，軌距爲三英尺六英寸，多集中在南部地區。全國鐵路總局設在斯康底，全國現在使用中的火車頭約有一百八十個，有些且爲柴油電動機車。目前阿克拉到庫馬西 (Kumasi) 到達可瑞底 (Takoradi) 的三角路線上，每天都有客車往返行駛。迦國大部份的可可，木材，金礦，錳礦及鐵礬土皆以火車爲主要運輸工具。

港口：達可瑞底港和提瑪港都是人工造成的。迦納的全部輸出品幾乎皆由此兩港輸出，達港外有兩個防坡堤，港內的水面約有二百二十英畝，沿岸有七、八個大小碼頭，以裝運錳礦，礬土，木材及油類；提瑪港外亦築有防坡堤，港內的水面約有四百五十英畝，設有十個船隻停泊處，一個運油船專用的碼頭，裝有唧洞，將油輸送至三公里外的地方去提煉，另尚有漁業碼頭及拆船站等設備。

空運：迦納航空公司 (Chana Airways) 成立於一九五八年，負責擔任對內對外的航空運輸業務。迦納共有四個飛機場，首都阿克拉機場的設備是第一流的，共有十五條航線經過此地。其他如達可瑞底，庫馬西及達瑪萊三大城亦有飛機場。上述各大城市間均有國內航線互相通航，至於國際航線則有阿克拉經瑞士蘇利世(Zurieh)至倫敦；經利比亞首都的黎波里(Tripoli) 至羅馬；以及前往黎巴嫩首都貝魯特及埃及首都開羅等航線。

對外貿易

迦納的對外貿易，在近十年來每年均有增加，一方面由外國內發展計劃所需進口貨物的增加及一般生活水準的提高，另一方面則由外出口的增加。

迦納的出口貨以可可爲主，近年來，由於可可的國際市場價格漸漸下降，因此，迦納的外滙持有量感到短缺，而且外國的援助和投資也逐漸的較少，故迦納不得不採取緊急措施，以保持黃金與外滙的持有量。所謂緊張措施，即係對農產品輸入加以關稅稅率及數量上的限制。

可可產品的主要國外市場，僅限於少數富裕國家其中以美國的消費量爲最大，英國也是消費量相當大的國家，但不及美國爲多，今後可可在美英兩國銷路是否能擴張，均將決定於該兩國的人口是否增加及價格是否變動。

就團體而言，歐洲經濟社會中的六個國家是可可的最大消費市場，它們對可可豆的需求量佔世界總需要量的百分之三十五。今後，西德與義大利，將可能成爲可可最有前途的銷售市場。

迦納的輸出品較輸入品爲少，根據一九六六年的統計，迦納輸出可可豆約爲三十九萬七千八百七十公噸，價值一億四千四百三十二萬一千美元；咖啡八千六百十公噸，價值三百零六萬美元；棕櫚仁四百零六噸，價值六萬八千美元；香蕉五百公噸，價值四萬六千美元。至於輸入品則種類繁多，茲舉其重要者如後：小麥六百公噸，價值五萬美元；馬鈴薯三百四十公噸，價值六萬七千美元；稻米四萬七千三百公噸，價值九百零二萬美元；蔗糖六萬五千五百公噸，價值六十九萬六千美元；花生莢果二百八十公噸，價值五萬四千美元；菸草一千二百六十三公噸，價值一百九十萬美元；玉米五千三百公噸，價值三十萬美元。

迦納食物的輸入，大部份決定於人民所得，人口及農產品等的增加率。農業生產力的增加，將可減少國內稻米與菸草等缺乏的現象。我國駐在迦納的農耕隊，在稻米增產方面將可給予很大的助力。

丁、農業潛力的開發

迦納與我現尙未建交，但自一九六六年二月二十四日發生軍事政變，恩克魯瑪(Kwame Nkrumah)被推翻後與中共政權亦無外交關係，我政府本「助人爲快樂之本」的宗旨，於民國五十八年二月二日派遣農耕隊前往該國協助其農業開發工作，首任隊長涂本玉君率領工作人員十四人，朝夕耕耘，即例假日亦不休息，現已極具規模，較之俄共所給予該國之農業援助，誠不啻天壤之別，該國朝野人士對我農耕隊咸表敬佩且已深具信心，茲將駐迦農耕隊工作情形，摘錄如後：

駐迦納農耕隊

壹、成立日期：

民國五十七年十一月一日。

貳、編制人數：

隊長一人，副隊長一人，技師四人，隊員九人，計十五人。

叁、隊址：

伏達（Volta Region）省阿非回（Afife）國營農場距迦納首都阿克拉（Accra）一七〇公里。五十九年一月九日設立達文耶（Dawhenya）分隊辦理農民定耕安置計劃，距首都阿克拉四五公里，距隊部阿非回一二五公里。

肆、示範區地址及面積：

阿非回（Afife）　八·〇〇公頃

伍、推廣區地址及面積：

阿非回（Afife）　九·七七公頃

陸、工作計劃：

一、從事稻作、蔬菜、瓜果、雜作等栽培示範及試驗。

二、辦理定耕安置。

三、研訂小農場集約經營方式。

四、改良推廣 Afife 國營農場稻作蔬菜栽培技術。

五、辦理工作地區內之灌溉與排水系統之規劃與設計及必要小型工程之施工。

柒、工作概況：

一、示範區工作：

㈠稻作：

品種	產量（公斤／公頃）
一R八	八、五二〇
臺南五號	四、七三五
臺中六十五號	四、五四四
臺中在來一號	五、九三七

㈡雜作：

大豆：新竹選一號　二、一五八

	和歌島	一、八〇〇
甘　藷：	新竹八四號	二三、六二二
	紅心尾	二三、〇九〇
落花生：	臺農三號	二、四六一
	臺南選九號	二、三五七

㈢蔬菜瓜果：

種植有西瓜、蕃茄、胡蘿蔔、花椰菜等十三種，大部分已推廣。

㈣稻作品種試驗：

該隊成立不久，僅作四十六品種觀察比較，適宜品種爲一R八。

㈤栽培方法之改良：

甲、稻作：

①引進優良品種如一R八等俾供推廣並用以淘汰當地栽培之高大生育期長而低產的品種。

②建立循環灌溉排水系統，達到經濟用水的原則。

③提倡肥料多次分施，發揮更高的肥效。

④切實防治病蟲害。

⑤進行藥劑除草試驗以便解決當地大型機械耕作制度所面臨的草害。
⑥徹底整平稻田土地，以利灌溉排水。
⑦建立一年二期作之栽培制度，並試行一年三期作栽培，以求明瞭其經濟價值與實用性。
⑧適時適量灌漑，提高產量，增加灌漑面積。

乙、蔬菜：

①引進各種蔬菜瓜果品種進行試作以選擇耐高溫多雨，多產之品種。
②各種蔬菜瓜果進行全年各月試作以求其生長適期。
③進行幼苗灑灌，成長株溝灌之灌漑方法，以增加灌漑效果。
④苗床實行遮蔭及塑膠布遮蓋。
⑤行高畦栽培及畦面覆蓋稻草。
⑥鷄糞應用香蘭酵素劑處理。
⑦利用 DBCP 行土壤消毒消滅線蟲。

二、訓練工作：

該隊示範農場有本地工人十五人，分別派定在水稻、蔬菜及雜作各部門工作使其習得實練農作技術，至今一年，每個工人均能單獨工作，該隊近因成立達文耶分隊辦理農民安置，即在示範農場工人中選四人前往達文耶分隊協助指導農民工作。

三、推廣區工作：

㈠目前推廣情形：

推廣農戶	作物種類		面積	產量（公斤/公頃）
阿非（Afife）國營農場	水稻		三·〇〇公頃	尚未收
	大豆		六·〇〇公頃	尚未收
	蔬菜瓜果（〇·四五公頃）	甘藍		三八〇〇〇公斤
		蕃茄		四〇,〇〇〇公斤
		萵苣		一八,〇〇〇公斤
		胡蘿蔔		八二,〇〇〇公斤
		西瓜		一三,〇〇〇公斤
		花椰菜		三〇,〇〇〇公斤
小計			九·四五公頃	

㈡推廣前途展望：

①阿非回國營農場自去年下期由該隊派員指導開墾水田給予優良稻種，進行插秧與直播水稻之栽培，因成效顯著現已集中機械與人力積極擴展水稻種植面積，如各項工作配合良

好，該場開墾及改良有水灌溉之稻田三〇至五〇公頃。

②該隊在已關閉之達文耶國營農場辦理農民安置計劃，開墾三〇公頃土地，安置十五戶農家，該地現有土地約三〇〇餘公頃，可再安置農民一〇〇人，水稻與蔬菜均可推廣種植。

四、水利設施：

㈠現有水利設施：

抽水站三處，灌水路幹線九八九公尺，支線一、二〇一公尺，排水路幹線五八七公尺，支線一、二〇八公尺，水壩一座，灌滑面積三・六八公頃。

㈡正擬進行水利設施：

爲了配合向阿非飛（Afife）國營農場推廣擬另闢排水溝一、二〇〇公尺，田區灌溉溝三、七五〇公尺，另跨排水溝車橋八座以利耕耘機出入。

捌、特殊事蹟：

一、該隊五十八年第一期水稻普遍豐收，IR八平均每公頃產量達八、二五〇公斤，創迦納水稻產量最高紀錄。

又該隊生產各種優良蔬菜瓜果，一年四季均可供應，爲迦納前所未有，極獲讚揚與重視。

二、該隊來迦工作一年，工作成效獲普遍重視，迦納農部要求修訂合約，使該隊駐迦工作期限再延長二年。

九、幾內亞共和國（Republic of Guinea）

甲、概　述

早期的幾內亞歷史也與非洲其他國家一樣，很難稽考，但據阿拉伯史書記載，遠在史前時代即有幾內亞人祖先所遺留的事蹟。

第三世紀初葉，有一名孟亭（Manding）王國者出現，據有現今上塞內加爾及上尼日的土地，並囊括了今日幾內亞北部的土地，此新王國隸屬於當時甚爲強盛的迦納帝國，這時，迦納帝國的領土曾自大西洋沿岸起逐漸向東擴充，以達於今日尼日的全境，十一世紀時，迦納帝國沒落。

十三世紀初期，孫廸阿塔（Sundiata）崛起，建立了疆土遼濶的馬利帝國（Empire de Mali），馬利帝國在十四世紀時最爲強盛，其疆土南起幾內亞的北部，北抵今日馬利的海母布都（Tombouctou），目前的馬利全境亦在轄區之內，十五世紀時，馬利帝國漸趨衰落，最後，馬利諸衞星國家起而脫離帝國，分別獨立，並瓜分了帝國的領土。

十五世紀葡人發現非洲大陸後，他們首先命名自塞內加爾河至迦納三尖角（Cap des Trois Pointes）的一帶地區爲幾內亞（Guinea），此卽黑人國之意。

十六、十七世紀時，歐洲各國人士相繼前來經商，有些人卽在此成家立業並作久居之計，十八、

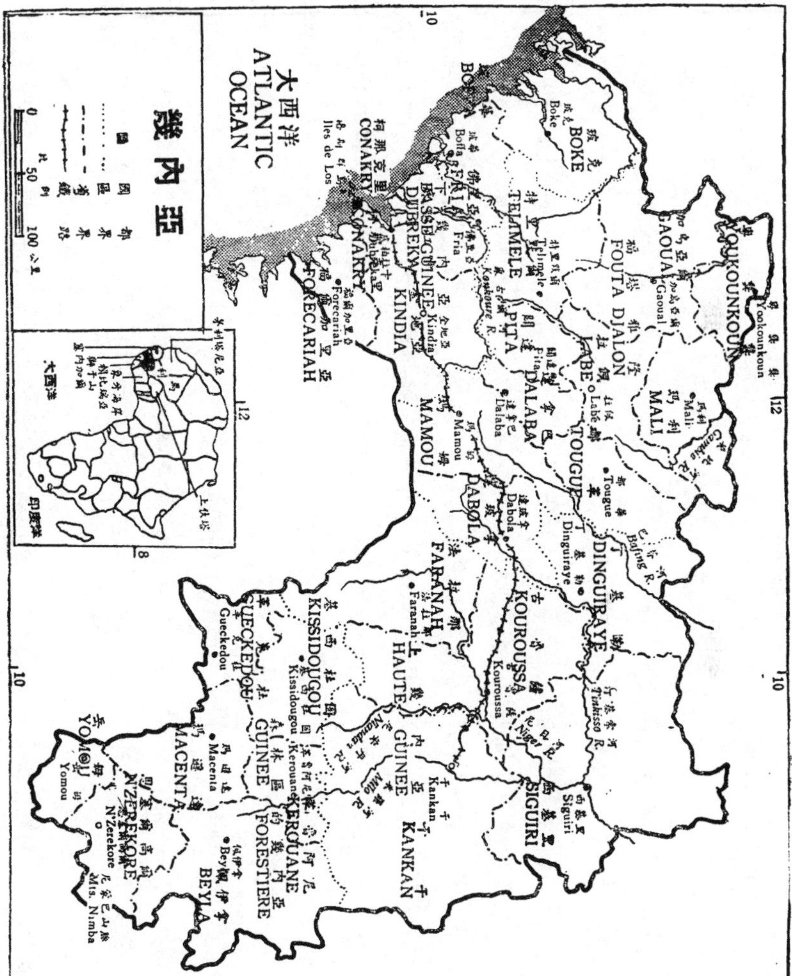
幾內亞
國界
區界
鐵路
0
50
100公里
大西洋
ATLANTIC
OCEAN
CONAKRY
Iles de Los
BOKE
Boke
BOFFA
Boffa
FRIA
Fria
DUBREKA
KINDIA
Kindia
FORECARIAH
Forecariah
GAOUAL
Gaoual
KOUNDARA
TELIMELE
Telimele
PITA
FOUTA DJALON
LABE
Labé
MALI
Mali
DALABA
Dalaba
TOUGUE
Tougue
MAMOU
Mamou
DABOLA
Dabola
DINGUIRAYE
Dinguiraye
FARANAH
Faranah
KOUROUSSA
Kouroussa
SIGUIRI
Siguiri
KANKAN
Kankan
KISSIDOUGOU
Kissidougou
GUECKEDOU
Gueckedou
KEROUANE
Kerouane
MACENTA
Macenta
BEYLA
Beyla
N'ZEREKORE
N'Zerekore
YOMOU
Yomou
Mts. Nimba
HAUTE GUINEE
BASSE GUINEE
GUINEE FORESTIERE
Niger R.
Tinkisso R.
Bafing R.
Gambie R.
Konkoure R.
10
12
8
印度洋

十九世紀時，留居於此，力量最大的英、法、葡三國僑民，因爭取幾內亞灣沿海地區設立錢幣兌換所的權利，而屢次發生衝突。

西元一八八〇年以後，法人勢力逐漸膨脹，取英，葡人的地位而代之。是時，法人乘機取道塞爾加爾或逕由海岸深入幾內亞的腹地。法人侵略黑色非洲的成功，藉賴兩次遠征：一爲一八一八年摩李恩(Mollien)氏所率領的遠征軍，直攻汀波(Timbo)，以抵福塔雅隆(Fouta Djalon)；一爲一八二七年黎來加伊埃(René Caillé)所率領的遠征軍，初入里奧閭來(Rio Nunez)，嗣轉入福塔雅隆，湯姆布都以達費斯(Fés)(位於今摩洛哥境內)。

十九世紀中葉，幾內亞最具權力的阿爾法(Alfa)系與索里(Sori)系互動干戈，阿爾法系乞援於法國，法國乃乘機進兵幾內亞，開始其十九世紀下半葉征略西非洲的行動。當法軍初入幾內亞時，曾遇強力的抵抗，其間以薩摩里杜瑞(Samory Toure)爲最具聲望，最有力量的抵抗者，自一八九一年起至一八九八年止，曾經苦戰七年，結果薩氏失敗，其武力全被消滅。但幾內亞叢林地區的黑人，繼續作戰，與法軍周旋逾十載，直至一九一一年法軍大舉進攻，乃得敉平整個福塔雅隆。

西元一八八二年十月十二日，幾內亞正式成爲法國的殖民地，最初，法人將此置於塞內加爾總督管轄之下，嗣於一八九三年改爲自治領。迨一九〇四年，法人又將幾內亞劃在法屬西非殖民地集團以內，藉可一視同仁，畀予穩穩援助。因此，幾內亞乃得於一九一三年開始建築鐵路。

第一次世界大戰後，自一九一八年至一九三八年間，幾內亞的農業發展形成該國經濟發展的重點，法國殖民地當局多方鼓勵幾內亞人民廣植香蕉及咖啡，並計劃將金鷄納(Qinquina)增產。

第二次世界大戰期間，幾內亞會盡心盡力幫助法國，及一九四六年幾內亞乃被列爲法國海外屬地之一，並爲法國國協之一員。自此，幾內亞遂與其他法屬非洲國家一樣，選舉衆議員參加法國國會。

一九五六年幾內亞在境內各地區依法成立議會，以推進地方自治。一九五七年三月三十一日，各地區再選出國民代表，進而協商建立幾內亞第一屆中央政府。同年六月第一屆中央政府正式宣告成立。一九五八年九月二十八日，幾國舉行公民投票，結果，多數人民反對「內政自治憲法」，於是幾國遂自行決定準備獨立。同年十月二日召開國民代表大會，決議宣告獨立，成立幾內亞共和國，這些代表乃卽組成憲政時期的國會，以行使立法權。

一九五八年十二月十二日，幾國正式加入聯合國，序爲第八十二會員國。一九六一年一月二十七日選出塞古杜瑞 (Sékou Toure) 爲總統。

乙、自然環境

位置與面積

幾內亞共和國位於西非洲濱海地區，東隣象牙海岸，南界獅子山及賴比瑞亞，北及東北與塞內加爾及馬利接壤，西北毗連葡屬幾內亞，西臨南大西洋，海岸線長約三百公里。就經緯度言，她介於北緯七度十分與十二度三十分及西經八度與十六度之間。全國總面積爲二十四萬五千八百五十七平方公里，約等於我臺灣省的六點七倍。

地理區

幾內亞共和國，地形蜷曲，猶如上院之新月。就地理形勢言，幾內亞可分四個主要地區：

(1)**下幾內亞**(Basse-Guinée)：這是幾內亞唯一的濱海帶形地區，其地勢係由低平的海岸逐漸向東昇高，以接福塔雅隆(Fouta Djalon)高地。岸海向前，大小沙洲，星羅棋布，沙洲與沙洲之間，有無數沼澤，充滿着肥沃的土壤。加以雨帶充沛，極適合熱帶植物的種植。近年且有倡議，以人工搬運河海所沉澱的汚泥，塡平沼澤，以廣棕櫚的種植。

海岸的上方爲一平原地帶，西北起自葡屬幾內亞東南邊境，寬約五十公里；東南迄於獅子山北部，寬約九十公里。這寬廣的大平原上，有無數的大小溪流縱橫交錯其間，隨處具有灌漑之利。因此，大部分現已逐漸闢爲水稻田，如財力許可，增建圍堤，以防海水的倒灌，則水稻發展前途更是無限。

上述地區，除適合穀類種植外，並宜種植蔬菜，棕櫚，椰子，香蕉等無論穀物及蔬菜，在此生長，均不費事，僅成熟時需要大量工人搬運之耳。

(2)**中幾內亞**（Moyenne-Guinée）：此區又可稱爲福塔雅隆區，是一高原地區，其中央突出部分，顯由年代久遠的沙石冲積而成，高原高達一千二百公尺至一千五百公尺之間，高原西向，盡是懸崖絕壁；東向則屬中世代地層，形勢較爲迂緩，由臺地逐漸傾斜，以迄於下方的平原。

中幾內亞區有一特點，那便是內部藏有無數的巨細溪流，這些溪流，奔騰於深山窮谷中，所儲水量極豐富，有「西非水塔」之稱，發源於此「水塔」的河流計有柬比(Gambie)河，古蒙巴(Koumba)河及上尼日(Niger Superieur)，基索(Tinkisso)，巴芬(Bafing)三支流河，巴芬河滙合巴烏爾(Baoule)河後，成爲塞內加爾河。

本區因受洪流長期的侵蝕作用，因此，地表的泥土被冲刷淨盡，以致區內地形起伏無常，使內部乳狀鐵銹色礦石畢露。這裏的土壤雖不宜栽培作物，但所蘊藏的鐵礬土則至爲豐富。

福塔雅隆高原邊際的梯田，不乏良好的土質，如特里默爾(Telimele)一地除盛植棕櫚外並可種植水稻；柯尼阿基(Coniagui)，巴薩里(Bassari)則可穜植食用花生；達玻拿(Dabola)則可種植榨油用花生。

(3)**上幾內亞**(Haute-Guinée)：這是一個廣漠的高原區，屬於砂石而含有石英的地質。高原的北部，丘陵起伏，但不甚高，至西基里(Siguiri)附近降爲窪地，這窪地成了本區連接隣國馬利的通道。此區原爲沼澤地區，後涸竭而變成平原，至今尚有若干河道流經其上，平原上的土壤原爲冲積層土壤其質較肥沃，適宜於穜植，惟農民們襲用原始耕種方法，縱火燒草當作肥料，因而年有變更，難望產量增加。

(4)**森林區幾內亞**（Guinée Forestiére）：此區介於象牙海岸，賴比瑞亞，獅子山三國之間，是一富有溪流的山嶺地帶，溪流的流向均由此而南，山陵的平均高度約爲五至六百公尺。其中有西猛杜固賓(Simandougou-Gbin)及尼蒙巴(Nimba)兩山脈較高，尤以後者爲甚，高達一千七百六十三公尺，爲西非洲最高山嶽之一。山中樹木茂盛，稱爲密原森林區。

此項森林地區的土壤，適合於咖啡一類的熱帶樹的栽培。此區的缺點爲距海岸較遠，交通運輸不便，以致產品的較送頗成問題。

河流

幾內亞的河流很發達，尤以下幾內亞爲甚，境內江河縱橫，水流迂緩。其下游穿過沙洲而注入海洋，距海岸五十公里的範圍內，各河尚可通航，自北而南，較大的河川爲岡波尼（Compony），閭葉(Nunez)，蓬哥（Pongo），康古爾（Konkoure）及麥拉柯爾（Mellacore）等河。

中幾內亞爲若干西非河流的發源地，最著者如塞內加爾河，尼日河及柬比河，前面說過，中幾內亞有「西非水塔」之稱，足見其水源的豐富了。

森林區的幾內亞亦有數河：一爲米羅河（Milo），二爲尼安丹(Niandan)河，三爲尼日河。上述三河滙合於西基里(Siguiri)市的上方，並與汀基索（Tinkisso）河合流而成爲尼日河的幹流。

氣候

幾內亞的氣候大部份與蘇丹氣候型相似，但若粗略的區分，亦可分爲兩類：一爲近海氣候；一爲高地氣候。近海氣候地區的雨量豐沛，可以柯那克里（Conakry）一地爲代表；高地氣候地區的氣候較爲溫和，可以拉佩（Labé）一地作代表。

⑴近海氣候又可稱爲熱帶氣候，全境幾常在雨季中，每日及每一季節，在溫度與濕度上均變化很大，非洲人把這一時期叫作伊佛埃拉茲（Hivernage），即雨季之意。此區雨季約自五月至十月，當地空氣濕度幾達飽和濕度，如下幾內亞的柯那克里雨量站（位於北緯九度三十四分）所紀錄的年雨量，常在四公尺以上。但一到旱季，則雨量驟減，如十二月份僅得十三點六公厘；一月份得一點二公厘；二月份得二公厘；三月份得四點五公厘；四月份得二點三公厘，以溫度言，此區最低平均溫度爲攝氏二十二點八度；最高平均溫度爲攝氏二十九點七度。

⑵高地氣候地區，可以中幾內亞的拉佩雨量站（位於北緯十一度十九分）所紀錄的年雨量爲例，它是一公尺七。這區的雨季亦爲五月至十月，其旱季中的雨量，十二月爲十點八公厘；一月爲一點八公厘；二月爲一點九公厘；三月爲十點九公厘；四月爲四十三點七公厘。區內溫度最高爲攝氏二十八點九度，最低爲攝氏十六點五度。

上幾內亞的氣候近似大陸性，其雨季僅三個月，約自七月至九月。惟一年中溫度則差別很大，例如西基里一地，其最低溫度在四月間爲二十一點五度；在十二月則爲十七點五度；最高溫度在四月間爲三十八點二度；在十二月間則爲三十二點二度。

森林區的幾內亞氣候有其獨特的情形，這情形，我們把它叫作亞赤道氣候(Climat Subequatorial)，一年中有兩個雨季，在第一個雨季中，氣候頗爲溫和；第二個雨季中則溫度頗高，就區內的馬生達(Macenta)一地而言，一年中有一百六十八天下雨，年雨量達二點七九公尺，當地平均溫度最低爲十八點九度，最高爲二十九點九度，概言之，森林幾內亞區每年必有兩個雨季，兩雨季之間，並有一個短暫的旱季，但亦不時降雨，故此區絕無整月不雨的情形發生，這是森林幾內亞區的獨特氣候情形，吾人應特予注意。

丙、農業經營的現狀

地理環境

下幾內亞或稱海濱幾內亞，爲一有沼澤和熱帶樹林而面積廣大的沿海平原，國都柯那克里位於此區，是以政治地位高，經濟，交通均較其他各區爲發達。同時，又是波克(Boké)計劃與佛里亞(Fria)企業正在開採的鐵礬土蘊藏地，以及香蕉和鳳梨農場的所在地。

中幾內亞，又稱福塔雅隆，位於濱區的東北，爲一自六百至一千五百公尺不同高度的龐大高原，氣候較沿海區域爲涼爽而乾燥，此區人民的主要經濟活動爲自耕自食農業。

上幾內亞在福塔雅隆的東邊，爲一趨向蘇丹大草原發展的地帶，其氣候特徵爲旱季長而雨季短，溫度則較全國各地區爲高。

森林區域佔據國境的東南部，此區大部爲稠密的熱帶雨淋森林所籠罩，交通則因僻遠的位置及稍呈崎嶇的地勢而感困難，全國咖啡大部生產於此。

勞働力

勞動力是發展農業的主要條件之一。根據世界糧農組織一九六八年的統計，幾內亞共和國的總人口爲三百五十萬，其中農業人口佔二百九十七萬，直接從事農業生產工作的有一百四十六萬五千人，幾內亞人口的平均壽命約爲四十二歲半，據估計，全國兒童數約全人口的百分之四十，六十歲以上的老人約佔全人口的百分之五。故幾內亞的勞動人口應佔全人口的百分之五十五，超過一半以上。在農業生產所需勞力方面講，是不成問題的，但因氣候炎熱影響體力，叢林太多，沃土太少，影響種植。因此要使幾內亞農業有所成就，尙須大力推進，才有希望。

根據過去若干年來人口增加的趨勢，估計幾內亞每年的增加率爲百分之二十二，換言之，將於三十年內增加一倍。人口出生率約爲百分之六點二。現今因醫藥昌明，死亡率減低，但仍在百分之四左右，幾國整個人口中，以幼年及青年佔多數。約佔全人口的百分之四十二。

居民的密度，平均每平方公里有十四人，但幾國與非洲其他各國一樣，人口分佈也很不均勻，如福塔雅隆區平均每平方公里超過五十人；而有些罕見人烟的地區每平方公里不足五人。

今日世界上任何地區，均有人口背棄鄉村而趨集於都市的現象，幾國亦不例外，首都柯那克里，在十五年前，僅二萬八千餘人，現則增至十七萬三千餘人，迫使幾國政府不得不頒布禁令，阻止農村居民無故遷入都市。

總之，幾國人口增加迅速，向都市集中也相當迅速，今後應如何促進農業生產與提高人民的所得，都是政府應當努力的事情，在努力工作的過程中，難免牽涉許多技術上和經濟上的問題，放提高教育程度和尋求國際援助或技術合作都是當務之急。

主要農作物

根據世界糧農組織一九六八年的統計，幾國全國耕地面積有二千四百五十八萬六千公頃。內除一百零四萬六千公頃爲林地外，其餘皆爲耕地或牧地。

下幾內亞所產穀類與蔬果爲：稻米、樹薯、馬鈴薯、芋、玉米、小米及花生，其屬於輸出的農產物爲：香蕉、棕櫚仁、椰子仁、可樂仁、鳳梨及柑桔。

中幾內亞的糧食作物爲：稻米、高粱、樹薯、花生等。其高原地區，則因土地貧瘠，無經濟價値可言，故當地居民多種植蟹草，(Fonio)以供食用。高原邊緣低地，富沖積土，如高壟 (Kolloun)，姆基地草 (Moukidigue)，瑪里潘 (Malipan) 等三處，可種水稻並有良好的收穫。惜因受地形的限制，不能廣爲種植，中幾內亞可供輸出的農產物爲香蕉及柑桔。

上幾內亞的農作物包括有小米、山米、山楂子、樹薯及花生。村民在住宅四周，常有蕃薯、芋頭、玉米、菸草、柑桔及香蕉等之種植。

森林區幾內亞的主要農產品爲：山米、樹薯、穀米、玉米、芋頭、山楂子等，其輸出物以咖啡及金鷄納爲主。此區農地廣濶，各種植物生長均極茂盛，如以科學方法，改良耕種技術，則農業前途，大有可爲。

幾國農作物的種類很多，茲將其主要者分述如後：

(1) **稻米**：根據世界糧農組織一九六八年的報告，幾內亞全國稻米耕種面積有廿五萬公頃，全年總產量有三十三萬五千公噸，單位面積產量每公頃爲一千三百二十公斤。下幾內亞爲栽植稻作的最適宜地帶，因其具有若干良好的天然條件，如可獲得充分的灌漑卽其一例；中幾內亞土壤爲冲積土，肥力較大，每年亦可有較豐富的收穫，惟受耕地面積的限制，種植面積難望增加；上幾內亞的居民習慣於種植山米，間亦有少數低地栽種平原米 (Riz de plaine)。森林區幾內亞亦有米產，惟多爲山地米。

除稻米爲幾國最主要的糧食外，其他糧食作物，尙有四種較爲重要：

a. 小米：此爲草原地區的特產，大部份係供應上幾內亞人民食用。

b. 樹薯：此爲各地區的基本農產品之一，惟該作物對地力消耗特別大。但其優點則爲產量大，且不懼蝗蟲之侵害。

c. 馬鈴薯：此種作物，多半種植於蔬果園地之中，其生產量相當高。

d.山楂子：這種作物可種植於貧瘠的土壤中，佔用土地的面積很廣，而栽種的效果却很低，福塔雅隆一地獨多。

(2)**油棕櫚**：幾國的氣候適合於油棕櫚的種植，在廣袤的沿海地帶，油棕櫚能自然地繁殖成林，毋需人工處理，綿延密集幾達三百公里。故下幾內亞濱海地區遍地皆可見及油棕櫚，該國政府目前正設廠經營處理中。

森林區幾內亞亦多油棕櫚的繁殖。

油棕櫚的用途，除煉油外，其仁可供外銷，其葉則可供編製圍籬及土著居屋的屋頂，製紙，製繩及榨液以釀酒。所謂棕櫚油可分兩種：一爲棕櫚仁榨油，叫做棕櫚仁油，一爲棕櫚果實外殼榨液質以製油，叫做棕櫚油。

另有一種植物叫卡里德(Karité)的，也有人把它稱爲奶油樹(Arbre a Beurre)，這樹亦係自然繁殖，幾內亞北部最多。

(3)**花生**：一九六八年世界糧農組織發表，該項花生種植面積爲三萬五千公頃，總產額爲二萬三千公噸，單位面積產量每公頃爲六百六十公斤，幾國的花生，產量不豐，大部份係供農民副食之用，食用花生多產於加烏亞爾(Gaoual)，越貢貢(You Koun Koun)等地。油用花生種植於中幾內亞的達玻那(Dabola)區。上幾內亞亦以種植花生爲其重要農作物之一，惟其產品多就地消用。

(4)**椰子仁**：此爲沿海地區的特產，大都雜植於原始油棕櫚林區中，在輸出農產品中佔有相當地位。

(5)**菸草**：菸草種植的地區，主要是在幾國的中部和北部，近年來，首都柯那克里建立製煙工廠，因此，使種植菸草的農民充滿了信心。

(6)**可樂果**：此作物自然繁殖於幾國境內，尤以下幾內亞及森林區幾內亞最多，可樂仁可製成糖果，提神劑，補血藥劑，硝皮用藥，染料，飲料等。

(7)**咖啡**：最初是在森林區域內播種，因該區雨量較豐，氣溫變化不大，加以土地又相當肥沃，所以特別適宜於咖啡的栽培，但也有例外，佩伊拿(Beyla)區雖不生長森林，但宜種植咖啡，年有豐收，幾國所植咖啡，多為羅伯斯特(Robusta)種，其優點為具有中和的味道，而不覺苦澀，且含高量咖啡精。

(8)**香蕉**：一九六八年世界糧農組織統計，該項香蕉全國種植面積為七千公頃，總產額為九萬二千公噸，單位面積產量每公頃為一萬三千九百公斤。幾國種植香蕉之地，約可分為三部份：㈠沿海區域，自班廸(Benty)至玻華(Boffa)一帶。㈡內地，即金地亞(Kindia)的周圍地區。㈢中幾內亞，在瑪姆(Mamou)及其附近地帶。

(9)**鳳梨**：幾國的鳳梨大部份產於下幾內亞及金地亞，屬定期性的農作物，每公頃可產四十五至五十五公噸。

(10)**柑桔**關於柑桔一類的果實，所習見的為檸檬，柑子，桔子等。此類果樹的栽植，或係劃定地區整批種植，或係零星散植，在幾國，以下幾內亞所產爲多。

⑾**其他如甘蔗、棉花、瓊麻、橡膠樹、香料植物，茶、可可**等，在幾國，亦多有種植。

森林

幾國的森林，以森林區幾內亞爲最豐富，區內現尚有原始森林，其中且有不少珍貴的樹木，如矮花心木(Acajou)卽爲一例。惜森林區距海港較遠，運輸不便，致難作有計劃的經常開發。當地土著居民習慣於森林區內從事局部開墾，並作巡廻式的栽種，尤喜種植咖啡樹。於是整個林木產區漸被破壞，同時，土著對所砍伐的林木不喜善爲利用，殊堪惋惜。目前，幾國政府正計劃於恩塞爾高原(N'zerekore)區，設一大型鋸木廠，兼事鋸製木板及截切成段的工作。

畜牧

幾國的畜牧，雖經多方予以輔導改進，然仍難改其傳統方式，幾國牲畜的種類，計有牛、綿羊、山羊、馬、驢、猪等，此類牲畜大都集中於福塔雅隆一帶。乾旱季節，居民驅牲畜赴低窪地區取水，雨季時則向高處草場放牧，因在這時候地面上常淤積水流，可供食用之需。

幾政府有鑒於牧民拘泥於傳統牧畜方法，正計劃對彼等施以教育，以求牧畜方法的改良，另對防止牲畜走私及供應城市居民肉食的需要等亦均在計劃改善中。

漁業

幾內亞灣(Golfe de Guinée)沿海區域，漁產極爲豐富，尤以鮪魚爲(Thon)最多。美中不足的是沿海岸的沙洲昆羅棋布，形勢較爲險阻，爲發展漁業的一大障礙。當地居民，熟悉地形，每多出海作傳統式的漁撈。

居民捕魚的船，多爲獨木舟，其機械捕魚部分，迄一九六四年時僅約二千公噸。

上幾內亞區域內的諸河流魚產亦豐，當地居民則視此爲重要的副產品。

交通運輸

(1)**公路**：目前全國公路約有八千餘公里，所有幹線公路係按下列兩種需要而定向：①爲與鄰國交通之便利，②疏運內地產物以抵於港埠，尤以柯那克里港爲主，主要公路幹線有二：第一幹線係緣海岸而行，始自葡屬幾內亞，終於獅子山，自起點至底伯拉卡(Dubreka)長三九一公里，復前行則爲柯那克里——福爾加里亞——班廸(Benty)路段，長一七五一二里。第二幹線爲自柯那克里至干干(Kankan)之公路長六〇四公里，係沿鐵路線而行，該幹線尙有四支線：第一支線起自金地亞至塞內加爾邊境長三一二公里，第二支線起於瑪姆(Mamou)抵拉佩(Labé)長一五二公里，嗣由拉佩延長一二一公里至馬利，並可通至塞內加爾。第三支線始自達波那(Dabola)終於西基里長一五〇公里。第四支線經達波那之下方，向南行至基西杜固(Kissidougou)，長三五〇公里，再延於恩塞爾高爾(N'zerekore），長二五四公里。森林區幾內亞另有一幹線，係自南向北，長五七五公里。

(2)**鐵路**：已建有柯那克里——尼日鐵路網，全長六六二公里，終點之千干為上幾內亞物產之主要聚集地，該鐵路屬於幾內亞國有鐵路局，另有屬於私營鐵路公司之兩條道路一為柯那克里——佛里亞線長一四三公里，一為柯那克里——達居伊亞(Tacuya)線長十公里，惟該二線均以專供鑛產之運輸。

(3)**水運與港埠**：濱海區域之河流，自河口溯流而上，大都有若干距離之河段，可供通航，在上幾內亞，尼日河在原則上可自古魯薩航至巴馬高（Bamako），惟在此長三二〇公里之河段上，通航日期自六月十五日起至十二月十五日止，行駛船隻都為小型拖船，牽引木船。柯那克里港埠——港內水域九十公頃，其中七十公頃為船隻停舶與廻旋區域，最大吃水深度可達八．五公尺，港外有一公里長之防波堤，柯港碼頭共長一、五五〇公尺。所起運之農產品以香蕉為大宗。

(4)**航空**：航空運輸，全由外國航空公司經營，主要機場有玻克，拉佩，千干，基西杜固，柯那克里五處。其中以柯那克里設備最為現代化，跑道長二、二〇〇公尺。

對外貿易

幾內亞和其他非洲國家相似，對外貿易數字極不可靠，因為若干邊界貿易均未被納入紀錄，因此，輸入輸出亦均被估計過低，茲將幾國輸入輸出情形簡單介紹如後：

(1)**輸入**：幾國每年輸入的物資很多，有糧食，有紡織品，有石油產品，有車輛及器材，有建築材料，機器設備等，總價約在二百億幾內亞法郎。

就糧食輸入而言，在一九六六年，幾國進口稻米二萬五千三百公噸，蔗糖進口一萬三千八百公噸，其他如麵粉，飲料等也有輸入。進口物資以法國及法郎地區爲最多，他如歐洲共同市場，英磅地區及美國，瑞士等國也有物資進入幾國，卽如東歐，蘇俄及中共匪幫等地區也有物資輸入，是以幾國與世界貿易的地區相當廣大。

次就輸出情形言，幾國的輸出品，大部份爲農產品，如咖啡、香蕉、棕櫚仁、花生等。主要輸出地點爲法國市場，在一九六六年時，香蕉輸出有二萬五千公噸、價值二百一十七萬美元；棕櫚仁輸出一萬公噸，價值一百四十四萬美元；咖啡輸出一萬二千四百二十公噸，價值八百三十萬美元；花生輸出六千一百四十公噸，價值一百二十七萬八千美元；菸草輸出六十二公噸，價值三萬美元。

幾國的輸出，除農產品外，尚有鐵礦及供應工業與珠寶商用的鑽石。不過，這些不在我農業地理討論範圍之內，故略而不敍。

丁、結　　語

幾內亞的自然條件雖與一般西非洲國家相似，對於農業發展具有限度，但幾國政府方面對農業經營是不遺餘力的。在西元一九五七年，政府爲了發展農業，特別設立了農村經濟部以司其事，該部最主要的任務是督導所屬機構發展業務，如技術援助服務處卽爲其例，該處負責推行合作事業的經營與管理，一方面在國內訓練大批幹部，另一方面還挑選優秀人員前往巴黎法國之農業合作中心接受訓練，以造就高級人員。此外，農村開發互助會，也受該部的指揮監督，此種互助會已分佈於全國各省，擔任對農村社會的貸款等任務。

農村經濟部的另一任務，爲致力農村的建設，畀予農民以有效的援助。

概括的說，凡屬可以增進及改良國內農業，林業，牧畜業及手工業的業務，均由該部負責推行。農業經濟部所轄的機構很多，其屬於國營的，有農業，牧畜，水利及森林總督導處，手工業管理處，金地亞果類研究所，塞爾杜金鷄納實驗站，香蕉及其他水果營業處，咖啡及油脂營業處，穀類營業處，各種農產品營業處，家畜及其他動物販賣處，漁業事務所等：其屬於省營方面的計有農業包裝業，牧畜業，水利建設，林業，合作事業及手工業等經濟機構。

此外，幾國政府還計劃創辦農業學術研究所，以期自先進國家引進各種防治植物病蟲害，促進高度生產的新方法。從以上這些措施看，幾國政府對農業的拓展是積極的。但不幸的是該國執政人員受了中共匪幫的鼓惑，在西元一九五九年十月四日與匪共建交，匪方並在該國設有「大使館」，因此，該國人民，尤其是農民，殷切盼望我派遣農耕隊前往協助農耕工作的願望，迄今不能實現。

十、象牙海岸共和國（Republic of Ivory Coast）

甲、概　述

象國早期的歷史，很少人知道，但在境內發現磨光的石斧和其他小型工具後，世人認爲象國具有新石器時代的文明。

西元十五世紀前後，法國航海家及水手們稱此海岸爲齒形海岸（The Coast of Teeth），當時，一般航海人員發現岸上土著民族所持有的象牙很多，因而開始與他們作象牙交易，故後來卽改稱此處爲象牙海岸。

西元一六三七年，是象國歷史眞正開始的一年，當時有五個法國傳教士在幾內亞灣的亞西尼（Assinie）登陸。一六八七年，薛里西亞神父（Father Cerizier）繼其他神父的傳教事業在亞西尼設立一永久性的傳教會。在此時期，預定繼承象王位的阿那比亞（Anabia）被送赴法國路易十四的朝廷中接受教育。

西元十八世紀時，人數較多的當地人，多被安頓在象境內，如亞尼（Agni）人被安頓在象境南部卽是一例。他們大都分布於阿布隆（Abron）及彭都庫（Bondoupou），後於一七五〇年波勒人（Baoulé）開始定居於象國中心地帶。

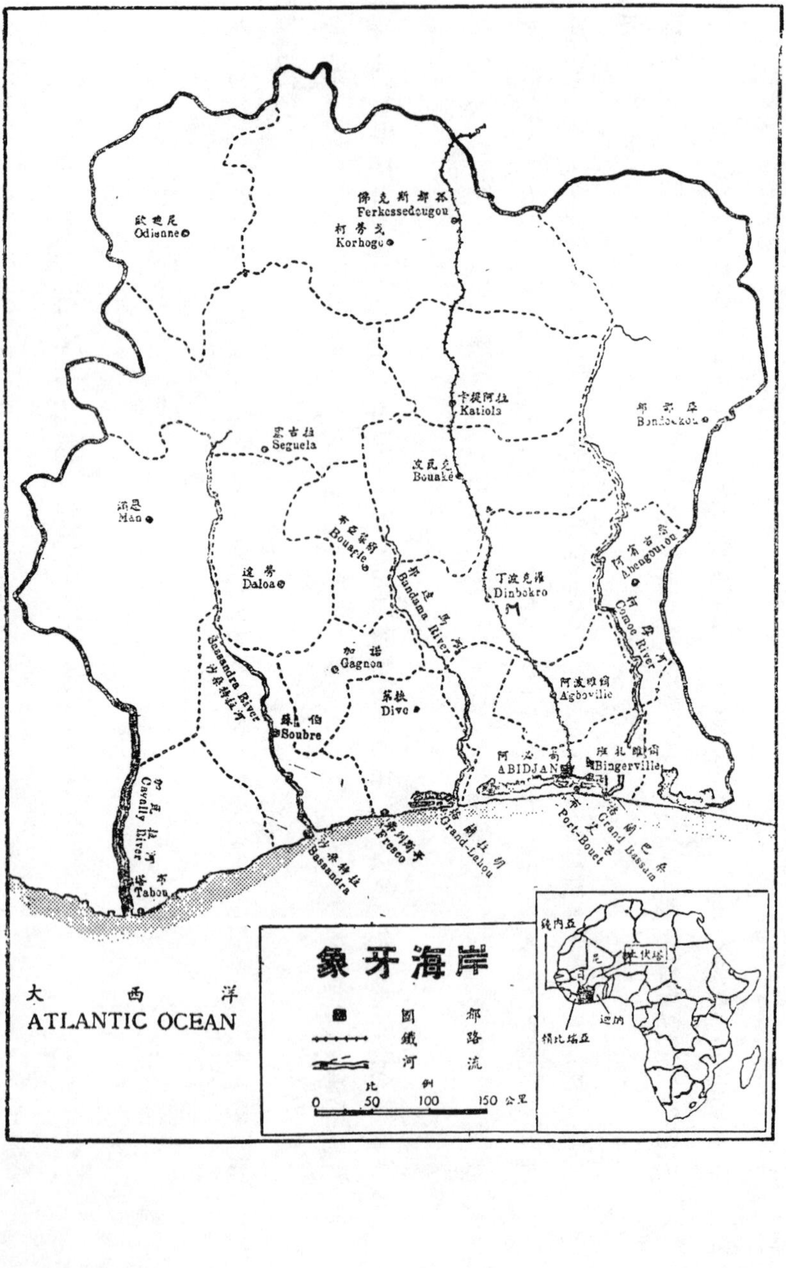
象牙海岸
都
鐵路
河流
比例
0 50 100 150 公里
大西洋
ATLANTIC OCEAN
Odienne
Ferkessedougou
Korhogo
Katiola
Bondoukou
Seguela
Bouaké
Man
Bouafle
Daloa
Bandama River
Dinbokro
Abengourou
Comoe River
Bassandra River
加諾
Gagnoa
Dive
Soubre
阿波維爾
Agbovilie
阿必尚
ABIDJAN
Bingerville
Cavally River
Tabou
Bassandra
Fresco
Grand-Lahou
Port-Bouet
Grand Bassam

西元一八四二年是一個重要的年份，法王路易菲力浦（French King Louis-Philippe）派布埃・夷羅美將軍（Admiral Bouet-Willaumez）在二月十九日與當地首領瓦卡（Waka）簽訂第一個協定，將格蘭・巴桑（Grand-Bassam）地區劃爲法國保護地。嗣後，在一八五二年，一八八六年，一八九二年分別由菲德埃伯（Eaidherbe），泰勒・拉布林（Treich-Lapléne），布里卡・埃魯阿（Bricard-Eloi）相繼與當地領袖簽定其他協定，於是法國在象境的保護地，就大大的擴張了，法於象國第一所商行即建立於這一時期。

西元一八九三年三月十日，法軍平奇（Binger）上校因在黃金海岸（現爲迦納）開發黃金，受命爲象牙海岸第一任總督。平奇與賴比瑞亞及英國簽訂協定，確定東西兩面的疆界。

在第一次世界大戰期間，象人民約二萬人被征召入營，參加法國及歐洲的戰場，第一次世界大戰結束後，於一九一八至三八年間，象國的經濟發展非常迅速。運輸設備改善，農作物增產，醫療機構及學校相繼建立。

西元一九四六年，象國成爲法國的海外領土，並選舉代表，組成國民會議，一九五二年組成領土會議，同年，選出代表參加法屬西非會議，此外，於一九四六年，一九五一年，一九五六年各選出代表出席法國衆議院；一九四七年，一九四八年、一九五五年出席法國參議院。

西元一九五七年三月三十一日，象全國舉行普選，成立第一屆自治政府，一九六〇年八月七日完全獨立。

乙、自然環境

位置與面積

象牙海岸位於西非洲南面突出的部份，呈長方形，總面積爲三十二萬二千四百六十三平方公里，約當我臺灣省的九倍，其南境面臨幾內亞灣，海岸線長五百四十七公里；東與迦納（卽昔年之黃金海岸）接壤；北與馬利及上伏塔爲鄰；西則與幾內亞及賴比瑞亞交界。約介乎北緯五度至十度，西經二度半至九度之間。爲西非洲相當富有國家之一。

地勢

象牙海岸的地勢，由南而北逐漸提高，直至海拔三百九十六公尺，是一個波形起伏的地域。其中有少數的孤立高峯，自九十四公尺至一千五百二十四公尺不等。境內高原表面均爲砂礫所組成。

象牙海岸農耕隊第三分隊農民插秧

象境內有四條大河，均自北向南，穿越國境：

(1)柯摩河(Comoé)此河長約六百九十二公里。

(2)邦達馬河(Bandama)，此河長約八百零四公里，水流甚不規則。

(3)沙桑特拉河(Sassandra)，此河兩岸懸崖絕壁，多急湍。

(4)加瓦拉河(Cavally)。

上述四條河流雖僅可通航六十餘公里，但對飄運木材尙稱便利。

農業地理區

自象國南部海岸起至北部邊界，依自然環境的不同，可分爲三個地理區：

(1)**鹹水湖區**：此區靠近海岸，但有一狹長的沙洲，將本區與大西洋隔離，沙洲最寬濶處約六公里多，本區的長度自弗烈斯哥(Fresko)至迦納國境，約爲二百九十七公里。而自弗烈斯哥至賴比瑞亞國境，則多爲高聳的岩岸。

本區的氣候爲赤道氣候，氣溫經常在華氏七十六度至八十三度之間，因係靠近海岸，故濕度亦甚高，常在百分之七十七至八十八左右，每年有一百四十天降雨的時間，降雨量爲三百二十五公分。

(2)**森林區**：此區位於鹹水湖區之北，緊靠鹹水湖區的地方，多低矮樹林，其平均高度約爲二十四公尺，樹頂互相啣接，形成濃厚的綠蓋，再趨內陸(向北)卽爲茂密的大森林，其高度大率均超過四十五公尺。

本區的氣候，爲亞赤道性氣候，溫度變動較劇，通常均在華氏五十七度與一百零三度之間，每年降雨量約爲九十九至二百四十九公分之間，其濕度較低，約爲百分之七十一。

(3)**草原區**：此區位於境內的極北地區，爲一植物滋長的大草原，此區氣候，雨旱兩季極爲分明。氣溫變化大，溫度也低，自十二月至次年二月間，成爲乾冷季節。自東北方面撒哈拉沙漠吹來的乾燥多塵的風，叫做亞爾馬丹風 (Harmattan) 是一種著名的沙漠地區風。

土壤

根據美國農業部土壤保養處的報告：象國的土壤以磚紅壤 (Latosols) 爲主。除海邊的沙灘，沙丘，沼澤及冲積土外，全境都是磚紅壤。

磚紅壤大都是紅色，也有棕色，黃色等，因久經風化及侵蝕，一般與深色的地表層並無區別。由於久經風化及侵蝕的緣故，故所含植物養份極少。這種土易碎，易耕，水和植物的根也容易穿透。

境內磚紅壤可分兩種：一種是含腐植土很少的沙質表面土壤；一種是堅硬的紅土 (Laterite)，紅土層有的呈砂礫狀，有的整個表面堅硬。象國北部的三分之二的土地均是此種堅硬的紅土，象國西南部的磚紅土含有紅色或紅棕色易碎的黏土，這種土雖很黏，但排水却很迅速。

河流兩岸的冲積土，大多摻有相當的沙，但該國東南角上的冲積土都不含沙質，所以積土愈來愈黏。

氣候

象國屬熱帶性氣候，全國氣溫溫暖，除少數海拔較高地區各季氣溫較低外，其餘鮮有低於攝氏二〇度者。全國各地雨量，以南部濱海地區最高（約二、〇〇〇公厘），北部較低（約八一二公厘）。茲根據象國農部資料，將主要地區之氣溫及雨量列表如下，俾資參考。

溫度

象牙海岸 Abidjan 等地區氣溫表（摘自一九六三年八月中非技術合作委員會考察報告）

月 \ 溫度 C° \ 地區	阿必尙 Abidjan 最高	阿必尙 Abidjan 最低	阿廸克 Adiake 最高	阿廸克 Adiake 最低	邦都庫 Bondoukou 最高	邦都庫 Bondoukou 最低
一	三〇	二〇	三一	二一	三三	二〇
二	三一	二四	三二	二三	三五	二一
三	三一	二四	三一	二三	三五	二三
四	三二	二五	三二	二三	三三	二二
五	三一	二四	三一	二三	三二	二二
六	二九	二三	二八	二三	三〇	二一
七	二八	二三	二七	二二	二八	二一
八	二七	二二	二七	二一	二八	二〇
九	二八	二三	二八	二二	二九	二一
十	二九	二三	二九	二二	三一	二四
十一	三一	二四	三一	二二	三二	二一
十二	三一	二四	三一	二二	三二	二〇

度

月	波瓦克 Bouake 最高	波瓦克 Bouake 最低	丁波克羅 Dimbokro 最高	丁波克羅 Dimbokro 最低	佛克斯都孤 Ferkesse-Dougou 最高	佛克斯都孤 Ferkesse-Dougou 最低	滿恩 Man 最高	滿恩 Man 最低	歐廸尼 Odienne 最高	歐廸尼 Odienne 最低
1	34	21	34	21	35	16	32	19	34	17
2	35	22	37	23	36	19	33	20	36	20
3	35	22	35	23	36	21	33	21	36	22
4	34	22	35	22	36	23	32	21	35	23
5	32	22	33	23	34	23	31	21	34	22
6	31	21	32	23	32	22	29	21	32	21
7	29	21	30	22	30	21	27	20	30	21
8	29	21	29	22	30	21	27	20	29	21
9	30	21	31	22	31	21	29	20	31	21
10	31	21	32	23	33	21	30	20	32	20
11	32	21	34	23	34	20	32	20	33	20
12	33	21	33	22	34	15	31	19	33	17

雨量

象牙海岸Abidjan等地區雨量表

（摘自一九六三年八月中非技術合作委員會考察報告）

地區	雨量及日數 ／ 月	一	二	三	四	五	六	七	八	九	十	十一	十二	全年共計
Abidjan Aero	雨量	45	32	54	170	375	893	283	10	41	55	33	97	2263
	日數	5	5	8	9	21	23	17	3	10	11	16	8	136

雨量公厘及降雨日數

Abidjan-ville	雨量	二四	二七	九〇	一四七	三三六	九九七	四一六	一五	四二	八一	九二	六九	二三三六
	日數	三	六	一一	一〇	二一	二八	二三	四	一三	一二	一三	九	一五三
Bouake-Aero	雨量	微量	〇	七六	五三	一一四	一六七	一三一	二七	一五四	一〇三	一五	〇	八四〇
	日數	〇	〇	四	七	一二	一二	一四	一二	二〇	九	五	〇	九五
Boundiali	雨量	〇	〇	五四	九八	三八	一七二	二〇九	二五八	二〇九	四一	二八	〇	一一〇七
	日數	〇	〇	二	六	五	九	一二	一五	二〇	一一	五	〇	八五
Ferkesse-Dougou	雨量	〇	〇	二〇	一〇〇	一一〇	二四四	二三八	八七	二四五	六二	一五	〇	一一二一
	日數	〇	〇	三	一〇	一〇	一三	一二	一四	二四	一一	三	〇	一〇九
Korhogo	雨量	〇	〇	四	一四	八二	一九二	八二	一七八	一九九	三五	六	〇	八一三
	日數	〇	〇	四	四	九	一四	一〇	一五	一四	八	一	〇	七九
Man-Aero	雨量	〇	〇	四三	二五三	一五〇	二〇〇	一〇七	九五	三六八	一四四	七	〇	一三六七
	日數	〇	〇	八	一二	一四	一五	一二	一二	二六	一四	四	〇	一一七
Odienne	雨量	〇	〇	五	一九〇	六八	一四三	三三九	四一一	二九〇	一一一	二四	〇	一五八一
	日數	〇	〇	一	一三	一一	一二	一二	一七	二三	一五	三	〇	一一七

由上表可知象國雨量分佈情形，中北部明顯的分為旱季及雨季，旱季自十一月至次年二月止，雨季自三月至十月止。南部主要雨季自三至七月，十至十二月為第二個雨季，八至九月第一個旱季，正

二兩月爲第二個旱季。

丙、農業經營的現狀

地理條件

豐富的雨量和常年溫暖的氣溫，加上不算太差的土壤，使象牙海岸南部地區特別適合熱帶農作物的生長，例如咖啡、可可、香蕉、棕櫚、椰子、鳳梨、稻米、樹薯等。

象國北部雨量較少，氣溫變化較大，很適合棉花，花生，蘆粟及稷的生長。因爲象國地處熱帶，所以許多溫帶農作物，如小麥、燕麥、裸麥、馬鈴薯等均不適宜種植。也不適於乳類事業的發展，但象國北部的地理環境却適合於畜養肉牛。

象國無天然的優良港口，但在首都阿必尙（Abidjan）沙洲後面的一些鹹水湖，却適合於優良港口的建築。現已完成了若干良好的港口，對農產品輸送，方便不少，實有利於農業的發展。

象國西北部多山地，不適於鐵路，公路的闢建，但該國其他各地區則大都爲平原及邱陵，公路和鐵路交通很少障礙，這對農產品的運送方便不少。

勞働力

根據世界糧農組織一九六八年的統計，象牙海岸總人口約有三百一十萬零五千人，其中農業人口佔百分之八十一，而直接從事農業生產工作者約達一百六十八萬人。超過一半以上。

象國每年人口的增加率約爲百分之二點三。依照這種增加率，大約四十年即可增加一倍，象國人口大別之，可分爲六大部族。

⑴亞尼（Agnis），亞先第（Ashantis），波勒（Baoules）族分佈於境內東南部。

⑵卦窩(Koua-Koua)與克魯寧(Krounen)集團，包括貝對(Betes)及巴苦族(Bakoues)，散居於西南地區。

⑶曼德族（Mande），包括狄奧拉人（Dioulas），散布於境內東北和西北，以及阿必尙及波阿克(Bouaké)等地。

⑷伏爾塔族(Voltaic)分佈於境內東北地區。

⑸森羅佛族(Senoufo)分佈在境內北部地區。

⑹丹族(Dans)與古羅族(Gouros)，散居於國境中部。

根據較早的估計，象國人民居於平原者約六十餘萬人，居於草原者約八十萬人，居於西部森林者約九十萬人，居於西南森林者約九萬人，居於東南森林者約五萬餘人，首都阿必尙人口最多，現已超過二十萬人。

主要農作物

象國的地理位置與迦納及賴比瑞亞相連，依一般情形言，三國的農產品應該相似。但事實上，主要輸出農產品各有不同，迦納以可可為主，賴比瑞亞以橡膠為主，而象國則以咖啡、可可、香蕉、鳳梨等為主。

象國的農作物，依農業地理區域的不同而有分別：鹹水湖區，適合於椰子及橡膠樹的種植；森林區適於咖啡、可可、香蕉、羊角蕉、油棕櫚、鳳梨、甘藷、稻、樹薯及土芋等的種植；草原區則適於棉花、旱稻、花生、蘆粟、稷、牛豆（Cowpea 是牛的飼料）等的種植。茲將象國主要農作物，綜合介紹如後：

(1) **咖啡**：象國的咖啡產量在目前是佔世界第三位，僅次於南美巴西及哥倫比亞。象國的咖啡，百分之九十五是非洲私人種植的，其餘百分之五為歐洲人所經營。象國的咖啡農民猶如迦納的可可農民，已經帶給象國一個中產階級社會，許多非洲人購有摩托車及汽車，無疑的是由咖啡收入所購辦的。

象國咖啡品種，幾乎全部為羅伯斯特（Robusta）及庫爾魯（Kouilou）種，其製作方法有乾作及濕作兩種。非洲人及多數歐洲人，均使用乾作法，將咖啡荳在日光下曝乾，再用機器除去豆莢及豆皮；少數歐洲人則用濕作法，用醱酵的方法溶解附在豆皮上的膠狀物。在首都阿必尙則有現代化的自動工廠處理咖啡加工工作。

象國的咖啡生產量毫無疑問地將可繼續迅速增加，但銷售市場的難覓，將使政府設法讓農民們改種油棕櫚，可可及本地所需的糧食。

(2)**可可**：可可曾經爲象國出口的第一位，現在則退居於第二位，就出產量而言，象國的可可僅次於迦納，奈及利亞，巴西，而與喀麥隆互爭第四位，可可的經營，絕大部份皆爲非洲人，約佔百分之九十八或九十九、歐洲人所經營的眞正是一小部份。咖啡與可可往往爲同一農戶所種植。兩者關係密切。

黑莢病（Blackpod）和腫芽病（Swollen Shoot）是可可樹的尅星，但在象國尚未造成嚴重的損害，而在迦納，腫芽病則是可可樹的一大災禍。

象國的農業政策是鼓勵可可增產，因爲可可產量並不過剩，但可可必須搭棚，以維持其生長，而咖啡則可露天生長，故農民們寧可種植咖啡而不願種植可可。

(3)**甜薯**：甜薯是象國人民主要食糧之一，在西非各地，甜薯被農民們認爲是一種「高貴」食物，設在波阿克(Bouaké)的農業調查中心，調查一村莊的經濟收入，發現種植甜薯的人每天可賺美金八角二分；種棉花每人每天只賺美金三角三分。甜薯現爲象國的一項自給自足的農產品，同時，也爲國內交易的一項重要物資。

(4)**香蕉**：香蕉在象國的農產品輸出中佔第三位，僅次於咖啡與可可。惟在二次世界大戰期間，香蕉出口幾乎完全停止，迨一九五六年後，出口量又急劇增加。象國的香蕉經營，約有百分之九十操在歐洲人手中，由非洲人經營的僅百分之十而已。

象國的香蕉大多數為波約，羅伯斯特種（Poyo Robusta），通稱為波約種。波約種能抵抗巴拿馬病，但易染葉斑（Sigtoka disease），如果有適當的市場，則象國香蕉的生產是會增加的。

(5)**羊角蕉**：這是象國人民最主要的食物，它是一種生長在樹上而富有澱粉的食物。羊角蕉不能生吃，必須煮食或烤食，非洲人喜以羊角蕉作食物更甚於香蕉。

(6)**樹薯**：就重量而言，樹薯的生產，僅次於甜薯及羊角蕉而佔第三位，樹薯富澱粉質（約含百分之三十五），不含脂肪，在食物中並不是一種富營養的食物。樹薯有一特性，即成熟後久藏土中也不會變壞，如青黃不接時，可從土中挖出來充饑。

(7)**稻米**：稻米為象國相當重要的穀物，每年自國外輸入的數量相當多。最多的時候，達五萬六千多噸一年。象國境內產米，其產區多分佈在北部和西部，邦達馬河（Bandama）以西的居民以食米為主，該區向西延伸，直到塞內加爾的卡薩孟斯河。

象國稻米在未能自給自足以前，大都向美國，中共匪區、巴西、緬甸、南越、柬埔寨等地區進口。現在，自一九六三年三月十五日起，我派有一百六十位農技人員組成的農耕隊在該國從事稻作耕種工作。據報，年來工作成績甚佳，其單位面積產量每公頃高達六千七百公斤。

(8)**棕櫚油及棕櫚仁**：事實上，一九六一至六二年間象國的油棕櫚產品是輸入的，達荷美，金夏沙剛果，布拉薩剛果都油棕櫚產品輸入象國的國家。象國植物油的缺乏和咖啡生產的過剩成一強烈的對比，象政府極希望將咖啡改種油棕櫚，尤其是東南阿布阿索（Aboisso）一帶。筆者於一九六九年前往象國考察時，自首都阿必尙至阿布阿索及達羅阿（Daloa）的公路兩旁所植棕櫚已經成林，面積廣濶。此蓋象政府改種油棕櫚的計劃實現狀況之一也。

(9) **鳳梨**：鳳梨也是象國國內重要的農作食物。象國的鳳梨田大部位於奧諾湖（Ono Lagoon）靠近大西洋的地區。從產地到阿必尙碼頭，有便利的水路交通。

象國種植鳳梨，平均每人大致爲五英畝，其中二英畝半收成，另二英畝半卽在栽培中，他們不用機器，全用手工種植。

(10) **椰子**：在首都阿必尙運河東岸椰子樹很多，很有南海情調，椰子的肉乾是肥皂工廠所必須收購的原料。椰子與棕櫚混在一起，在外行人是很難分辨的。象政府現正計劃研究椰子與棕櫚兩者的經濟利益，以爲他日大量栽培的參考。

(11) **棉花**：棉花在象國產量不多，但都是一種重要的農產品。象國的棉花是 Barbadensis Mono 種，這品種原來生長在達荷美，後來從多哥引進，很適合象國栽植，改良和未改良的 Mono 種都類似美國南部的 Tanguis 種，有幾樣埃及品種也屬 Barbadensis 類，但纖維較長。

象國棉花的下種期大致是在六月間，或稍晚在玉米成熟時下種，十二月至次年三月間可以收穫。玉米與棉花間植在同一田中，因此，棉花可算是糧食的附帶產品。

象國的棉花，蟲害並不嚴重，平時，棉田均噴灑農藥以防止蟲害。

(12) **橡膠**：橡膠是象國出口農產品中最有前途的農作物，象國最大的橡園是在奧諾湖西部和達布

(Dabou) 草原，近年來，生產園地已經擴充到二萬英畝以上。

⒀**花生，菸草，瓊麻**：這些作物，照目前生產情形，僅可供國內消費，但如經營得法，至少花生是一項可能發展爲外銷的農產品。波阿克 (Bouaké) 現有香煙工廠及製繩工廠各一所。以從事製造工作，但因年來麻產大減，以致每年須從安哥拉 (Angola) 輸入原料。其他農作物，如玉米，土芋，蘆粟，稷（產在北方）以及蕃薯等象國均有出產。

明白象國的農作物情形後，回頭看看象國土地利用的情形，根據世界糧農組織一九六八年的年鑑報導，該國土地利用的總面積約爲三千二百二十四萬六千公頃，其中農耕地佔二百零五萬六千公頃，而林地則達一千二百萬公頃，餘則爲牧地及其他種植用地。

交通運輸

象國的鐵路和河運運輸相當便利，但缺少高級公路，修築新公路及改善已有公路路面，對象國未來農業的發展和進步是十分重要的。筆者一九六九年赴該國考察，見各地正加緊開闢公路中，卽舊有的公路亦已紛紛加以改善，舖設柏油路面，以象國在西非洲的經濟力量。其交通運輸的開拓，是具有無限的光明前程的。

(1)**公路**：較早的統計顯示，在一九六一年時，象國公路有高級路面的約八百公里，全天候公路約一萬三千公里，次等道路則有二萬公里左右，平均每十個平方里和每一百居民卽有公路一公里。大部份較好的公路都集中在南部。首都阿必尙所在地的鹹水湖區公路尤爲密集，平均每四平方英里有公路一英里，稀無人煙的塔布（Tabou）區公路最少，平均每二十六平方英里始有公路一英里。

(2) **鐵路**：全國僅有一條鐵路在中央偏東處貫穿南北，自阿必尙向北通往上伏塔及尼日，全長一千一百四十六公里，在象國境內部份長及五百五十八公里，約爲全長之半。象國鐵路是西非各國中最好的鐵路。目前，鐵路密度雖很小，但政府正計劃增建中。

(3) **水運**：象國無大河或大湖，較大的四條河流，均僅能通航六十餘公里，通常多用來運送木材。沿阿必尙南岸一帶的鹹水湖區農產品極豐富，各鹹水湖間有阿撒尼（Assagni）與阿西尼（Assiné）兩運河貫通，運河與鹹水湖成了不受海浪影響的水上交通線。

西元一九五〇年福里地運河（Vridicanal）完成後，阿必尙遂成爲象國第一個現代化的海港。它具有設備完善的碼頭，倉庫及起重機等。此港不僅是象國最主要的輸出入港，亦且是馬利，上伏塔的重要輸出入港。

(4) **航空**：象國的主要機場有二：一爲阿必尙港，一爲布埃特（Port-Bouet），前者可供噴射機起落，後者可供 Super-G 型機及 DC-6 型機起落，另在滿恩（Man），達勞（Daloa），加諾（Gagnoa），塔布（Tabou），沙桑特拉（Sassandra），柯勞戈（Korhogo）等地，均有國際航空公司飛機起落，此外尙有彭都庫（Bondoukou），歐廸尼（Odienne），波阿克（Bouaké）等地較小之國內航空站。

對外貿易

象牙海岸的將外貿易，在過去十五年，均有盈餘，不過，在最近九年內，除木材外，其他貿易品均有波動，甚至長期不振，以一九六四年爲例，木材輸出比過去增加了五倍；咖啡與可可也增加了一倍，其他輸出品似均逆轉。

象國對外貿易的對象主要是法國及其他歐洲共同市場國家，輸入總額中，百分之八十來自歐洲共同市場，其中百分之六十二單獨來自法國；輸出總額中，百分之七十輸往歐洲共同市場國家，法國購買量佔其中百分之三十七。

茲根據一九六六年的統計，將主要農產品輸出入情形約略介紹如後：

輸入品

(1)**小麥**：小麥進口數量爲十一萬二千八百公噸，價値九百三十九萬美元。
(2)**馬鈴薯**：此項農作物的輸入量爲四千七百九十公噸，價値四十九萬五千美元。
(3)**稻米**：稻米進口量爲八萬三千二百公噸，價値一千二百六十一萬美元。
(4)**蔗糖**：糖的輸入量爲三萬五千七百公噸，價値四十八萬九千美元。
(5)**菸草**：此項作物，有輸入也有輸出，其輸出多爲轉口性質，本質上，象國是需要進口菸草的。

這年菸草的輸入量為一千零二十二公噸，價值三十六萬美元；輸出量為六十公噸，價值為七萬美元。

輸出品

(1)**香蕉**：香蕉的輸出量為十二萬七千公噸，價值一千一百零二十萬美元。

(2)**棕櫚及仁**：棕櫚仁輸出量為九十三萬八千五百公噸，價值一千一百一十六萬美元。

(3)**棉花**：棉花的出口量為三千九百四十公噸，價值一百三十六萬美元。

(4)**花生**：這項作物的出口量為三百六十公噸，價值三萬九千美元。這年的出口量很少，較早的若干年份中，花生出口量恒在二千公噸以上。

(5)**可可**：這年可可的出口量為十二萬四千二百九十公噸，價值五千三百二十四萬六千美元。

(6)**咖啡**：咖啡在一九六六年的出口量為十八萬一千五百二十公噸，價值一億二千二百萬美元。

象國輸出的貨物，除農產品外，最大宗的當為木材，他如礦產錳等物資亦有輸出，因非農作物，故從略。

丁、農業潛力的開發

在未來的一段長時期裏，象國將會繼續發展上述出口的農產品，就一般觀察，象國南部地區仍有大量可開墾種植菓樹的土地。

棕櫚油，橡膠和稻米在產量與比率上都具有大量增加的潛力，象國需要肉類，奶製品，禽類和蛋類，其北部地區除畜牧外很少適合農耕的土地，故北部地區可以用來增加肉類和奶製品等畜牧產品，但南部地區則較適合種植熱帶菓樹，不適畜牧。

象國政府很注意農業研究工作，更重視實際推廣工作，在研究工作方面，象國設有農業研究所，從事基本研究工作並與法國在象農業研究機構切取聯繫，着重油棕櫚，椰子，棉花，稻米，菸草的研究發展；其在實際推廣工作方面，則借重我農耕隊全力推行。

我農耕隊於一九六三年三月十五日在象國成立後，迅速展開工作，今已有一百六十位農技人員駐在該國，從事農耕工作，是所有中非技術合作工作中成員最多的一隊，此外尚有一良種繁殖中心駐在該國，按照工作目標，不僅供應象國各種農作物的種仔，即西非其他各國所需種仔亦在計劃供應之列。故象政府當局對我農耕隊及良種繁殖中心極為重視，茲簡介農耕隊及良種繁殖中心工作情形如後：

駐象牙海岸農耕隊

壹、成立日期：

民國五十二年三月十五日

二、編制人數：

隊長一人，副隊長二人，分隊長七人，小組長一七人，技師九人，隊員一二四人，計一六〇人。

叁、隊址：

布阿克（Bouake）省布阿克（Bouake）市距象京阿必尙（Abidjan）三七九公里。

肆、分隊（組）分佈情況：

單位 分隊	單位 組	編制工作人員 隊長	副隊長	分隊長	技師	組長	隊員	合計	六六年十二月底人數	距隊部公里數
隊部		一	二	—	九	—	五	一七	五	
一		—	—	一	—	—	一〇	一一	一一	二五五
	一	—	—	—	—	一	四	五	三	二四〇
二		—	—	一	—	—	五	七	九	一一三
	三	—	—	—	—	一	四	五	三	一五九
	八	—	—	—	—	一	四	五	一	一一三
三		—	—	一	—	—	八	九	七	〇
	四	—	—	—	—	一	五	六	四	九三
	五	—	—	—	—	一	四	五	四	六二
	九	—	—	—	—	一	四	五	二	六八

四		—	—	一	—	—	五	六	五	四四九
	一一	—	—	—	—	一	五	六	五	三五六
	一三	—	—	—	—	一	五	六	四	五〇六
	一六	—	—	—	—	一	五	六	五	四一〇
五		—	—	一	—	—	八	九	七	二五三
	六	—	—	—	—	一	五	六	五	一七一
	二二	—	—	—	—	一	六	七	五	二八四
	一五	—	—	—	—	一	四	五	四	三〇二
六		—	—	一	—	—	四	五	五	三三〇
	二	—	—	—	—	一	四	五	四	四一七
	七	—	—	—	—	一	四	五	四	二五七
	一〇	—	—	—	—	一	三	四	四	三二四
	一七	—	—	一	—	一	四	五	三	三一一
七		—	—	—	—	—	四	五	四	二三四
[illegible]	一四	—	—	—	—	一	四	五	四	一一三
合	計	一	二	七	九	一七	一二四	一六〇		

伍、示範及推廣區地址及面積：

單位 分隊	單位 組	地址 原名	地址 譯名	示範區面積（公頃）	推廣區面積（公頃） 歷年水稻指導開墾 直接指導稼植面積	推廣區面積（公頃） 歷年水稻指導開墾 間接指導稼植面積	推廣區面積（公頃） 陸稻面積	推廣區面積（公頃） 合計
一		Korhogo	可樂哥	〇·五〇	一、一一一·〇〇	二、九九八·二三		四、一〇九·二三
	一	Ferke	非格	〇·七〇	一〇五·九五	一一·五〇	二六二·三〇	三七九·七五
二		Yamoussoukro	耶馬是可		一一五·〇〇	二六五·〇〇	一、一六〇·〇〇	一、五四〇·〇〇
	三	Toumodi	都莫地	〇·二三	三九·〇〇		一六五·〇〇	二〇四·〇〇
	八	Yamoussoukro	耶馬是可	〇·五〇	二六·五〇			二六·五〇
三		Bouake	布阿克	〇·一九	二三〇·二三		二七四·三一	五〇四·五四
	四	M. Bahiakro	麥哈阿哥樂	〇·七〇	二〇·〇〇		一八五·八四	二〇五·八四
	五	Beoumi	布阿密	〇·五五	六〇·二二	二三·七四	四〇·〇〇	一二三·九六
	九	Tiebissou	地比索	〇·四五	四四·九五	一一·三五	三一·三〇	八七·六〇
四		Man	滿	〇·三三	五八·二九	六·五〇		六四·七九
	一一	Duekoue	都谷	〇·三〇	六〇·〇〇	〇·五〇		六〇·五〇
	一三	Toulepleu	都列布勒	〇·五五	二二六·九三			二二六·九三
	一六	Danane	達拉尼	〇·六七	一五九·三七			一五九·三七

五		Daloa	大羅亞	0·五0	一三·四七		三五六·六二	四九0·0九
	六	Bouafle	布阿富列	0·三七	六八·00	九0·00	三九0·八0	五四八·八0
	一二	Gagnoa	加羅亞	0·六0	二二五·六0		一七六·五二	三九二·一二
	一五	Issia	益西亞	0·七二	五九·三五			五九·三五
六		Dabou	大埠	一·00	一八·七0	一六·三七		三五·0七
	二	Adzopé	阿速卑	0·五八	二0·三0			二0·三0
	七	Tiassalé	地阿撤列	0·九五	一七·七五		一0·00	二七·七五
	一0	Agboville	阿堡威	0·三0	七·三0			七·三0
	一七	Kotissou	哥地索		一0·00			一0·00
七		Abengonrou	阿邦古樂	0·七二	五九·三八			五九·三八
	一四	Bondonkou	邦都谷	0·五0	六三·六二		九七·七三	一六一·三五
合計				一一·九0	二九二0·九0	三四三三·一八	三一五0·四三	九四九四·五一

陸、本年度工作計劃簡述：

項目	計劃內容摘要	預定進度		完成進度		備考
		五八年一至六月	五八年七至十二月	五八年一至十二月	%	
推廣稻作		八00公頃	一五00公頃			原計劃係水陸稻不分且開墾稻植亦包括一起故劃分如下

	水稻田增加開墾面積			一、一三〇・一三		
	稻作推廣種植增加面積			一、四〇〇・一三		
	水稻收穫增加面積			三、八〇〇・八一		
	陸稻收穫增加面積			七〇・五三		
	蔬菜	五〇戶	一〇戶	五一戶	八五%	五八年一至六月因秤子供應病蟲防治及市場問題決暫緩擴大推廣
	綜合農家		五戶	六戶	一二〇%	
訓練	幹部訓練	四〇人		一八五人	四六二%	①督導員訓練中心指導實習三〇人 ②推廣員督導員集訓一五五人
	農民訓練	六〇〇人	六〇〇人	一、五三一人	一二六%	
	耕牛訓練	四頭	五頭	三頭	六〇%	五八年一至六月因牛具未到無法實施
農民組織	農民基層組織試辦	一區		二區	二〇〇%	Daloa, Gagnoa
	農事栽培小組			二八組		三七六人
	農事小組聯合會			一處		七組聯合
	稻作發展輔委會			一處		一〇人
試驗觀察	水稻適應栽培		二項	三項	一五〇%	
	大豆試種			一處		
	陸稻輪作	二項				田間雖有推行該項輪作觀念且有實施唯未作比較紀錄

水稻輪作	二項				
農民組織原計劃在 Daloa, Gagnoa, 試辦後成果甚佳各地紛紛效尤至年底 Bondoukou, Abengourou, Beoumi, Agboville, Bouake 均相繼成立。					

柒、本年度工作概況：

一、示範區工作：

㈠土地開墾：本年重新開墾共計一・三〇公頃，因遷移推廣地區分配農民者二・五三公頃，現實有示範區面積一一・九〇公頃，以品種栽培技術之觀察等爲目的。

㈡作物栽培示範結果：

①稻作：水稻品種以 IR-8 產量較穩定，在來一號次之各示範區多以 IR-8 最主要品種。

②蔬菜：蔬菜已在重要之示範階段，並已指導推廣中，種植類計有甘藍、蘿蔔、茄子、西瓜、胡瓜、菜豆、甜椒、萵苣、油菜、蕹菜、蒜、韮菜、冬瓜、越瓜、甜瓜、白菜、花椰菜、結球白菜等三十餘品種。

③雜作：部份單位已試種有綠豆、紅豆、大豆、花生、玉米等作物，象國農業環境，適於雜作生長且地廣人稀，若能敎以機械栽培，發展飼料作物頗有前途。

二、訓練工作：

①幹部訓練：

(1)Satmaci Bouake 督導員訓練中心訓練情形如下表：

歷年訓練中心訓練人數

受訓年月	受訓人數	訓練方式	訓練項目
一九六四年八月至一二月	六	講授並田間實習	①稻作栽培
一九六五年九月至一二月	六七	講授並田間實習	②稻作病蟲害認識與防治方法
一九六六年五月至一二月	七七	講授並田間實習	③灌排水方法簡介
一九六七年一月至一二月	四一七	講授並田間實習	④農機具使用及保養方法
一九六七年一一月至六八年二月	四三	講授並田間實習	⑤一般作物栽培常識
一九六八年二月至一〇月	一〇〇	講授並田間實習	⑥農貸管理
一九六九年二月至一〇月	三〇	講授並田間實習	⑦推廣技術
合計	七六三		

(2)推廣員督導員集訓：Satmaci 任用推廣員督導員，學經歷多未達水準尚難與實際工作相配合，故該隊各單位視需要予以重點集訓，本年訓練一五五人。

②農民訓練：

(1)農民一般訓練：本年訓練一、五三一人。

(2)農民特殊訓練：視特殊工作之需要而舉辦本年訓練四一三人。

三、推廣工作：

㈠土地開墾：

①一九六九年期全年推廣區增墾面積：本年開墾面積由於陸稻栽培，仍在游耕方式之階段，今年開墾，明年荒廢，故其數字極不穩定，已失統計之意義，本隊爲求符合實際，僅計水稻增墾面積，計一、一二〇·一三公頃。

②採種田開墾：本年洽得 Satmaci 同意在該隊主持之下開墾設置水稻採種田五公頃，並在該隊技術指導下經營，以供應重要地所需用。

㈡作物推廣情形：

①稻作：

(1)推廣區稻作：本年一至十二月水稻收穫面積及產量如下表：

水稻			陸稻			產量合計（公斤）	備考
收穫面積	收穫量	平均單位產量	收穫面積	收穫量	平均單位產量		
五、一五九·六六	一九、五〇一、三五九	三、八〇七·八八	二、八〇七·八〇	二、六三六·〇二	九三三·八八	二二、一三七、四四一	本年天旱陸稻產量受影響

(2)採種田稻作：

㈠ Daloa 一公頃及 Bouake 二公頃首期採種已於十二月收穫，品種爲 IR-8，單位產量

四、五〇〇公斤。

㈡ Issia 一公頃及 Gagnoa/公頃，品種 IR-8、臺南五號，首期將於五十九年三月收穫。

㈢ Abengourou 一公頃，因該區 Satmaci 經費不足暫停設置。

㈣採種田係 Satmaci 委任本隊指導開墾及經營，原計劃尚有 Man Bouafle, Duekoue, Danane, Touleple 各一公頃，共計一一公頃，因各區處有困難，尚未設置。

②蔬菜推廣：蔬菜推廣品種計有甘藍、茄子、西瓜、萵苣、菜豆（以上主要推廣品種）蕃茄、甜瓜、包心白菜、蘿蔔、香瓜、甜椒等，在該隊指導下推廣面積，已逾六公頃，只計蔬菜類，其收穫量爲九八、六六二公斤。

四、水利設施：

項目	灌溉溝	排水溝	水壩	攔水堰堤
數量	二六、二三六公尺	三一、二三七公尺	一七座	八七座

捌、特殊事蹟：

在非洲各國水稻之推廣，經由政府首長之倡導最具示範力量，且對外交友誼之增進，亦具頗大之助力，該隊年來在駐象大使館指導下，象國政府首長對水稻經營之興趣頗見增進，一年來在象國政府擔任重要職位首長之農場業務擴展業績如下：

政府首長	原有水稻面積	年來擴展面積	今後展望面積
總統	八九·〇〇	一一七·〇〇	三三五·〇〇
國會議長	—	一〇·〇〇	一三〇·〇〇
最高法院院長	五·〇〇	一五·〇〇	四〇·〇〇
國務部長	—	一九·〇〇	—
國防部長	二·〇〇	八·五〇	三五·〇〇
國務部長	—	二一·〇〇	一〇〇·〇〇
原青年體育部長	二·五〇	八·〇〇	二〇·〇〇
社會經濟副理事長	—	二·五〇	八·〇〇
Satmaci 總經理	—	二·〇〇	八·〇〇
合計	九三·五〇	二〇三·〇〇	六六六·〇〇

駐象牙海岸農作物良種繁殖及供應中心

壹、成立日期：

民國五十七年四月二日。

貳、編制人數：

主任一人，副主任一人，技師八人，隊員六人，計一六人。

叁、隊址：

位於南方省 (Dep du Sud)，大埠 (Dabou) 縣，阿諾必 (Agneby) 村，距象京阿必尙 (Abidjan) 四九公里。

肆、農場面積：

規劃後實際面積四八・一二公頃。

伍、工作計劃：

一、開墾土地五〇公頃，以供種苗繁殖。

二、農場水利設施及種子整理室等之規劃設計與興建。

三、建立合理之採種制度並輔以檢查，以生產優良原種種子。

四、經辦與採種有關之各項試驗。

五、兼辦一般農產品供應，刺激象國農民從事農作之興趣。

六、辦理象國種子生產技術人員訓練。

陸、工作概況：

一、場地開墾：農場面積五〇公頃地上樹木之墾伐及清理，於民國五十七年五月開工，五十八年二月下旬全部完工。

二、田間試驗：

㈠稻作：

①水稻引種觀察試驗：

⑴五十七年第一期作：供試品種爲白米粉等一六個品種，五十七年五月揷秧，九月收穫，其中以白米粉最佳，產量有八、九三三公斤/公頃。

⑵五十七年第二期作：引進水稻品種一八四個，計粳稻早熟品種一五個，一般品種一二五個；秈稻早熟品種二二個，一般品種一三五個，於民國五十七年十月揷秧，五十八年二月收穫。

⑶五八年第一期作：引進水稻品種增至二一七個，其中除 Puang Nahk 一六等三五個品種未抽穗及過於晚熟外，計有粳稻早熟品種一六個，粳稻一般品種一七個，秈稻早熟品種一八個，秈稻一般品種一三一個，總計一八二個，於民國五十八年三月揷秧，同年七月收穫，（其較佳品種之成績如下）：

a、粳稻早熟品種：

項目＼品種	北育早一號	十和田	北育早三號	北育早七號（CK）
生育日數	七九	八六	八九	八九
產量（公斤/公頃）	五、八二一	五、六五二	五、六一三	四、五七六
指數　%	一二七	一二四	一二三	一〇〇

b、粳稻一般品種：

項目＼品種	高雄五三號	臺南五號（CK）
生育日數	一〇一	一〇五
產量（公斤/公頃）	五、八六三	五、九六一
指數　%	一〇四	一〇〇

c、秈稻早熟品種：

項目＼品種	IR 五三八—三三	IR 五三八—五四	白米粉（CK）
生育日數	五八	八七	八九
產量（公斤/公頃）	六、二四七	五、九五二	五、七四五
指數　%	一〇九	一〇四	一〇〇

d、秈稻一般品種：

品數 \ 項目	生育日數	產量（公斤／公頃）	指數 %
矮脚尖	九二	七、二五〇	一五九
臺中秈二號	九四	六、六六一	一五三
臺中在來一號	九四	六、五九五	一五二
IR160-25-1-1	九五	六、三三三	一四五
IR305-3-17-1-3	一〇〇	五、八三三	一三六
IR 12-178-2-3	九七	五、八一三	一三四
IR 11-288-3-17	一一七	五、八〇五	一三四
IR 593-3-17	一〇三	五、三八三	一二四
IR 532-1-33	九二	五、三七四	一二三
IR 52-18-2	九六	五、〇三四	一一六
IR 272-2-6-3-2	九五	四、九二三	一一三
IR -4-90-2	一〇五	四、八三三	一一〇
IR 8 (CK)	一〇一	四、三五二	一〇〇

(4)五十八年第二期作：從引進品種中選拔較優之品種六三個，繼續舉行觀察試驗，於五十八年七月挿秧，同年一一月收穫，其成績正整理統計分析中。

②水稻秈稻品種比較試驗，從觀察試驗中選出適於非洲人民食味之秈稻品種八個，以 IR8 爲對照，於五十八年七月挿秧，同年十一月收穫其結果如下：以 IR 262-7-1-1-2 產量六、三二七公斤／公頃爲最高。

③陸稻引種觀察：

(1)五十八年第一期作：引進品種一二個，以當地品種 OS6 爲對照，於五十八年三月播種，同年六月收穫，其結果 D 53/37 等五個品種不抽穗外，其餘以東陸二號爲最優，次爲農選一號，再依次爲大畑早生一二三號，農選三號，東陸三號，東陸一號，最差爲 OS6。

(2)五十八年第二期作：以前述品種繼續觀察，於五十八年七月播種，同年十二月收穫，其結果尚在整理中。

(二)雜作：

①大豆引種觀察試驗：由臺灣引進臺大高雄五號等一四品種加以觀察。以和歌島產量三、七五七公斤/公頃爲最高。

②食用甘藷（紅心甘藷）引種觀察試驗。

③花生引種觀察試驗。

④玉米引種觀察：供試品種雜交玉米臺南五號及本地種二種，於五八年九月二九日播種，同年十二月下旬收穫。

⑤高粱引種觀察：由臺灣引進雜交高粱臺中一及二號二品種，以本地種爲對照，加以觀察，於民國五十八年九月卅日播種，五十九年元月間收穫。

三、園藝：由臺灣引進蔬果一九類，一六〇餘品種及花卉二九種分別加以試種觀察。

四、良種繁殖推廣及農產品試銷：

(一)呈請公佈種子經營實施辦法。

(二)稻作採種制度的建立：

種子中心
↓　↓
原原種→原種→採種

㈢良種繁殖：民國五十七年繁殖稻作原原種及原種種子一三品種面積二·四公頃，產量二、八三〇公斤，民國五八年繁殖稻作種子二四品種面積一·四九六公頃，產量三、八二八公斤，大豆種子〇·一公頃，產量五〇公斤，詳如下表：

作物名稱	種子類別	五七年 面積（公頃）	五七年 產量（公斤）	五八年 面積（公頃）	五八年 產量（公斤）	計 面積（公頃）	計 產量（公斤）
水稻	原原種	〇·一〇	三〇〇	〇·三三六	五三七·〇	〇·三三六	八三七·〇
	原種	二·二〇	二、五〇〇	〇·九九〇	二、八二〇·〇	三·一九〇	五、三二〇·〇
陸稻	原原種	—	—	〇·〇三六	五一·〇	〇·〇三六	五一·〇
	原種	〇·〇一	三〇	〇·二四四	四三〇·〇	〇·二五四	四六〇·〇
大豆	原原種	—	—	〇·一〇〇	五〇·〇	〇·一〇〇	五〇·〇
計		二·三一	二、八三〇	一·五九六	八、三七八·〇	三·九〇六	六、七〇八·〇

㈣良種推廣：稻作良種供應遍及象牙海岸等十二個國家，所供應之品種則有水稻 IR8 等一四品種，陸稻東陸二號等六品種，計二〇品種，民國五七年（一九六八）供應一、一三九·六公斤，五十八年（一九六九）八二九·九公斤，二年合計一、九六九·五公斤，詳如下

表：

單位：公斤

年別	地區	水稻原種	陸稻原種	合計
五七年（一九六八）	多哥	一五·〇	四八·三	六三·三
	波札那	四·五	一·〇	五·五
	塞內加爾	三七·〇	—	三七·〇
	賴比瑞亞	四六·〇	—	四六·〇
	查德	一三八·八	三六·〇	一七四·八
	馬拉加西	三〇·〇	一五·〇	四五·〇
	獅子山	—	一八·〇	一八·〇
	象牙海岸	七五〇·〇	—	七五〇·〇
	小計	一〇二一·三	一一八·三	一一三九·六
五八年（一九六九）	象牙海岸	五五九·〇	—	五五九·〇
	賴索托	六六·四	一一·〇	七七·四
	加彭	八〇·〇	—	八〇·〇
	剛果	一〇一·五	五·〇	一〇六·五
	上伏塔	一七·〇	—	一七·〇
	小計	八二三·九	一六·〇	八二九·九
合計		一、八三五·二	一三四·三	一、九六九·五

㈤農產品試銷：於五十八年六月份及一一月份分別試銷西瓜及蕃茄等，由於品質極佳深受市場之好評與歡迎，其數量如下表：

農產品名稱	銷售數量（公斤）	金額（C.F.A）	備註
西瓜	八、五二〇·六	六七八、二四八·〇〇	
蕃茄	九五六	一一一、五六五·〇〇	
菜豆	二三	四、四五五·〇〇	
合計	九、四九九·六	七九四、二六八·〇〇	

五、水利設施：

包括引水道九一四公尺，抽水站二座，灌溉幹渠（設內面工）四三九·三公尺，支渠二一、九七三・二公尺，排水幹渠六三二・六公尺，支渠四、三六八公尺，堤防二・〇六〇公尺道路二、九一四・八公尺及田區整平規劃等工程，其中堤防及道路工程由 Abidjan Etec 公司承包，於五十八年二月開工，同年十二月下旬竣工，其餘工程亦以承攬方式發包，於五十八年三月間分別陸續開工，同年十二月下旬全部竣工，經規劃後之農場實際面積爲四八・一二公頃。

十一、賴比瑞亞共和國（Republic of Liberia）

甲、概　述

今天的賴比瑞亞共和國是當年從美國解放出來的黑奴，在西非尋求一個安身立命之所所建立起來的。

受了英，美廢奴主義者的「返回非洲」運動的啓發，美國人在一八一六年組織美國殖民協會，旋於一八一九年獲得美政府的特許，授權該協會在西非建立黑人移殖地。

一八二〇年，該協會得美政府之支持派遣第一批移民赴非，第一批移民由八十八位殖民者組成，在紐約乘伊利莎白號輪前往西非。

一八二一年第二批移民乘拿第勒斯（The Nautilus）號帆船離美前往福拉灣（Fourah Bay）。最後一次移民是在一八二一年的下半年，由美艦鱷魚號（Alligator）裝載，直駛福拉灣。同年十二月十六日艦長斯託克頓（Robert F. Stockton）冒險登岸與當地領袖彼得（Peter），索達（Zoda），長彼得（Long Peter）吉美（Jimmy）等極具影響力的人物商談，簽訂了條約，割讓整個海岬，河口島嶼及內陸若干土地予該協會。

美國殖民協會特派員阿須孟（Jehudi Ashmun）與三十三位殖民者乘「強健號」（Strong）帆船於一

八二二年八月九日抵此。阿須孟將此命名爲克瑞斯特波里斯(Christopolis)或基督城(City of Christ)，後於一八二四年二月二十日經哈柏（Goodloe Harper）將軍建議更名爲門羅維亞（Monrovia）以紀念美國第五任總統門羅（James Monroe）支持並協助他們完成此項移民工作。

殖民者在這塊生疏的土地上與當地土人經過多次的激烈戰鬪，終於克服了多項困難而定居，一八二四年的十月二十七日，殖民者又購得了新西斯（New Cess）的一塊土地，一八二六年四月十二日，殖民者又購得了今日大岬山郡地方，在購買土地時與各酋長簽訂一條約，規定該地不許出售與任何外國政府或外國人民。此一約定構成今日賴國憲法第五條第十三項的基礎，該項條文：「殖民者的最大目的在供給被壓迫與流離失所的非洲子民以家園，使黑暗大陸得到新生與光明，僅黑人與黑人之後裔能獲得本共和國的公民資格」。

一八二六年十月十一日殖民者又購得達克維(Dukwi)河一帶土地爲殖民地的一部份，稍後，又獲得聖約翰（St. John）河至巴沙岬（Bassa Cape）一帶土地，迨一八二八年三月四日又獲得了大岬山以北所有的內陸土地。

一八三三年馬里蘭（Maryland）州的殖民協會特派員豪爾（James Hall）又購得了現在的哈柏(Happer）地方。一八三五年賓夕法尼亞州殖民協會建立巴沙峽谷，一八三七年馬歇爾定居地建立，一九三八年黑人資本家劉易士夏利敦（Louis Sheridan）建立移民地於聖約翰河岸取名巴克萊（Bexley），同年，密西西比協會建立格陵維爾（Green Ville）以紀念詹姆斯格陵（James Greene），由於以上各條約及購買情形，一八三八年殖民者即北自大岬山的穀物海岸（Grain Coast）至南面的巴沙岬，延伸至內陸四十英里土地上獲得了政治權。

殖民者一得沿海或內陸新土地時，便立即組成新的殖民地。這些殖民地在布坎南(Buchauan)總督任內決定組成國協。「布坎南憲法」自西元一八三八年至一八四七年七月爲賴比瑞亞國協的基本法。

經過多次艱難困苦的奮鬪後，賴國於西元一八四七年七月二十六日正式獨立，各地區代表正式宣佈該地爲獨立自主國並制定憲法與國旗。羅柏茲(Joseph Jenkins Roberts)總督於一八四七年十月第一個星期二當選爲第一任總統，成爲賴比瑞亞之父。

乙、自然環境

位置與面積

賴比瑞亞共和國

賴比瑞亞農耕隊舉辦觀摩會工作人員引導並加解說

賴比瑞亞位於西非洲突出的地帶，面積爲十一萬一千三百六十九平方公里，約介於北緯五度至八度，西經二度半至七度半之間，其四鄰爲：東連象牙海岸，西接獅子山，南臨大西洋，北與幾內亞毗連。

河流、湖泊、島嶼

賴國的主要河流有六，茲分別簡介如後：

(1)曼諾河（Mano River）：此爲賴比瑞亞與獅子山的界河。

(2)羅法河（Lofa River）：此河位於大岬山郡。

(3)聖保羅河（St. Paul River）：此河位於蒙特薩那多郡（Montserrado County）。

(4)聖約翰河（St. John River）：此河位於大巴沙郡（Grand Bassa County）。

(5)西第斯河（Cestes River）：此河位於雷屋西斯地區（Rivercess Territory）。

(6)加瓦拉河（Cavalla River）：此河位於馬利蘭郡（Maryland County），爲東部與象牙海岸的界河。

其他較小的河則有莫羅（Morro）河，都克維（Dukivia）河，強克（Junk）河，法明敦（Farmington）河，三昆（Sanquin）河，新奧（Sinoe）河等。這些河流，無一具有二十英里以上的可航航程，所有這些河都是注入大西洋的。

賴國的湖泊，最大者爲在大岬山郡的漁人湖（Fisherman），或稱畢索湖（Piso）及馬利蘭郡的牧人湖（Shepherd）。

賴國著名的島嶼是蒙特薩蘭多郡的上帝島（Proridence）及布席洛島（Bushrod），中央省的多比利島（Dobli），馬利蘭郡的死島（Dead Island）。

地理區

自南而北，就地勢言，賴國全境可分爲三個地理區：

(1) **沿海地區**：這是一片低地，經常爲各湖泊及潮汐所冲積，除巴爾馬斯岬（Cape Palmas），麥索拉多岬（Cape Mesurado），山岬（Cape Mount）三處海岬外，海岸線很完整。第一岬高出海面約三十公尺半，第二岬高出海面外約九十一公尺半，第三岬最高，爲三百零四公尺。

(2) **高原地區的草原地**：此區位於沿海地區之北，緊連海岸地區，平均高度約爲九百十五公尺半，該國西北部爲曼丁哥高原（Mandingo Plateau）延伸至與法國屬地相接處。

(3) **北部沿幾內亞與象牙海岸的高地**：此區低矮山脈起伏不定，海拔最高處幾達一千五百二十四公尺，最高的山爲三尼奎里（Sannequellic）的林柏山（Nimbo），其他爲西方省的朋山（Bong）及新奧（Sinoe）鎮的尼特山（Niete）及柏都山（Putu）。

氣候

賴比瑞亞雖屬熱帶性氣候，但却沒有熱帶氣候的炎熱及瘴濕與不適健康的氣候，該國最熱的月份爲二月及三月，溫度最高可達攝氏三十二度點二，亦卽華氏九十度，最凉爽的月份爲八月及九月，白晝的溫度可能降至攝氏十八度點三，亦卽華氏六十五度。

沿海地區由於海上微風的調節，氣溫宜人，內地有時冷至山巔降霜。

賴國一年中可分爲雨季及乾季兩季，事實上，雨季時有風和日麗的情形，乾季時亦有霖雨普降的情形，故實際上很難予以嚴格的區分，但歷來均以十一月至四月爲乾季，五月至十月爲雨季，年雨量平均爲一百五十至一百七十英寸，七月底或八月初必有連續二週的晴天，此稱爲「乾季中期」（Mid Dries）。

總括言之，賴國氣候是高溫多濕，尤其海岸線爲然，適於木本作物。

丙、農業經營現狀

地理條件

賴比瑞亞的氣溫及雨量已如上述，至於賴國的土壤，一般均爲熱帶地區所常見的鐵礬土，約佔總面積的四分之三，係由火成岩所分化而成，或由未鞏固的岩石質所形成，前者較爲肥沃，中央高原地區大部均屬此種土壤，而後者可在崎嶇不平的地形中發現，沿小河床地區則可發現一些肥沃冲積土壤，而沿海地帶的土壤，多由海洋層沉積物質所形成。

賴國土壤的肥沃程度與降雨量成反比例，此乃由於土壤的高度多孔性質，滲濾的快速，以及極易侵蝕等原因所造成，除若干例外情形外，最肥沃的地區皆為年雨量不到一百英寸的地方。由於土壤和氣候情況的原因，故樹木作物要較農田作物更適宜於種植。

勞動力

根據世界糧農組織一九六八年的年鑑報告，賴國全國的總人口有一百零七萬人，據我外交部一九七〇年五月的統計，賴國全境人口有一百一十三萬一千人，其中農業人口為八十五萬六千人，百分比為百分之八十，該國從事經濟活動的人總共有四十二萬五千人，其中從事農業者佔三十四萬人，百分比亦達八十。由此可知，賴國藉賴農業為生的人仍佔絕大多數，換言之，她的勞動力應該是不成問題的，其所須注意者，當然是耕地的開墾，耕作方法的改良，耕作技術的革新。我派駐非洲的農耕隊，以駐賴農耕隊為最早，現成績斐然，深得該國政府及人民的重視，詳情容後介紹。

賴國面積雖小，但有二十八個種族居於其間，所通行的語言為英語，各級學校一律教授英語，但各族仍保有其自己的語言及傳統之風俗習慣。維(Vai)，巴沙(Basa)，洛馬(Lorma)等三種語文可以書寫，惟在官方文書及通訊方面並未普遍使用。

賴國西方省與中央省的居民非常勤勉，他們都是優秀的土布紡織者，以當地出產的棉花用手工織成粗布，紡紗由婦女擔任，織布則由男子擔任。除紡織外，土著居民尚從事金，銀，陶器，象牙，木刻及皮革等工作。這些土產，均可表現出他們的技巧與創造力。

主要農作物

賴比瑞亞全部面積約有百分之五十適合於耕種，特別適合於木本作物。根據一九六八年世界糧農組織發表的數字，賴國已利用的土地有一千一百一十三萬七千公頃，其中耕地有三百八十四萬四千公頃，牧地有二十四萬三千公頃，林地有三百六十二萬二千公頃，耕地中以沿海岸線五百六十四公里內的土地爲最佳。

就土壤的分析，賴國農作物可分爲三類：

(1)極適合賴國土壤者（施肥後產量可大增，不施肥，亦可生產）：包括橡膠、芒果、油棕、咖啡、可可等。

(2)適於集約耕種者（同時需施肥）：包括米、穀類、馬鈴薯、樹薯、豆類、煙葉、胡椒、香蕉、甘蔗等。

(3)不適於賴國土壤者（卽用集約耕作法亦無成效者）：包括蕃茄、包菜、香瓜、蘿蔔、柚、葱、花菜、萵苣、硬花甘茲（Broccoli）、漆樹菓（Cashewnuts）等。

賴國國民主要的糧食爲稻米、樹薯、馬鈴薯、羊角蕉及山芋等。此外，並食用各種肉類，海味及蔬菜、橘子、葡萄、香蕉、西瓜、黃瓜、秋葵、扁豆等亦多種植。

賴國最主要的農作物計有橡膠、可可、咖啡、棕櫚產品，香蕉及稻米等，玆分別略介如後：

(1)**水稻**：稻米為賴國主要糧食之一，且產量不多，故年輸出，根據一九六八年世界糧農組織的報告，該項作物全國總面積為十九萬公頃，年產量為十五萬二千公噸，單位面積產量平均每公頃為八百公斤。

(2)**花生**：此項作物，在賴國產量不多，根據世界糧農組織的報導，全國種植面積僅三千公頃，全年總產量僅二千公噸，單位面積產量平均每公頃僅六百一十公斤。

(3)**樹薯**：此項作物亦為賴國主要食糧之一，根據世界糧農組織統計，其全國種植總面積為六萬四千公頃，全國總產量為四十三萬公噸，單位面積產量平均每公頃為六千七百公斤。

(4)**棕櫚仁及油**：此項作物為賴國主要輸出農作物之一，根據一九六八年世界糧農組織的報告，其種植面積及單位面積產量均不詳，僅知其棕櫚仁全年總產量為一萬四千公噸。棕櫚油全年總產量為四萬一千五百公噸。

(5)**咖啡**：此項作物亦為賴國輸出農產品之一，據世界糧農組織報導，亦不知其種植面積及單位面積產量，僅知其全年總產量為三千四百公噸。

(6)**可可豆**：同樣的，僅知其年產量為一千九百公噸，亦為該國輸出農產品之一。

(7)**天然橡膠**：此項作物種植規模較大，是賴國經濟上最大的單一外銷品，其重要性正在不斷增加中。根據一九六八年世界糧農組織所發表的統計，該項作物在賴國的年產量爲六萬二千三百公噸。

交通運輸

賴國爲求經濟的迅速發展及加強國內各種族團結起見，對交通建設特別注意。按目前情形，賴政府比較注意公路及航空事業的發展。

(1) **公路**：公路是賴國內陸運輸的骨幹，在一九六七年時，賴全國公路總長爲一千八百八十英里。其中主要者有七線，次要者有三線，共計十線，約有三分之一的公路爲全天候公路。美國瑞典礦業公司(Lamco)正擬修建自用公路一條自布肯南(Buchanan)港至中央省的根塔(Ganta)附近與第三號主要公路連接，通往林柏山 (Nimba Mts.) 礦場。

(2) **鐵路**：賴國的鐵路均與礦區相連接，彼此互不相連，多爲替鐵礦公司拖運鐵砂與貨物之用，惟最近亦已考慮運用若干條鐵路以自內陸地區將木材運至海岸，全國鐵路總長約爲三百英里。

(3) **河運**：可分兩部份說明：

a. 內陸小徑與河道：擴大的公路網尚未能抵達的很多內陸區域，仍多半依賴小徑作爲運輸骨幹，內陸河道亦提供運輸用途，沿澤灣及接近海岸的內陸溪流，早已航行獨木舟。賴國的溪川河流，幾乎均有陡峭的坡度及綿延的岩石急湍，平原地區則屬例外，由於此種情形，對內陸河道運輸實多障碍，而對內陸經濟的開發，其可能性亦大爲減少。

b.船舶運輸和港口：賴國主要船舶運輸公司有二：一爲 Farrell Lines，一爲 Delta Lines，此兩運輸公司負責北美洲各港口的運輸，其他輪船公司則負責歐洲，遠東和其他各地至賴國的運輸，同時，也有若干輪船公司對其他非洲港口提供海岸運輸服務及賴國各港口間的有限度運輸。

賴國最主要的港口爲首都蒙羅維亞自由港，第二港口爲布肯南，第三港口爲格陵維爾 (Greenville) 港。

(4)**空運**：全國有飛機場十個，其中最大者爲距蒙羅維亞八十公里的羅伯滋 (Roberts) 國際機場，該機場設備完善，可供噴射機起落。其他次要機場則有蒙羅維亞的潘恩 (Payne) 機場，布肯南港的蔡斯曼 (Chesseman) 機場等。法國航空公司，汎美世界航空公司，依索比亞航空公司均有班機經過羅伯滋國際機場。

對外貿易

對外貿易，對賴國而言，確屬重要，佔國內生產毛額百分之五十五的鐵砂和橡膠生產，幾乎完全供銷國外市場。賴國的輸出，以農產品爲主，礦產次之，輸入則以工業品，機器，糧食爲主，茲根據一九六八年世界糧農組織年鑑統計，將賴國主要農產品之輸出入情形簡介如後：

輸入品

(1)**馬鈴薯**：全年輸入量爲七百八十公噸，價値十二萬四千美元。

(2)**稻米**：年輸入稻米量爲四萬零三百公噸，價值七百五十四萬美元。
(3)**蔗糖**：年輸入量爲三千八百公噸，價值四萬九千美元。
(4)**菸草**：此項農作物的年輸入量爲三百七十二公噸，價值四十七萬美元。
(5)**玉米**：輸入量較少，以一九六六年爲例，其輸入量爲一百公噸，價值一萬美元。

輸出品

(1)**棕櫚及仁**：年輸出量爲一萬公噸，價值一百四十四萬美元。
(2)**可可**：此項作物的年輸出量爲一千五百二十公噸，價值五十二萬三千美元。
(3)**咖啡**：咖啡輸出量較多，年輸出量爲八千九百一十公噸，價值五百七十九萬美元。

賴國對外貿易主要的國家爲美國、英國、荷蘭及西德，對美國出口重要者爲橡膠、可可、咖啡等；對英國的重要出口品爲橡膠、、可可、棕仁等；對荷蘭出口重要者爲棕仁、可可、咖啡、棕櫚纖維等；對西德出口重要者爲橡膠、棕仁、可可、咖啡、棕櫚纖維等。亞洲國家中與賴貿易最多者爲日本。

丁、農業潛力的開發

賴國的農業基本問題爲實施現代化的耕種以增加生產，同時，注意保持土壤，不使敗壞。

本地人的耕種方式，仍沿用舊式方法，與其他所有熱帶農民採用者相同，其開墾耕地的習慣，係先將原始森林的荊棘剷除，然後砍伐樹木，焚燒全部樹幹，而將土地鋤鬆，以備種下旱稻或樹薯幼苗，稻子在五月揷秧，九、十月間收穫，樹薯幼苗，經播種後，約八、九個月的時間，卽可成熟，如此種植一年後，土地肥力卽消耗淨盡，於是土人卽予放棄，重新在他處開闢新耕地，這種做法，據估計每年約損失二萬公頃的森林。

自西元一九六一年十一月廿九日起，我政府首先派遣一農耕隊駐賴，協助該國從事農耕工作，一方面將我在臺灣實施的小農經營制介紹給該國農民，一方面也將現代農業技術，如農機具的使用與修護，土壤的保持，病蟲害的防治，優良品種的選擇，農田灌漑等方法教導給該國農民，若干年來，賴國農民已經習慣於我農耕隊所介紹給他們的方法，同時，單位面積的產量也已增加。這對該國農民無異是一大鼓勵，故賴國政府與人民對我農耕隊具有無限的好感，在世界組織中每予我全力支持。茲將我農耕隊在賴國工作情形，簡介如後：

駐賴比瑞亞農耕隊

壹、成立日期：

民國五十年十一月二十九日。

貳、編制人數：

隊長一人，副隊長二人，技師九人，分隊長二人，小組長五人，隊員二七人，計四六人。

叁、隊址：

寧巴(Nimba County)縣，貝丁(Gbedin)村，距賴京蒙羅維亞(Monrovia)約三〇〇公里。

肆、分隊分佈情況：

分隊名稱	成立日期	工作人員					距離隊部(公里)
		隊長	副隊長	技師	隊員	合計	
哈拍(Harper)	五三年十一月	—	—	一	三	四	五〇〇
強生(John-sonuille)	五五年十二月	—	—	一	三	四	二七〇
海培(Harbel)	五八年十一月一日	—	—	一	一	二	三〇〇
逢甲瑪(Voinjama)	五八年七月二日	—	—	—	二	二	

伍、示範區地址及面積：

哈拍(Harper)　二四・一五公頃
強生(Johnsonville)　三・七〇公頃
貝丁(Gbedin)　五・三三公頃
逢甲瑪(Voinjama)　二・〇〇公頃
海培(Harbel)　二・〇〇公頃

合計	三七・一八公頃

陸、推廣區地址及面積：

貝丁（Gbedin）	八七・六九公頃
哈拍（Harper）	三三・九五公頃
逢甲瑪（Voinjama）	二四・〇〇公頃
合計	一四五・六四公頃

柒、工作計劃：

一、繼續完成貝丁，哈拍，強生三區之開墾示範訓練工作。

二、協助賴國推廣各郡稻作區（Rice Zone）之稻作生產計劃。

三、增派農技人員至各稻作區協助輔導稻作栽培。

四、增設海培分隊從事開墾示範工作。

捌、工作概況：

一、示範工作：

㈠稻作：

民國五十六年示範品種爲臺南三號、臺中在來一號、高雄二七號等，其中以臺中在來一號及高雄二七號產量較高，適應性最穩定，每公頃平均產量爲四、五〇〇至五、〇〇〇公斤，較當地一般品種產量高六倍以上，又曾以 IR-8 品種示範，單位面積產量達八、二五〇公斤，第一期作水稻示範品種為臺南三號，嘉農二四二號，單位面積產量前者為六、四五五公斤，後者為六、一六〇公斤。

陸稻試種結果以東陸三號，白穀早產量較高，一為六、五四五公斤/公頃，一為四、〇一二公斤/公頃。

㈡雜作：

該隊曾種花生臺南六號，每公頃產量二、四八〇公斤，臺南七號，每公頃產量二、三三〇公斤，臺農一號，每公頃產量二、四〇〇公斤，較本地種 Kuo Zlo 每公頃一、六〇〇公斤及 Kuo Blue 每公頃產量二、三九五公斤為高。又曾試種美國甜玉米，每公頃四、二〇〇公斤，臺灣百美豆每公頃產量一、四〇〇公斤。

㈢蔬菜瓜果：

種有蕹菜、莧菜、白菜、韭菜、胡瓜、蘿蔔、敏豆、包心菜、甘藍、四季豆等，成績均甚優良。

二、推廣工作：

㈠繁殖推廣稻種二、五〇〇公斤，玉米二、二七二公斤，大豆二三七公斤，甘藷種苗一萬株，甘蔗苗三萬支及蔬菜種子等，受益面積一二一・四公頃以上。

㈡技術指導八〇・九公頃以上。
㈢五十八年貝丁隊部推廣計六區六一戶，哈拍分隊六區四七戶。
㈣設立逢甲瑪推廣區，推廣水稻。

三、訓練工作：

至五十八年底止該隊已訓練農業幹部二〇名，農民五一九名，合計五三九名。訓練期間一至六月，着重尼間操作，包括稻作栽培，農機具使用及病蟲害防治等。

四、水利設施：目前現有水利設施計灌水路三、〇〇〇公尺，排水路三、九七〇公尺，水壩三處，其他構造物五六座。

十二、茅利塔尼亞伊斯蘭共和國 (Islamie Republic of Mauritania)

甲、概　述

茅利塔尼亞的歷史，深受回教移民的影響，茅國的國土，現已擴展至塞內加爾河 (Senegal R.) 與西班牙領土撒哈拉 (Sahara) 省之間。

西元十世紀前，當地黑人在今日國境內的西部與北部與巴福族(Bafour)相接觸。

十一世紀時，朗都納(Lemtouna)牧人的首領雅夏本依布拉希 (Yahia ben Ibrahim) 向遠處進香，當他返回阿特拉 (Adrar) 省時，曾帶來一個學問淵博的學者阿達拉本亞仙 (Abdallah ben Yacine)，雅，阿兩氏進行勸人信教運動，但遭到反抗，結果，乃同行退至諾克少 (Nouakchott) 附近的里巴(Ribat)修道院。旋有許多信徒從遠處趕來聚會，其中最著名的爲阿拉延人(Almrabtin)及阿摩拉維人(Almoravides)。

十六世紀初，一個阿拉伯部落，名叫馬基爾 (Maquil) 的，由於內部的紛亂，先後自阿拉伯，埃及，北非被逐出，而移居於茅利塔尼亞，經與當地人民數次衝突後，乃於十七世紀中葉建立今日的特拉薩 (Trarza) 和布拉克納 (Brakna) 兩省。

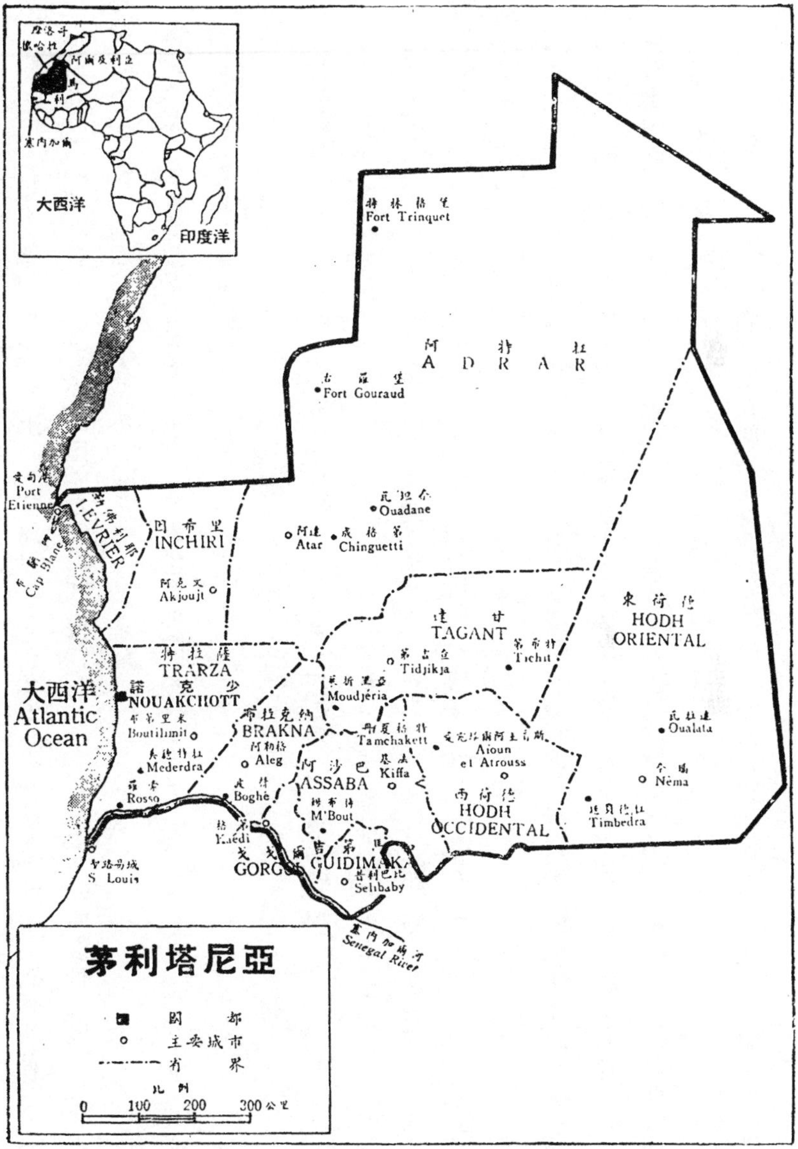
茅利塔尼亞
大西洋
印度洋
ADRAR
Fort Trinquet
Fort Gouraud
Port Etienne
Cap Blanc
LEVRIER
INCHIRI
Ouadane
Atar
Chinguetti
Akjoujt
TAGANT
HODH ORIENTAL
TRARZA
大西洋
Atlantic Ocean
NOUAKCHOTT
Tidjikja
Tichit
Moudjéria
BRAKNA
Boutilimit
Aleg
Tamchakett
Aioun el Atrouss
Oualata
Mederdra
ASSABA
Kiffa
Néma
Rosso
Boghé
M'Bout
HODH OCCIDENTAL
Timbedra
Kaédi
GORGOL
GUIDIMAKA
Selibaby
S. Louis
Senegal River
0
100
200
300

茅國境內，在南方塞內加爾河谷上，大都爲由北方被驅逐而來的黑人所居住，他們已是定居的農民，他們安靜地停留在該區，生活在該區；在塞內加爾河以北，所有自大西洋至蘇丹邊境，及向北至摩洛哥 (Morocco)，均爲阿拉伯人的勢力範圍。

歐洲人最先到達茅境的是葡萄牙人，他們在沿海建立基地以後，不久卽予放棄。故其眞正來往頻繁，當係十七世紀以後的事。

西元一八三五年，一八五八年，一八七七年歐洲人與茅境特拉薩省的回教領袖訂約；一八五八年又與布拉克納族訂約；一八八五年又與依島埃希 (Idaou Aich) 的回教領袖訂約。

西元一九〇四年，茅境沿大西洋岸的愛甸 (Port Etienne) 地方被建爲漁港。第一次世界大戰期間，尼日河流域及塞內加爾河流域地區有暴動；第二次世界大戰期間，異教徒屢次被襲擊；一九五七年間阿特拉大變亂；一九五八年二月間暴徒侵入阿特拉省的特林格堡縣(Fort Trinquet)，迫使法軍與西班牙軍聯合清剿。

西元一九〇三年五月摩爾人所居留的地區被列爲法國的佔領地，所謂摩爾人是阿拉伯人在茅國北部地區所形成的一種種族社會，它的社會裏有戰士，傳教士及納稅平民三個階級。戰士大都爲阿拉伯人，傳教士中的優秀份子，扮演社會上的評議員角色，調處民間糾紛，不受教會干涉，平民則分納稅平民及勞力平民兩種。到一九二〇年十二月四日，法國政府便將茅利塔尼亞改爲殖民地。

第二次世界大戰後，茅利塔尼亞成爲法蘭西共和國的一部份，與其他法屬西非七個國家，構成法國西非聯邦。十年後，法國政府允許茅國有自己組成的內閣，一九五八年十一月，茅利塔尼亞伊斯蘭共和國成立。但仍爲法蘭西社會會員國，首都從聖路易（St. Louis）城遷至諾克少（Nouakchott）。

茅國的人民生活方式，可分爲遊牧及定居兩種，定居者多集居於塞內加爾河谷的村落裏，村落旁邊，多爲種植黍及玉蜀黍平原。遊牧者的行正則依牲畜羣的生活環境而定，一般而言，在冬季裏，大夥兒北上與家屬團聚，一至旱季，約自十月開始，又復南下，逐水草而居。遊牧人以駱駝皮毛所製的帳幕爲住所；以小米，棗、駱駝奶爲食物。男女衣服俱爲棉布所製，染成藍色。

茅利塔尼亞於一九六〇年十一月二十八日獨立後，在一九六一年三月一日改行憲法，以總統制代替過去的內閣制。總統由普選產生，任期五年。至於立法機構，僅有一單院制的國民大會，由直接普選產生的四十名代表組成。

茅國的行政系統，除中央政府外，全國可分爲十一個省（Cercle），省以下設縣。茲將其名稱及首邑列後。

⑴阿特拉（Adrar）省，首邑爲阿達（Atar）。
⑵阿沙巴（Assaba）省，首邑爲基法（Kiffa）。
⑶勒佛利亞灣（Levrier）省，首邑爲愛甸港（Port Etienne）。
⑷布拉克納（Brakna）省，首邑爲阿勒格（Aleg）。
⑸戈戈爾（Gorgol）省，首邑爲格第（Kaédi）。

(6)吉地馬加（Guidimaka）省，首邑爲昔利巴比（Selibaby）。
(7)東荷德（Hodh Oriental）省，首邑爲奈瑪（Néma）。
(8)西荷德（Hodh Oceidental）省，首邑爲愛宛愛爾阿土魯斯（Aïoun el Atrouss）。
(9)因希里（Inchiri）省，首邑爲阿克文（Akjoujt）。
(10)達甘（Tagant）省，首邑爲第吉查（Tidjikja）。
(11)特拉薩（Trarza）省，首邑爲羅索（Rosso）。

乙、自然環境

位置與面積

茅利塔尼亞伊斯蘭共和國（Islamic Republie of Mauritania）位於非洲的西北部，西臨大西洋；北爲西班牙屬撒哈拉；南隣塞內加爾；東及東南與馬利相接；東北與阿爾及利亞相連。就經緯度言，東起自西經五度，迄於西經十七度；北起北緯十六度，南迄北緯二十七度。面積一百零八萬五千八百零五平方公里，相當我臺灣省面積的三十倍。

地形

依地形，茅國可分爲二個地區：

(1)**亞沙漠地區**：此區位於茅國南境，其範圍爲自塞內加爾河谷起，向北伸展，以迄諾克少（Nouakchott），慕折里亞（Moudjéria），丹夏格特（Tamchakett），愛宛愛爾阿土魯斯（Aïoun el Atrouss），奈瑪（Néma）諸城所構成的橫線爲止。

此區爲固定的沙坵，或稱爲宛沙坵及平坦的平原所構成。年雨量經常超過一百公厘，遍地爲茂盛的草及橡樹，這些草和橡樹把沙坵固定，不使飄動，現已成爲放牧牛羊的良好牧地。

塞內加爾河谷每年爲河流的洪水所氾濫，土壤肥沃，適宜於種植小米，黑人多固定居留於此。

(2)**沙漠地區**：此區在上述亞沙漠地區以北，爲遍布流動沙丘與砂礫平原的磽瘠地帶。降雨量極不正常，每年平均不及一百公厘，樹木稀少而瘦弱，雨後有青草，但不久又爲烈日及乾燥的風所灼燬。此區絕少水源，故牲畜多爲駱駝，山羊，綿羊等。

茅國的海岸線幾乎是一直線，甚爲低落，因係一條沙帶，經常有巨浪湧進，故極難與之接近。沿海地區爲境內雨量最少的地區，一年中僅有數日降雨，年雨量不過二十四公厘。勒佛利亞（Lévrier）爲沿海岸唯一的深港灣，爲船舶的良好蔭蔽所，著名的愛甸港（Port Etienne）卽位於此灣內，沿海地區的北部，爲一平坦而低落的平原，過去，爲洪水氾濫時所淹蓋，現則爲一連串與海岸平行的沙丘；形成爲與海水的分界線。

阿特拉高原（約五百公尺高）與達甘（Tagant）高原（約三百公尺高）是阿沙巴（Assaba）及阿佛勒（Affolé）兩高原的延伸，構成若干塊狀叢山，此等叢山雖不甚高，但甚多險峻絕壁。這些山地，雨量較沙漠地區爲多，適合棕櫚樹的生長，棕櫚林的旁邊，數世紀以來，卽爲人民所集居的聚落所在。

河流

茅利塔尼亞境內的河流多爲間歇性的河流，有的河流在冬季時，於阿特拉，達甘及阿沙巴等地奔流，但一至旱季則變爲乾涸。唯一眞正長年存在的河流爲塞內加爾河，這條河構成了茅國南部與塞國的界河。

茅國的水流較少，因此，各地均開鑿水井，水井的深度不一，有的爲四公尺，有的爲八公尺，視地區的不同而變易，水井的水，常帶鹹味。

氣候

茅利塔尼亞大部份地區均爲沙漠，故氣候很熱，除南部若干地區外，大部份皆屬乾燥性氣候。沿海一帶常吹北風及西北風；在內陸地帶則常吹東風及東北風。

就氣候觀點，茅境氣候可分爲四區。

(1) **愛甸港地區**：此區因受海風的調節，氣候較爲溫和，很少有高溫度出現。

(2) **諾克少地區**：這是首都區域，此區也受到海風的影響，但當炎熱季節時，其溫度之高與內陸無大差別。

⑶**河流及其附近地區**：這區以塞內加爾河谷爲主，每年約有六個月至七個月的炎熱天氣，不但熱，濕度也很高。此區雨季很短，約自七月至十月，惟晝夜間的溫度則相差不大。

⑷**沙漠地區**：此區特徵爲雨量稀少而不正常，一年中有七，八個月的時間溫度白日極高，入夜則急劇下降。

丙、農業經營的現狀

地理條件

茅國爲一貧瘠地區，大部份國土均爲沙漠，氣候極熱，除南部若干地區外，大都份異常乾燥。因雨水稀少，故農業發展極爲困難，然而茅國的經濟，迄目前爲止，幾乎完全依賴自耕自食的農業及畜牧業。現今農耕地大都集中在塞內加爾河谷及山地；畜牧地區則在中部及北部，主要的外銷農產品爲阿拉伯樹膠，國內消費的主要作物爲小米，棗，玉蜀黍等。

勞働力

根據一九六八年世界糧農組織的統計，茅國全境的人口爲一百萬零五千人。其中農業人口佔九十三萬六千人，佔總人口百分之八十九。在從事各種經濟活動的三十八萬五千人當中，眞正從事農業工作人員卽有三十四萬五千人。比例之高亦達百分之八十九。

茅國的人口亦是非洲國家中較少人口的國家之一，人口密度，目前略有增加，約爲每平方公里一點五人。

茅利塔尼亞的人口，在各地區分佈極不均勻，例如塞內加爾河谷的若干縣區，每平方公里有三十五人；在戈戈爾區(Gorgol)，僅八千一百平方公里，便住有六萬人。另在沙漠地區人口則較稀少，且愈趨北方，密度愈小，阿特拉省，面積有四十八萬九千平方公里，而人口只有五萬人。

定居的黑人，全部爲農民，均在北緯十七度以南，卽布第里米(Boutilimit)至丹夏格特(Tamch-akett)的一條線上，在沙漠地區的勒佛利亞(Levrier)，因希里(Inchiri)，阿特拉(Adrar)，達甘(Tagant)諸省，則均爲摩爾(Maude)人的遊牧地。

茅國人口的增加率，亦卽勞動力的來源，是隨地區而不同的。在黑人方面增加率約爲百分之二點四；程度較高的摩爾人增加率爲百分之七，納稅的平民則爲百分之一點五。

除農村外，茅國主要城市的人口；如首都諾克少約有一萬多人；茅國唯一海港愛甸港約有五千多人；塞內加爾河沿岸的格第(Kaédi)約有九千多人；北部銅，鐵礦附近的阿達(Atar)約有六萬五千人；塞內加爾河沿岸的重鎮羅索(Rosso)約有四千多人。

主要農作物

根據世界糧農組織一九六八年的統計，茅國全境土地利用的總面積有一億零三百零七萬公頃，其中耕地僅佔二十六萬三千公頃；牧地則有三千九百二十五萬公頃；林地有一千五百十三萬四千公頃。所以茅國的耕地面積不大，影響農作物的生產量不小。茲誌其主要農作物栽植情形如後：

⑴**小米**：小米是茅國人民主要糧食之一，大都為塞內加爾河谷的黑人所種植，所產幾乎全為國內所消耗。塞內加爾河區域小米的產量佔全國總產量百分之八十二。其中塞內加爾河泛濫區產量則佔百分之七十九，其餘百分之二十一產於泛濫區以外的四周地區。

鳥害為小米收成的一大威脅，每年約有百分之二十的收穫量遭到損害，現已與塞內加爾國共同成立防鳥組織，以期減少損失。

⑵**棗子**：棗樹多集中於中部叢林地區，因地下水源充足，種植事業日漸發達，產量也逐漸增加，近年來，為了儘量利用土地，已在棗林間間種穀物。菸草，蔬菜，指甲花。棗產多在國內消費，很少外銷，運輸不便，也是擴展棗產外銷的一大障礙。

⑶**阿拉伯膠**：阿拉伯膠在茅國為一天然生長的植物，僅需極少的人力，即可大量種植。種植時，應特別防止供水的分散，故所種植的數量不能超過供水量。於收成時，工人們應特別小心，切勿將樹皮割去太多，使樹受到損害。

⑷**稻米**：除在吉第馬加（Guidimaka）省有少許生產外，其他地區因缺水，而無法種植，其他農產品如玉蜀黍、紅豆、番薯、花生、西瓜、大麥、小麥等也有出產。惟所有產品，僅能供應國內消費而已。

畜牧業

畜牧事業為茅國現金最主要的收入來源，主要的畜類為綿羊、山羊、牛、駱駝、驢、馬、茅國的肉類出口因缺乏冷藏設備而受到限制。

在茅國農經部之下，設有牲畜服務處，主要工作目標為管理牲畜的衛生狀況。近年來，該處正努力現有市場的改進，與建新市場並促成畜產品的工業化。

漁　業

捕魚業多在塞內加爾河沿岸及領海，公海中進行，沿河，沿海的黑人多以捕魚為業，尤以羅索，波赫（Boghé），格第，阿沙巴省的南部等地區，漁民為最多。漁產一部份在國內消費，一部份運往塞內加爾出售。

大西洋沿岸魚產較多，獲利也較豐，但內海漁業發展的希望不大，因僅愛甸港一帶可資作業耳。政府現正計劃在愛甸港擴充設備，期使每年四萬公噸的魚產，可以加工出口，這計劃如能獲得成功，則對茅國漁業的發展幫助很大。

交通運輸

茅國現尚無鐵路，茲僅就其公路，航空及海港等加以簡單介紹：

(1)**公路**：主要公路為由南而北，縱貫全境的茅利塔尼亞縱貫公路（Trans Mauritania Highway），此路雖為泥土路面，但仍可全天候通行，縱貫路起自塞內加爾河南部，經首都諾克少，阿克文（Akj-oujt），阿達，古羅堡（Fort Gouraud），特林格堡（Fort Trinquet）至北部茅利塔尼亞及阿爾及利亞（Algeria）邊境為終點。全國現有公路共長約一千七百公里。

茅國的縱貫公路，將來很可能延長，經阿爾及利亞直達摩洛哥（Morocco）的亞加地（Agadir）。亞加地為大西洋沿岸的一城市，她距卡薩白蘭卡(Cassblanca)西南約三百二十六英里。

茅國公路運輸最繁忙的路線，是自塞內加爾聖路易(St. Louis)至首都諾克少的一段，全長約二百八十公里，塞內加爾河無橋樑，車輛過河，必需利用古老的輪渡。緩慢而具危險。

(2)**港口**：茅國的海港以愛甸港為最主要，它位於塞內加爾河以北三百七十三英里處。該港每年吞吐量不大，僅約九千多公噸，茅國目前大部份物資仍由塞內加爾國首都達卡（Dakar）港進出，茅政府現正計劃開發愛甸港，其主要項目，包括：①興建設備，供內海及外海漁船使用②設立本國漁船中心③修建現有設備，如公路，倉庫及照明等。④擴大漁港的加工業。

茅國除現有的愛甸海港外，尚有塞內加爾河沿岸各河港，如羅索，波赫，格第等。

(3)**航空**：茅國首都諾克少機場為國內最大的機場，近年來，在設備方面已大有改進，設有空運中心及氣象所，惟從國際標準言，諾克少機場仍屬二等機場。境內除諾克少二等機場外，其餘各地如艾宛阿土魯斯（Aioun el Atrouss），阿克文（Akjoujt），阿達（Atar），古羅堡（Fort Gourand），格第

(Kaédi)，基法(Kiffa)，愛甸港(Port Etienne)亦均有機場。這些機場，現亦正由茅國公共工程部逐漸加以改善中。

對外貿易

茅利塔尼亞主要輸出品有漁產，鹽，樹膠及畜產。主要輸入有建築材料，運輸設備，石油產品及機械，電氣設備等。

茅國主要貿易對象爲法及其他法郎地區的國家。此外，美國、義大利、英國、德國等亦有往來，但貿易額不大。茅國的乾魚，鹹魚，燻魚輸出量很大，據早年的統計，此類輸出品約佔輸出總額的百分之六十強。但輸出對象，並非海外市場而是隣國塞內加爾，馬利，南阿爾及利亞等。

阿拉伯膠的輸出，近年似有減少的趨勢，其主要市場爲歐洲，至於畜產，綿羊，山羊及牛隻等則大部銷往塞內加爾國。

就價值而言，茅國主要的輸入品爲蔗糖，紡織品，綠茶及小米。近年來，由於愛甸港的擴建與改善設備，所以鋼鐵製品及建築材料，運輸設備，機械電氣等進口亦不在少。

茅國的全部輸出入，尙難有正確的統計，因與隣國塞內加爾及馬利間的農產品貿易尙無可靠記錄可資稽考。惟根據世界糧農組織一九六八年的場告。茅國農產品的進口情形可簡略介紹如後：

(1)**馬鈴薯**：進口一千六百公噸，價值一萬七千美元。

(2)**稻米**：進口四百公噸，價值四萬美元。
(3)**蔗糖**：進口四千五百公噸，價值六十九萬美元。

丁、結　語

茅利塔尼亞大部份國土皆為沙漠，氣候炎熱，晝夜溫差較大，雨量稀少，土壤貧瘠，因此，發展農業極端困難。及茅國礦產資源，如銅，鐵等固可開發而推動經濟發展，但農業及畜牧的改進則更為重要。此外，茅國的運輸，教育及社會結構亦不甚健全，換言之，均需長期投資，大量投資始有成效。政府刻正注意這些問題，若能實事求是，切實謀取問題的解決，則今後若干年間，發展前途仍有希望。

目前，茅政府正計劃將遊牧者使之定居，果而，則政府推行教育及社會服務工作，就比較方便了。

我國與茅國在西元一九六〇年十一月二十八日建立外交關係，迨一九六五年七月二十二日茅國又與匪共建交，我乃於同年九月十一日宣布與茅利塔尼亞斷交。目前，匪共在該國設有「大使館」。因其與匪共往還，故我尚未派遣農耕隊前往協助其開發農業，這在善良的茅國人民言，實是一件無法估計的損失。

十三、馬利共和國 (Republic of Mali)

甲、概　述

馬利爲前法屬西非聯邦之一的法屬蘇丹，是構成法屬西非殖民地的八個屬地之一。西元一九五九年與塞內加爾聯合建立馬利聯邦，嗣於一九六〇年六月脫離法蘭西社會而獨立，一九六〇年九月二十二日，因塞內加爾的脫離，遂宣告成立馬利共和國。

馬利共和國爲西非洲一內陸國家，位於赤道以北，距海岸平均約爲五百英里，面積爲四十六萬五千平方英里，合約一百二十萬零一千六百二十五平方公里，約爲我臺灣省的三十四倍。馬利的面積較廣，其四隣的國家也較多，大致東面與尼日交界，東南面與上伏塔，象牙海岸，幾內亞相連，東北面則與阿爾及利亞(Algeria)爲隣，西面與茅利塔尼亞及塞內加爾接壤。在經緯度方面，馬利約介於北緯十度與二十二度及東經三度，西經十一度之間。

馬利於一九六〇年九月二十二日獨立後，建都於巴馬科 (Bamako)，並定法語爲官方語言，以總統爲國家的元首。

乙、自然環境

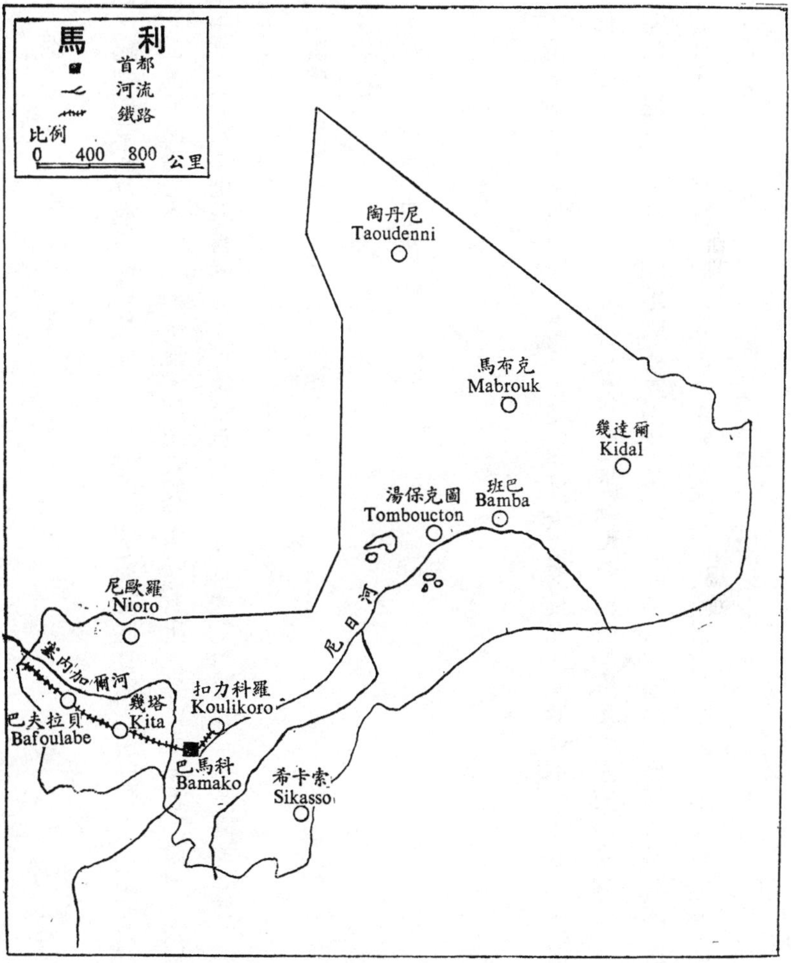
馬　利
首都
河流
鐵路
比例
0 400 800 公里
陶丹尼
Taoudenni
馬布克
Mabrouk
幾達爾
Kidal
湯保克圖
Tomboucton
班巴
Bamba
尼歐羅
Nioro
尼日河
塞內加爾河
幾塔
Kita
扣力科羅
Koulikoro
巴夫拉貝
Bafoulabe
巴馬科
Bamako
希卡索
Sikasso

氣候

一般說，馬利的氣候爲熱而乾燥的氣候，沿塞內加爾河及尼日河一帶的年平均溫度爲華氏八十六度，全國以北部的氣溫爲最高。至於雨量，則因地區不同而有所差異，大體說，南部年雨量平均約爲四十至六十英寸，而北部則非常稀少，不及十英寸。馬利全境約可分爲三個不同的季節，其時間的長短，因緯度高低而有所不同。其分配情形爲：

(1)**涼爽與乾燥季節**：從十二月起至次年二月止。

(2)**熱與乾燥季節**：從三月起至五月止。

(3)**雨季**：從六月起至十月止。

地形

馬國大部份土地爲平坦或起伏的高原，這些土地大都爲長滿樹木的草地所遮蓋，境內南部與東部均爲高地。佔全國三分之一土地的北部則爲撒哈拉沙漠，該區有沙坵及沙漠植物生長。

塞內加爾河，尼日河及其支流地區，爲馬國人民生活的中心。塞內加爾河及其支流，流經西南馬利而至西北馬利、尼日河系統流向東北，然後繞一大圈後流向東南、馬利最肥沃的土地，位於巴馬科與廷巴克圖（Timbuktu）之間沿尼日河的內陸三角洲。現爲稻作區。

馬利境內有孟丁果（Mandingo）及息卡索（Sikasso）兩高原，係由西南方幾內亞山地之延伸而形成。

丙、農業經營的現狀

地理條件

馬利大部份國土，均在撒哈拉大沙漠中，因此雨水非常缺少，嚴重的危害了農業生產。

根據世界糧農組織一九六八年年鑑統計，該國可利用耕地面積約一億二千四百萬公頃，惟農地僅有一百二十二萬一千公頃，牧地三千六百九十萬公頃，林地則有四百五十二萬公頃。從上面的數字看，馬利的農業土地利用是未如理想。

在尼日河的珊珊亭（Sansanding）地方，法人建有一座水堰，使水位提高四公尺餘，以利用該河水灌溉兩側水田，該區現已成為主要水稻栽植區域。

勞働力

至於勞動力，可自其現有人口窺視一般，目前，馬利的人口約有四百八十萬（根據我外交部五十九年五月的統計），其中農業人口約佔四百萬，而直接從事農業生產工作者僅一百九十三萬五千人，為數較少，這數字可有二種解釋：一為國境內大部份為沙漠，自然條件太差，多數人無法從事農業生產；另一解釋便是人民死亡率高，加以天氣炎熱，形成懶惰習性，大家不願從事辛苦的農耕工作。

主要農作物

馬利的農產品主要爲供國內消費，其重要者，計有：

⑴**花生**：農民們因未注意種籽的選擇，播種及種植的方法，故產量未能提高，現因國內消費量增加，除改正此項錯誤外，並設法尋求技術援助，以提高生產量，根據世界糧農組織一九六八年的年鑑報告，馬國花生種植面積有十六萬公頃，總產量十六萬公噸，單位面積產量每公頃一千公斤。

⑵**棉花**：此與花生相同，亦爲馬國主要現金與輸出作物，產量已逐漸增加中，根據世界糧農組織一九六八年統計，該國棉花種植面積有五萬公頃，總產量有一萬一千公噸，單位面積產量每公頃爲二百二十公斤。

⑶**玉蜀黍與蘆粟**：此兩種作物爲國內市場最主要的商品，依人口的需要，預期每年將增加產量百分之二至三。依世界糧農組織一九六八年統計，此項作物耕種面積爲七萬公頃，總產量爲七萬五千公噸，單位面積產量每公頃爲一千公斤。

⑷**稻米**：這是馬國第二最重要的糧食作物，其產量雖預期可由於種植面積與生產的擴大而略爲增加，但因生產成本過高，在生產上可能受到限制，根據世界糧農組織，一九六八年年鑑報告，該國水稻種植面積十六萬二千公頃，總產量爲十四萬公噸，單位面積產量每公頃爲八百六十公斤。

(5)**樹薯與玉米**：這兩種作物爲次要的基本糧食作物，預期產量將按每年百分之二至百分之五之間的比率增加。世界糧農組織一九六八年的統計，是項作物在馬國耕種面積爲一萬公頃，總產量爲十五萬公噸，單位面積產量每公頃爲一萬五千公斤。

(6)**水菓與蔬菜**：水菓與蔬菜的栽培，主要爲了供應新設的罐頭工廠之需，近年來，已訂有若干生產計劃。

畜牧業

畜牧事業也是馬國主要資源之一，其年產牛隻約在四百萬頭以上，綿羊和山羊在一千萬頭以上，其他如駱駝及驢亦有數十萬頭，至於猪隻和家禽則更多，當亦在千數百萬隻以上。根據馬國的統計，每年活牛輸出約在八萬頭以上，屠宰後輸出的當在十二萬頭左右。

漁業

馬國爲一內陸國家，無海洋漁業可言，但沿尼日河及塞內加爾兩岸則漁業鼎盛，尤其是在塞高(Segou)與加奧(Gao)間的尼日河汎濫區域，每年尼日河漁獲量約爲八萬到十萬噸不等，其中四分之三供國內消費，餘則大部作成乾魚或燻魚輸出，

交通運輸

馬利的交通運輸系統，發展欠佳，由於鄉間交通困難，境內沒有海港，遙遠距離與不良天候，以及因此等因素而形成的高昂運輸成本，已使國家的經濟發展受到阻礙，該國運輸系統，包括：

(1)**鐵路**：這是一條長約六百四十二公里的單線鐵路，從高里葛羅（Koulikoro）向西經首都巴馬科通至塞內加爾邊境第波里（Diboli），並在該處與塞國境內鐵路相接。

(2)**水路**：有兩條尼日河水路可資交通，但限於每年七月至翌年一月間，其中一條與高里葛羅鐵路相聯接，向南四百公里，經米羅（Milo）河，通至幾內亞鐵路終點康康（Kankan）；另一條沿尼日河而下，在馬利境內航行一千四百公里。

(3)**航空**：馬利有一家國家航空公司，經營國內和國際航線。

(4)**道路**：馬利全國道路網共長約一萬一千公里，其中僅有一千四百公里爲全天候公路，五千餘公里爲次級公路及道路。

對外貿易

馬利的對外貿易統計數字一直顯示明確的入超，其主要輸入品爲飼料、汽車、汽油、建築材料、糖、鹽、啤酒等。輸出品則以花生、棉花、食米、樹膠、牛羊、皮革、乾魚等爲主。馬利的花生輸出，百分之八十輸往共黨地區，而花生輸出總數的百分之五十以上輸往蘇俄及中共匪區，這些花生的輸出，主要是爲了償付共匪與蘇俄目前在馬利實施的援助計劃。因此，馬利的外滙平衡情況仍極危急，首都巴馬科的商店過去堆滿貨物，現今貨倉空空，一無所有，這說明了該國無力輸入商品。也就是缺乏外滙的表徵。根據一九六六年的統計，其輸出入主要農產品及價值，簡介如下：

輸入品

(1)**馬鈴薯**：四百十一公噸，價值四萬九千美元，此項輸入品，無甚固定性，有時多，有時少。若干年份中，甚至沒有輸入。

(2)**香蕉**：此項農產品與馬鈴薯相似，彈性甚大，例如一九六二年輸入五百八十公噸，價值三萬五千美元，而一九六六年則僅輸入二十公噸，價值僅一千二百餘美元。

(3)**稻米**：有輸入，也有輸出，在數量方面說，輸出入均不大，每年約二三百公噸，價值不過二、三萬美元而已。

(4)**蔗糖**：每年均有輸入，數量一萬或二萬公噸不等，就一九六六年言，馬國進口二萬一千三百公噸，價值三十二萬七千美元。

(5)**咖啡**：此項農產品亦屬每年均有輸入，但數量不大，就一九六六年言，進口量爲二百一十公噸，價值五萬美元。

輸出品

(1)**花生**：花生是馬國主要的現金輸出作物之一，就一九六六年言，其輸出量爲一萬一千七百一十公噸，價值一百二十一萬二千美元。

(2)**棉花**：棉花爲馬國輸出的次要作物，不過，近年來亦有逐漸增加的趨勢，就一九六五年而言，馬國棉花的輸出量爲八千五百二十公噸，價值二百六十六萬美元。

(3)**菸草**：菸草的輸出數量較輸入量爲大，依一九六五年的情形言，菸草輸出爲二百四十二公噸，價值八萬美元，而是年的輸入則爲九十二公噸，價值僅二萬美元。一九六六年則反是，輸出量爲六十四公噸，價值三萬美元，輸入則達七十六公噸，價值只二萬美元，這進出口數量與價格的不同，恐均將與轉口及菸草的品質有關。

丁、結　語

馬利共和國受了共匪的鼓惑，經於西元一九六〇年十月二十二日與共匪建交，目前，共匪在該國設有僞大使館，並利用其地作訓練匪共特工的基地，企圖作顚覆非洲民主國家的企圖。就馬國而言，花生運往蘇俄及匪區後，不但不能增加外滙收入，反使首都巴馬科的商店貨架一無所有。這證明，凡與共產國家，尤其是中共匪幫來往的國家均無利益可言。

馬國的自然環境，對于農業發展已是不甚理想，再加與匪共建交，政治經濟社會均呈不安狀態，故其農業開發前途更是黯淡無光。我因該國與匪共建交，故迄未曾派遣農耕隊前往協助發展農業。

十四、尼日共和國（Republic of Niger）

甲、概述

在非洲旅行，無論從北非到南非，或從東非至西非，都須經過尼日，故於最初時期，尼日必先達荷美，象牙海岸，幾內亞和塞內加爾諸國而有人跡，尼日境內多草原，因此，游牧民族趨之若鶩，然而游牧民族逐水草而居，遷徙無定，故史前時期，尼日當年定居民族，亦無歷史可資考證。

十三世紀初，馬寧哥（Malingues）人在尼日河的上游及中游建立了龐大的馬利帝國，建都於尼日境內的尼阿美（Niamey），即今日尼日的首都。十四世紀末葉爲馬利帝國的全盛時期，現馬利之名卽由該國而來。在同一時期，曼丁哥(Mandingues)人於尼日河上游的莫西(Mossi)及曼布利(Manpourri)兩地又建立了曼丁哥帝國。曼丁哥人與馬寧哥人原爲同族。

西元一四六九年，馬利帝國爲宋海（Songhai）人所消滅。宋海人取代馬寧哥人後並佔領曼丁哥帝國的領土，疆域包括現在的馬利及尼日全境。宋海人在十五世紀末爲全盛時期，十七世紀初遭度瓦勒（Touareg）人及普爾（Peuls）人所瓜分。

宋海帝國被瓜分後，尼日地區爲度瓦勒人所佔領，並分裂爲無數的小部落，各部落均不相統屬，各自爲政，其後遂均爲法國人在十八世紀末及十九世紀初所征服，併入法國殖民地之內。

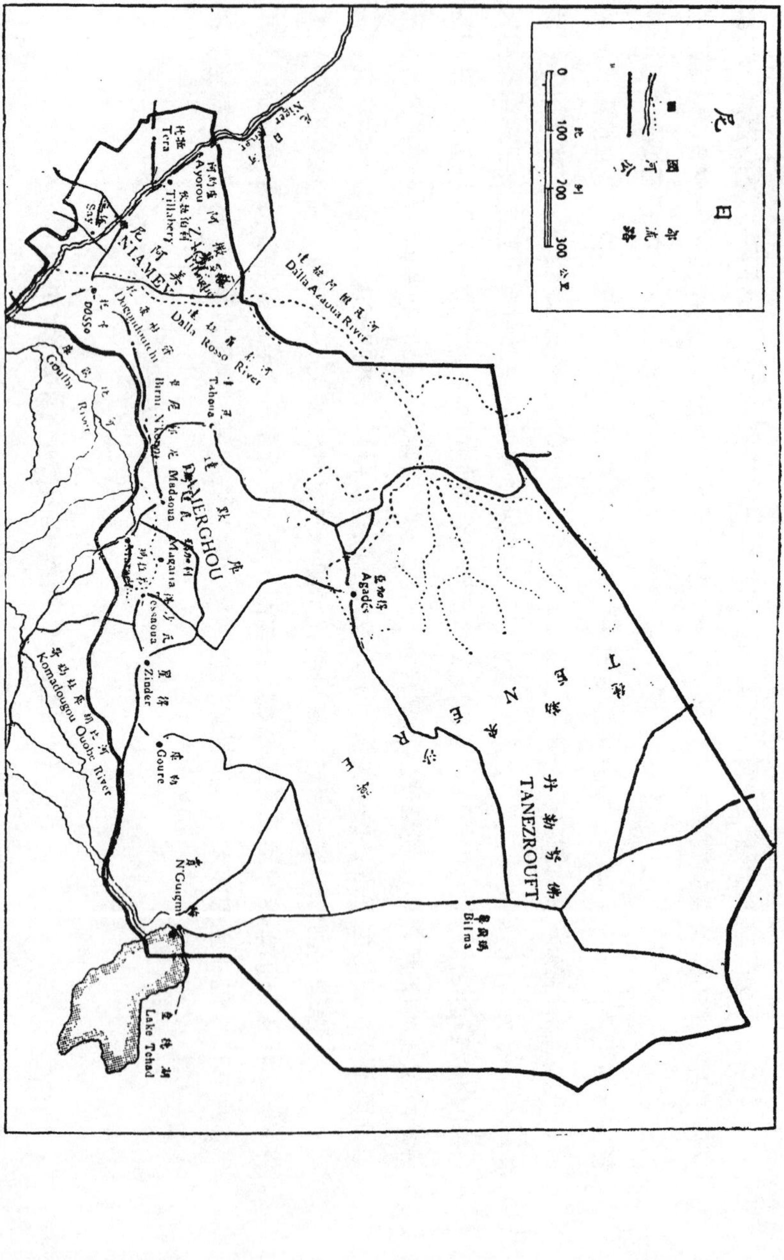
尼日
國界
河流
公路
比例
0 100 200 300 公里
Tera
Ayorou
Tillabery
Say
NIAMEY
Dallia Azaoua River
Dallia Rosso River
Dosso
Dogondoutchi
Birni N'Konni
Tahoua
Madaoua
DAMERGHOU
Maradi
Tessaoua
Zinder
Goure
Agadès
N'Guigmi
Bilma
TANEZROUFT
Goulbi River
Komadougou Ouobe River
Lake Tchad

普爾人又名富爾伯(Foulbé)人，現居於尼日境內者不多，但普爾人曾於一八〇四年至一九〇三年間建立了蘇可託(Sokoto)帝國，其範圍包括今日奈及利亞北部及尼日南部的大片土地。在一八九三年蘇可託帝國爲英國人所侵襲，至一九〇三年全境爲英人所佔領，蘇可託帝國乃告瓦解，原有土地大部份劃歸英屬奈及利亞。

歐洲各殖民國家爲避免競向非洲擴張領土而引起戰爭，乃於西元一八八五年由英、法、德、比、義、西、葡各國集會於柏林簽訂協定，劃分各國在非洲的勢力範圍。在柏林會議後，法國取得留尼旺(Reunion)，索馬利蘭、馬達加斯加、北非、赤道非洲及西非全境大部土地，法國取得西非洲後，即將之劃分爲八個區域，亦即今日之茅利塔尼亞、塞內加爾、幾內亞、馬利、上伏塔、尼日、象牙海岸、達荷美八個法語國家，並於西元一八九五至一九〇四年間，在今日塞內加爾首都達卡(Dakar)派駐總督統一指揮。

第一次世界大戰期間，一九一五年，尼日黑人軍遠征法國凡爾登(Verdun)對抗侵入法境的德軍，爲保衛法國而戰，第二次世界大戰，尼日參加聯軍反抗軸心國家。

西元一九四六年，法國憲法廢止尼日及其他西非各地殖民制度，尼日乃亦成爲法國海外地區，尼日人民亦成爲法國公民，有選舉代表參加法國國會之權。

一九五九年三月十五日，尼日宣佈成爲自治共和國，一九六〇年八月三日尼日完全獨立，今總統狄奧里當選爲獨立後的總統，定尼阿美爲國都。

乙、自然環境

位置與面積

尼日位於非洲大陸的西部，介乎北緯十二度至二十二度及東經零度至十度之間，四週均爲陸地所包圍，是個內陸國家，距幾內亞灣約七百公里，其領土的總面積爲一百一十八萬平方公里。尼日的四隣：東爲查德，南爲奈及利亞，西爲馬利，西南爲上伏塔及達荷美，北爲利比亞及阿爾及利亞(Algeria)南部的沙漠。國境東西距離爲一千五百公里，南北長約一千公里。

地質

尼日北部爲花崗岩層，屬一、二紀古生代及中生代地質。辛得(Zinder)附近產各色大理石。尼日南部大部爲三、四紀新生代地質。北部亞依

尼日農耕隊指導農民細碎土壤工作

爾(Air)山多火山岩。北部的土質爲灰色的沙漠土，全境爲撒哈拉沙漠的一部份，具有沙漠草原，僅尼日河流域及查德湖附近土質較濕潤，水草豐美，宜牧宜耕，在農業上言，可謂爲全尼日的精華地區。

地勢

尼日的地勢，大體言之，可分爲四個地理區：

(1)尼日河附近阿撒瓦(Azaoua)區：這區內以尼日河兩岸的地勢爲尤低，平均海拔僅六十一公尺。

(2)查德湖附近蒙卡(Manca)區：這一帶是屬內陸低地區，海拔僅約七十六公尺。

(3)上述兩地區，漸向中北部則地勢漸高，到中南地區達默庫(Damerghou)地方則高約一百五十二公尺。

(4)北部亞加得(Agades)以北地區：海拔約達三百三十五公尺，它延伸爲丹勒努佛(Tanezrouft)高原的一部份。而亞依爾山崛起其間，高達四百二十八公尺，其中最高山峯則達五百一十八公尺。

河流

尼日地勢可分爲四個區域，㈠尼日河附近阿撒瓦(Azaoua)區域，尤其尼日河兩岸地勢較低，海拔約六一公尺。㈡查德湖附近蒙卡(Mamca)一帶爲內陸低地，海拔約七六公尺。㈢自上述二地，漸向中山漸高，中南部達默庫(Damerghou)地區約一五二公尺。㈣北部亞加得(Agades)以北約三三五公尺延展爲丹勒努佛(Tanezrouft)高原之一部，而亞依爾山崛起其間高達四二八公尺，最高峯五一八公尺。

河流：尼日因流貫該國西南部之尼日河而得名，尼日又爲「黑人」之轉音，尼日河全長四、一八四公里，發源於幾內亞，經馬利而流入尼日境內，下流入奈及利亞境注入大西洋，尼日河流經尼日境者全長約五〇〇公里，沿岸因灌漑便利，土壤濕潤肥沃，草木最易滋長。多熱帶森林，飛禽野獸繁殖其間，不僅爲尼日最有發展希望之富庶地區，亦爲全非之樂土。

尼日河支流甚多，尼日境內有哥羅的比(Gorotibi)、西巴(Sirba)、達拉羅索(Dalla Rosso)、達拉阿斯瓦(Dalla Azaoua)及庫爾比(Goulbi)諸河。各支流多由北向南注入尼日河，僅七月至十一月雨季間方有流水，乾季則成爲游沙河，雖無灌漑價値，然諸河流域均爲豐美之草原。此外尚有流入查德湖之哥瑪杜庫胡比(Komadougou Ouobe)河，唯僅下流一小段流經尼日境，故對尼日水利價値不大。

湖泊

尼日東南之查德湖爲西非一大內陸湖，面積共二七、〇〇〇平方公里，位於尼日、奈及利亞及查德三國之間，尼日濱湖之地約一五〇公里，湖面每五年定期漲落，沿湖土地濕潤，草木茂盛，湖中島嶼星羅棋佈，並多浮洲，浮洲由叢生之蘆草根所形成，久而久之，面積廣大可達百畝，隨風漂流，位置變遷無定，爲查德湖之一大特色。

沙漠

尼日北部爲撒哈拉大沙漠之一部，統名丹勒努佛（Tanezrouft）或德勒來（Ténéré），該區一片荒漠，水草稀少，炎日酷暑，溫度極高，益以氣候乾燥，行人走獸每致曝斃，空氣稀薄，日光反照刺目，四週景物時黑時白，沙漠幻境不時出現，偶或飛沙走石，隊商駱駝時遭掩埋，丹勒努佛及亞依爾山爲全尼日最險阻之區，常人視爲畏途，僅勇健者方敢攀登探險。

草原

尼日草原遍佈，草原爲沙漠與耕地之中間地帶，利於牧畜，北部草原較少，西部及南部較多，尼日之著名城鎮，大多位於草原區域。該國著名之草原，北部有亞加得（Agades）草原及畢爾瑪（Bilma）草原。西部有斐寧格（Filingué）草原，尼阿美（Niamey）草原及托索（Dosso）草原。南部有達瓦（Tahoua）草原，瑪拉第（Maradi）草原及星得（Zinder）草原，東部查德湖附近有庫勒（Gouré）草原，巴路亞（Baroua）草原及貴梅（N'guigmi）草原，草原爲沙漠旅行商隊之樂土，蓋以彼等於歷盡艱險之沙漠旅途抵達草原後，可盡量飲食，休息，補充糧食及飲水故也。

氣候

一般爲高溫乾燥，終年酷熱，爲純熱帶大陸氣候，北部地區，氣候炎熱乾燥，人體水份發揮過甚故有「乾渴」之地之稱。

雨量自北部之阿育和（Ayorou）起南至加野（Gaya），年雨量自三〇〇公厘逐漸增至七〇〇公厘。尼日雨季及旱季極明顯，每年六月至九月爲雨季，餘爲乾季。最大雨量強度，每小時降雨五五公厘。尼日河主流，受馬利共和國境內調節湖泊羣影響，雨季水位，保持正常，乾季則河水上漲高達四公尺。沿河農田淹水季節爲每年十一月至翌年三月。不宜於農作。這是農業地理學上極有興味的事。現將有關地區氣溫及雨量列表如下：

尼日 Niamey 等地區每月氣溫表

（根據中非技術合作委員會農業考察報告）

月 ＼ 地區 氣溫C°	尼阿美 (Niamey) 最高	尼阿美 (Niamey) 最低	尼阿美 (Niamey) 平均	馬拉第 (Maradi) 最高	馬拉第 (Maradi) 最低	馬拉第 (Maradi) 平均	狄拉伯利 (Tillabéry) 最高	狄拉伯利 (Tillabéry) 最低	狄拉伯利 (Tillabéry) 平均
一	三九·〇	九·〇	二四·五	三一·六	一一·八	二一·二	三五·二	一四·五	二四·九
二	四一·二	一〇·五	二六·九	三四·三	一三·七	二四·〇	三七·四	一六·一	二六·八
三	四四·四	一五·二	三〇·五	三九·〇	一九·四	二九·二	四〇·六	一九·八	三〇·二
四	四五·六	一七·五	三二·四	四〇·八	二〇·四	三〇·六	四三·〇	二二·二	三一·六
五	四五·五	一八·〇	三四·〇	三九·六	二四·四	三一·〇	四二·七	二四·九	三三·八
六	四二·六	一九·〇	三一·四	三八·三	二三·六	三一·〇	四〇·一	二三·六	三一·九
七	四〇·二	一八·〇	二九·〇	三四·六	二一·四	二八·一	三六·九	二一·九	二九·四
八	三六·六	一七·〇	二六·九	三〇·八	二一·三	二六·一	三四·四	二〇·七	二七·六
九	三八·五	一九·五	二八·四	三二·五	二〇·八	二六·六	三六·〇	二一·八	二八·六
十	四一·〇	一七·六	二九·七	三五·七	一九·五	二七·二	三九·九	一九·七	二九·八
十一	四〇·七	一三·二	二七·九	三五·一	一四·三	二四·七	三八·九	一六·三	二七·六
十二	三九·二	八·七	二四·五	三一·五	一一·七	二一·五	三六·五	一四·三	二五·六
平均	四五·六	八·七	二九·九	三五·四	一八·五	二六·九	三八·五	一九·六	二九·一

尼日 Niamey 等地區雨量表

（根據中非技術合作委員會農業考察報告）

地區	尼阿美 (Niamey)				馬拉第 (Maradi)				狄拉伯利 (Tillabéry)			
雨量（公厘）／月	最大日雨量	最小雨量	最大雨量	平均雨量	最大日雨量	最小雨量	最大雨量	平均雨量	最大日雨量	最小雨量	最大雨量	平均雨量
一	—	—	—	—	—	—	—	—	—	—	一·〇	—
二	—	—	—	—	—	—	—	—	—	—	—	—
三	〇·四	—	—	—	—	—	一·〇	〇·一	—	—	三·〇	一·〇
四	二七·六	—	三四·〇	八·四	四二·九	—	六·〇	一·七	〇·四	—	一五·二	二·七
五	三三·四	—	六六·〇	一九·三	—	—	一二七·〇	三二·二	一三·〇	—	一〇九·〇	三三·四
六	四一·四	五〇·〇	一三一·〇	一〇一·三	一九·二	三·〇	一六五·〇	六〇·四	一六·四	一五·〇	一一五·〇	五七·六
七	五六·〇	四一·〇	二二三·〇	一三三·七	五二·二	五八·〇	二四六·〇	一五二·五	二六·九	五〇·〇	二二五·〇	一二四·三
八	一七三·一	一五三·〇	二四八·〇	一九二·一	四二·六	一四三·〇	三六四·〇	二三一·三	三六·六	六一·〇	三二一·〇	一八三·六
九	四四·三	五五·〇	二〇九·〇	一一三·四	二一·六	三·〇	三〇八·〇	一一三·四	二三·一	二三·六	一七一·〇	七六·一
十	二一·六	一·〇	五〇·〇	一三·二	一二·二	—	六五·〇	一一·三	二七·二	—	四一·〇	九·七
十一	一二·三	—	一二·〇	一·〇	—	—	—	—	—	—	三·〇	〇·一
十二	—	—	—	—	—	—	—	—	—	—	一·〇	—
平均雨量	一七三·一	三六九·〇	七二六·〇	五七〇·〇	五二·六	三六七·〇	九八一·〇	六〇三·一	三六·六	二六五·〇	七二七·〇	四〇〇·七

丙、農業經營的現狀

地理條件

尼日地處非洲熱帶內陸，雨量稀少，故農業的發展，僅限於尼日河流域及查德湖附近灌溉便利及地下水源豐富的地方，尼日北部因多屬沙漠地帶，雨水稀少，毫無農業發展的可能。最近一法籍工程師曾於色依（Say）與色庫（Segou）間設計建成一水壩，專供灌溉之用，這對尼日農業發展將有極大貢獻。

尼日目前對其自然狀況自屬無力改造，然人民可訓練以適應環境，土壤亦可加以改良，殖民時代的法國政府及獨立後的該國政府特別着重水土保持，農耕方法次之，該國東部各河流域及盆地的新土地，業經予以開墾，灌溉系統亦經整修。西元一九四七至五九年間，法國海外領地及社會經濟發展投資基金會贈予美金一千萬元，以發展水利工程，農業推廣，牲畜養護及稻米，麥類，花生等的種植。倘能善加經營，則尼日農業發展，前途實屬光明。

勞働力

根據世界糧農組織一九六八年的統計，尼日的人口共有三百三十二萬八千人，在這三百多萬人口中，農業人口便佔三百零四萬人，全國各項經濟活動中，直接從事農業工作者佔一百三十六萬五千人。

該國人口分佈很不均勻，約言之，居住尼日河流域重要城市者較多；東南部查德湖附近蒙卡（Manga）一帶次之；南部達默庫（Damerghou）地區及西部的阿撒瓦（Azaoua）地區又次之；北部丹勒努佛（Tanezrouft）地區最少，平均每平方公里不足一人。

尼日的人種非常複雜，由深黑色的黑人至北非型的白人皆有。北非型的白人不多，大別之，有倍倍（Berberes）人，達卡斯（Dagas）人及亞沙賴（Azalais）人三種。

北部及西部以度瓦勒（Touareg）人爲多，在北部大都集中在亞加得（Agades）城一帶；在西部則以斐寧格（Filingué）城及尼阿美首都附近一帶爲最多。此族民性強悍，勇猛過人，在法國人未征服尼日前，尼日的統治權均落在此族人之手中。

尼日的黑人以一種叫做哈烏撒（Haoussas）的黑色人爲最多。全非洲的哈烏撒人約有六百萬，大多居於奈及利亞境內，尼日和奈及利亞接壤處的尼日境內也住有相當數量的哈烏撒人，西部和南部也有爲數不少的哈烏撒人居住。

主要農作物

尼日的主要食用農作物爲黍米及高粱，該國以前號稱黍米之國。黍米及高粱爲旱生作物，最適於該國的氣候及土壤，次要農作物爲花生及棉花，花生似爲最適於該國的作物。西元一九六七年玉蜀黍，蘆粟和尼比豆三項主要糧食的種植面積已大幅增大，且已採取輪作制度，如玉蜀黍↓蘆粟，玉蜀黍↓尼比豆，蘆粟↓花生等。

根據世界糧農組織一九六八年的統計，尼日的耕地總面積為一億二千六百七十萬公頃，其中耕地面積為一千一百五十萬零一千公頃；牧地面積為二百九十萬公頃；林地面積為一千五百六十萬公頃。茲將尼國主要農作物生產情形摘錄如後：

(1) **玉米**：此項農作物在尼日的種植面積為五千公頃，每年總產量為四千公噸，單位面積產量為每公頃八百十公斤。

(2) **高粱**，**小米**：在尼境內有二百三十九萬五千公頃的種植面積，全年總產量為一百三十四萬二千公噸；單位面積產量每公頃為六百公斤。

(3) **水稻**：全國蓄植面積為一萬二千公頃，全年總產量為三萬三千公噸，單位面積產量平均每公頃為二千八百三十公斤。

(4) **花生**：全國種植面積為三十五萬七千公頃，全年總產量為二十九萬八千公噸，單位面積產量平均每公頃為八百四十公斤。

(5) **甘藷**：全境種植面積為一千公頃，全年總產量為一萬二千公噸，單位面積產量平均每公頃為一萬零一百公斤。

(6) **樹薯**：全國種植面積為二萬四千公頃，全年總產量為十六萬九千公噸，單位面積產量平均每公頃爲七千二百公斤。

(7)**棉花**：全國種植面積爲一萬四千公頃，全年總產量爲三千公噸，單位面積產量平均每公頃爲一百九十公斤。

(8)**洋葱**：全國種植面積爲一千公頃，全年總產量爲二萬三千公噸，單位面積產量平均每公頃爲二萬零一百公斤。

(9)**煙草**：全境種植面積爲一千公頃，全年總產量爲三千公頃，單位面積產量平均每公頃爲四百六十公斤。

交通運輸

就尼日位置而言，北爲撒哈拉沙漠，構成交通的阻礙，東及西爲查德及馬利兩貧困落後的隣國，均缺適當的交通設施，向外通路僅有自南方經象牙海岸、達荷美或奈及利亞一途，由於缺乏近代交通設施，內陸運輸仍多使用原始工具以駱駝及馬爲之，更荒僻地區僅賴徒步擔負往來貿遷。尼日河流域情形較佳，四季均可通行獨木舟，尼日河自加雅（Gaya）至尼阿美一段，並可通航較大船隻。

公路：尼日爲解決交通困難以發展經濟，已開始公路之修築，全尼日現有之石子，柏油及小泥道路全長約四、五一六公里，次要泥土道路及單行道路約一〇、〇〇〇公里，唯以該國面積廣大，上述公路網距需要尚遠，有待更進一步之發展。

航空：尼日有法國航空公司及聯合航空運輸公司(U.A.T.)之定期班機，尼阿美有一級機場一處，可容各式飛機起落，亞加得等地有二級機場三處，其中亞加得機場可容大型運輸機起落，其他尚有小型機場多處，可補助空運事業之發展。

鐵路：尼日尚無鐵路之舖設，僅有尚在計劃中之自尼日至象牙海岸之阿必尚及至達荷美之柯特魯(Cotonou)兩條鐵路。

通商港埠：尼日為西非內陸國家之一，境內無海岸線及港埠，所有進出口商品，均需假道隣邦之港口轉運，對商業發展自屬不利，該國已採取補救辦法，與象牙海岸簽定有關阿必尚港轉運條約，與達荷美簽定有關柯特魯港轉運條約，規定海關之稅收，應兼顧兩國之利益。

對外貿易

尼日的對外貿易，多操在法國商人手中，根據一九六六年的統計，輸出估計為一百一十九億一千萬西非法郎(F.O.B.)，輸入估計為一百一十五億六千萬西非法郎，主要輸出品為花生，牲畜，棉花等；主要輸入品為食糧，消費品，燃料，原料及半製品等，每年自法國及法郎國家輸入者佔總額百分之六十四。

尼日對外貿易雖歷年均有相當數目的出超，但其收支實不足以應支出之需要，由於資源缺乏，發展不易，該國貿易與經濟在未來歲月中，恐難有顯著的進步。

茲將主要農產品輸出入情形，摘錄如後：

輸入品

(1)**馬鈴薯**：進口一百三十公噸，價值二萬四千美元。

(2)**香蕉**：進口九十公噸，價值九千美元。

(3)**稻米**：進口一千公噸，價值十四萬美元。

(4)**蔗糖**：進口八千四百公噸，價值一百七十萬美元。

輸出品

(1)**花生**：出口十六萬三千五百七十公噸，價值二千一百五十九萬二千美元。

(2)**棉花**：出口二千零四十公噸，價值二百零三萬美元。

丁、農業潛力的開發

尼日的地理條件較差，對于農業發展頗有影響，但政府於經濟社會建設方面及增產措施等則不遺餘力，目前，正在進行的工作，有：

(1)經濟人口統計及社會的調查研究。

(2)行政管理的一般研究。
(3)氣象的觀測研究。
(4)地質的探測研究。
(5)水文的觀測研究。
(6)水文地質的鑽探研究。
(7)牧草的研究。
(8)土壤的調查研究。
(9)印製地圖的研究。

此外，關於道路、郵電、動力、教育、文化、藝術、公共保健，市政工程，國民住宅等也都在積極建設中，所以尼日的政治，經濟，社會各方面在政府和人民的共同努力下，國家發展前途是極具希望的。

我政府基于兩國間的深原友誼，乃於西元一九六四年七月二十七日派遣一由五十位農技人員組成的農耕隊，前往該國協助其農業開發工作，尼日河的水量很豐富，我農耕隊水利人員利用抽水機抽水灌溉，使該國水稻產量劇增，這對尼國人民在農業潛力開發方面增強了不少信心，茲誌我農耕隊在該國工作情形如後：

駐尼日農耕隊

壹、成立日期：

民國五十三年七月二十七日。

貳、編制人數：

隊長一人，副隊長二人，技師一九人，分隊長二人，隊員二六人，合計五〇人。

叁、隊址：

尼阿美（Niamey）州，薩格（Saga）村，距尼京尼阿美（Niamey）一〇公里。

肆、分隊分佈情形：

分隊名稱	成立日期	工作人員			距離隊部（公里）
		技師	隊員	合計	
狄拉伯利（Tillabery）	五三年七月廿七日	—	二	二	一二六
總統農場	五四年四月	一	二	二	二〇

伍、示範區地址及面積：

薩格（Saga）村　七·〇〇公頃

陸、推廣區地址及面積：

尼日共和國

狄拉伯利	Tillabery	一一六・〇〇公頃
薩　夷	Say	四九・五〇公頃
薩　格	Saga	一一五・五〇公頃
尼阿美（各政要農場）	Niamey	一〇五・五〇公頃
合　計		三八六・五〇公頃

柒、工作計劃：

一、建立示範農場。

二、開墾並興修水利，擴大耗作面積至一、一二〇公頃，指導農民種植稻作及其他經濟作物。

三、建立一年兩作制度，試辦一年三作制度。

四、改良水稻及其他蔬菜、棉花等作物栽培方法，引進新品種並選擇當地優良品種，提高單位面積產量。

五、訓練農業幹部及農民，改進農業生產。

捌、工作概況：

一、示範工作：

㈠稻作：該隊自成立以來已經過一一期示範及三次試驗，品種計有臺南一號、臺中一七八號、臺中六四號、IR-8、嘉農二四二號、臺中在來一號、臺中一八〇號、嘉南八號、當地品種 Degaulle 及 D–52/37 等，其中以在來一號、臺南一號、臺中一七八號及 IR–8，D–52/37 等品種較爲穩定，尤其 IR–8 最受歡迎，平均產量五、六二〇公斤/公頃，較之尼國原有平均產量一、二〇〇公斤/公頃，增產四——五倍，年產量增加九倍以上。

㈡雜作：該隊曾試種高粱、玉米、黃麻、甘蔗、甘薯、大豆、綠豆等作物均極成功，其中高粱平均產量爲一、七〇〇公斤/公頃，較當地原有產量六九六公斤/公頃，增高二倍以上，玉米平均產量爲二、七〇〇公斤/公頃，較當地原有產量七八七公斤/公頃，增高三倍以上。黃麻臺農一號洗麻量七四七公斤/公頃，黃麻四一—三—二三二產量八六八公斤/公頃，鐘麻培格七號產量八二一公斤/公頃，泰國麻產量五三二公斤/公頃，甘蔗平均產量爲一〇〇、〇〇〇公斤/公頃，不低於國內標準。

㈢蔬菜瓜果：所種蔬菜中，花椰菜、甘藍菜、小白菜、包心白菜、萵苣、甜椒、茄子、蕃茄、菠菜、黃瓜、越瓜、紅豆、豌豆、芹菜、冬瓜、扁蒲等均生長良好，茄子、甜椒，自去年（五十八年）進入推廣階段，已開始在冬天生產外銷。

西瓜、香瓜品質均佳，除七—九月雨季外，均適於在尼日栽培，因尼日氣候乾燥炎熱，水果缺乏，此項瓜類引進，備受尼日政府官員及廣大農民所歡迎與愛好，其中香瓜已有法人種植外銷。

㈣稻作品種試驗：該隊所作水稻試驗，參試品種，由我國引進者有臺南一號、臺中一七八號、臺中一八〇號、嘉南八號、臺中在來一號及 IR-8 等六品種，與當地品種 Degaulle 及 D-52/37 比較，三次試驗結果，我品種平均產量爲五、六八四公斤／公頃，當地品種爲四、五三五公斤／公頃，即同以該隊栽培方法，其單位面積產量，前者較後者增產二五%，即每公頃多產一、一四九公斤。

又尼國人民喜食在來米，由我國引進之臺中在來一號及 IR-8 產量高而穩定，其中尤以 IR-8 最爲適宜，目前已大量推廣。

㈤栽培方法改良：

①該隊在水稻方面實施育苗插秧，以代替原來之直播方法，因爲適當之株行距，利於生長，又施用適量肥料及適時施用農藥，對促進地力及防治病蟲害，均收增產實效。

②改良當地雜作小米及高粱栽培法：採適當株行距、施肥、間枝、病蟲害防治等工作，較當地原栽培法增產一四%。

③茄子整枝摘芽改爲放任栽培，因爲當地氣候乾燥炎熱陽光照射甚烈，放任栽培不摘芽、整枝，可留足够之枝葉遮蓋茄果，以防日燒病。

㈥其他有關示範情況：曾舉辦農機具使用，養護示範展覽，舉辦水稻蔬菜成果觀摩，以增進尼國農業指導員及一般農民之認識與瞭解。

二、訓練工作：

爲配合中尼擴大農技合作計劃之實施，協助訓練尼國優秀農民學習農業技術及推廣管理能力，進而能會同尼農業人員接管該隊已開墾種植之農田工作起見，由參加擴大農技合作，直接從事農業生產之優秀農民中，每年選拔二〇名，經常隨同隊員工作，從實際操作中學習：㈠作物栽培，㈡病蟲害防治，㈢農機具使用及養護，㈣農業推廣等事項。

上項訓練工作，自五十五年開始至五十七年七月底已告結束，至農民實地訓練者，仍積極進行，該隊訓練優秀農民爲當地農務基層人員者爲數達六〇人，訓練一般農民爲數七五五人，合計八一五人。

三、推廣區工作：

㈠推廣農戶：

歷年推廣成果統計表

年份	推廣戶數	推廣面積（公頃）	種植作物	年產量（公斤）	總收益（法郎）	成本（法郎）	純收益（法郎）	備考
五五年	二〇四	四四·四五	水稻	二六八、六二四	六、七一五、五〇〇	四、七五七、六六一	一、九五七、八三九	每公斤以二五法郎折算
五六年	五六七	一〇七·一〇	水稻	八六九、九〇三	二一、七四七、五七五	一八、四〇九、八四八	三、三三七、七二七	每公頃成本費爲一〇七、〇三四法郎
五七年	七三五	二六二·五〇	水稻	一、二〇六、九二八	三〇、一七三、二〇〇	二八、〇九六、四二五	二、〇七六、七七五	
		一二·〇〇	茄子甜椒	七二、九六九	二八九、〇三〇	一五一、〇四〇	一三七、九九〇	茄子每公斤二五法郎甜椒每公斤三〇法郎
	計	二七四·五〇					二、三二四、七六五	成本費　一二七、五三四

五八年（七四一）	三一九·五〇	水稻	一、四三三、九五九	三五、八四八、九七五	三四、一八三、三六三	二二一、六六五、六一三	
	二五·〇〇	茄子甜椒	—	—	—	—	未收穫
	一九·五〇	其他作物	—	—	—	—	未穫收
	二二·五〇	休閒	—	—	—	—	
計	三八六·五〇						

該隊除水稻推廣每年增加農民生活得到顯著改善外，對蔬菜之推廣種植亦有極大之成就五十七年冬推廣種植一八公頃之茄子及甜椒於五十八年一月開始收穫，至三月底收穫完畢，今年度再推廣並增加面積至二五公頃，目前已開始收穫外銷歐洲，水田面積亦在繼續開墾擴大中。

四、水利設施：

㈠已完成之水利設施：

①Daykeyna 墾區。

圍堤（原有） 三、〇〇三·〇〇公尺

幹　渠 九八一·〇〇公尺

抽水站 二座

排水門　一座

分水工　三座

②薩格(Saga)第一墾區圍堤工程：

圍　堤　六、七二五・〇〇公尺

抽水站　一座（計劃最大抽水量一・〇三CMS供第一墾區水量〇・五一五CMS其餘½係第二墾區再抽水之用）

進水閘　二座

排水門　一座

農路暗渠　一座

③薩格(Saga)第二墾區：

抽水站　一座（計劃最大抽水量〇・五一五CMS）

幹渠與導水路　一、五六一・三〇公尺（其中混凝土內面工一、二九三・〇〇公尺）

主給水路　二條（五、一〇〇公尺）（混凝土內面工）

給水路　二三條　一四、四六六・六〇公尺

農　路　二三條　一八、六四八・五〇公尺（兩側溝兼做排水）

排水路　二條　四二四公尺（另有總統農場排水路二條

一、三五七公尺係併列在本計劃施工）

給水門	二座
倒虹吸	二座
分水箱	二二座
溢水道	一座
農路橋	一九座
農路暗渠	二九座
排水暗渠	四座
巴歇爾量水槽	一座

(二)正進行中之薩格(Saga)第一墾區農水路工程：

幹渠	一條	四七四・三〇公尺（全部混凝土內面工）
主給水路	二條	四、一一〇・〇〇公尺（全部混凝土內面工）
給水路	四〇條	一二、八九八・五〇公尺
農路	一八條	一一、二八七・〇〇公尺（兩側兼做排水）
排水路	九條	一〇、二四二・〇〇公尺（包括中排水路二條）
分水門	二座	

倒虹吸　一座

溢水道　一座

巴歇爾量水槽　一座

分水工　二三座（捲揚機調節）

農路橋　二〇座

涵洞　四一座（灌溉五排水三六）

其他　二座

㈢計劃中薩格(Saga)第三墾區之水利設施：

圍堤　五、七〇〇·〇〇公尺（包括橫堤九〇〇公尺）

抽水站　一座

進水閘　一座

排水門　一座

幹渠　一條（一、二二〇·〇〇公尺）

分渠　二條（三、七八〇·〇〇公尺）

給水路　二三條（一一、七七〇·〇〇公尺）

農路　二〇條（八、五〇〇·〇〇公尺）（兩側兼做排水）

排水路 二條（三、八六〇・〇〇公尺）
溢水道 一座（兼排水暗渠）
分水門 二座
農路橋 一一座
分水斗門 一一座
給水工 五座（其他PVC給水管六二七公尺）
巴歇爾量水槽 二座（幹線分線各一座）
暗渠工 三五座（農水路橫交）
渠尾工 一座

(四)計劃具有水利設施之開墾面積：

①已開墾面積：

(1) Tillabery Daykeyna 墾區 一二〇公頃
(2)各政要農場 一五七公頃（由農場主人自行開墾）
(3) Saga 第二墾區 一八〇公頃
計 四五四公頃

②正在開墾面積：

(1) Saga 第一墾區　二一〇公頃

(2) Saga 第二墾區　三〇公頃

計　二四〇公頃

③預定繼續開墾面積：

(1) Saga 第三墾區　三一〇公頃

(2) Saga 第四墾區　二七〇公頃

計　五八〇公頃

十五、奈及利亞聯邦共和國（Federal Republic of Nigeria）

甲、概　述

在葡萄牙航海家於西元一四七二年到達奈及利亞沿海班寧（Benin）之前，奈國早期歷史是很少有可靠記載的。當初，僅知有若干黑人部落分布在沿海沼澤及叢林地帶。現稱北奈的內陸地區，則由阿拉伯族，赫族（Hamite）及黑人混血兒居住，由其宗教思想及生活習慣推測，回教可能在十三世紀時已經傳入奈國北部地區。

奈及利亞在西非原無國家名稱，直至西元一八九七年佛羅拉蕭女士（Miss Flora shane），後來的魯加德夫人（Lady Lugard）爲皇家尼日公司（Royal Niger Company）領土寫了一篇文章給泰晤士報，用「奈及利亞」爲名，從此公私方面都沿襲使用，以至成爲正式名稱。

奈及利亞目前的國界，是在距今七十多年前，由歐洲有關國家基於地理的界限或種族的分界而協商決定的。

西元一五五三年英船長溫亨（Captain Windham），繼葡人之後到達奈及利亞沿海的班寧。此後，奈及利亞開始與歐洲人交往，但以販賣黑奴爲主。根據記載，當時頗多居住沿海的酋長以販賣族人或擄掠其他部落黑人，獲得厚利。嗣歐洲各國基於人道立場，禁止販賣奴隸，英國爲貫徹起見，禁止船隻載運黑奴，並於西元一八四九年在奈境加拉巴（Calabar）地方設立領事館，以處理其事。西元一八六一年英即佔領奈國現今首都拉哥斯（Lagos），此爲英人開始以官方名義正式進入奈及利亞。

十九世紀期間，奈境各部落紛爭迭起，分地割據，整個北奈地區爲鄧福第屋（Usuman Dan Fodio）所征服，並分由其部屬各酋長管轄，嗣後卽形成世襲局面。西奈地區，名義上雖由阿拉芬（Alafin）統治，但各部落間不相合作，分據各區，今日的尤羅巴（Yoruba）城卽起源於是。

十九世紀裏，英國很多探險家，先後循尼日河及朋奴河上游從事探險工作，並由投資人與當地酋長簽訂合約，開發資源。一八八五年柏林會議，歐洲各國正式承認英國在尼日河（Niger River）流域的權益，一八八六年起英政府授權當時所設立的皇家尼日公司管轄尼日河及其支流朋努河（Benue River）流域，此一管轄權爲期十四年，此後，英國在奈的其他貿易單位，亦相繼歸併於該公司內。至一八九八年，英國在奈方所經營的，可說已經完全佔領了奈及利亞。

西元一九一〇年一月一日，皇家尼日公司由英政府接管，同時，奈境的行政權亦完全由英政府直接統轄，當時，奈境共分三個行政區，一爲殖民地區（Colony）；二爲南奈保護地區，（Protectorate of S. Nigeria）；三爲北奈保護地區（Protectorate of N. Nigeria）。一九一三年英政府令將上述三地區合併爲奈及利亞，均置於英國保護之下。

一九五四年，奈國組織聯邦政府，規定各地區有實行地方自治之權，中央政府保留若干特定權限。同時，並實行民選。一九五七年八月八日東奈及西奈宣布地方自治；一九五九年三月北奈亦宣布地方自治。

一九五八年八月奈聯邦向英國政府請求自治，一九六〇年一月十六日聯邦國會召集首次會議；同年十月一日宣布獨立。並成爲不列顚國協之一。

自一八六一年英國佔領拉哥斯以迄於一九六〇年奈國正式獨立，共歷時九十九年。

乙、自然環境

位置與面積

奈及利亞位於西非洲，東鄰查德及喀麥隆；南臨幾內亞灣；西接達荷美；北界尼日。介於北緯四度至十四度；東經二度半至十四度之間。自南向北，深入內陸約六百五十英里；東西最寬處約七百英里。全國行政區共分爲四區，卽北奈，東奈，西奈及拉哥斯聯邦。北奈地區面積最大，約有二十八萬一千餘平方英里；東奈地區，約有二萬九千餘平方英里；西奈地區，約有四萬五千餘平方英里。全國總面積約有三十五萬六千六百六十九平方英里，合公里約爲九十二萬三千七百六十八平方公里，較我臺灣省約大二十五倍。

聯邦政府所在地爲首都拉哥斯（Lagos），自成一行政區域，其面積僅有二十七平方英里。

地形及分區

奈及利亞全境由尼日河及其支流朋努河分爲東奈，西奈及北奈三大區域。尼日河由達荷美西北流入奈境，朋努河自東鄰喀麥隆向西流入國境，兩河於中部開巴省（Kabba）的羅柯賈（Lokoja）附近滙合，然後向南約三百四十英里處入海，入海處的下游部份，支流紛歧，除演變成爲若干湖沼外，尙形成廣大的沼澤鬆軟三角地帶，故沿海區域叢林相沿，寬約五十至一百英里。現有若干湖沼作爲存貯木材之用，淡水的沼澤地帶則由政府鼓勵人民種植水稻。

沿海沼澤地帶以北，地形上昇，山陵起伏，樹木成蔭，海拔平均高度約爲一千五百至二千英尺，年雨量平均在八十英寸以上。朋努河及尼日河中游流域，自西北的蘇可托（Sokoto）至東北的郁拉（Yola）成爲一良好的盆地，河谷寬廣，流速較緩，宜人居住。

高原地區在包其省（Bauchi）的西部及西南部，其南部邊緣海拔達六千英尺，其中有長一百英里，寬六十英里的平原，海拔約三千英尺。此一高原向北逐漸下降至一千五百英尺，西北龐努省（Bornu）的地形，向查德湖漸漸下降至高度六百至一千二百英尺之間，其中有若干地區，於雨季時成爲沼澤。

關於北奈，東奈，西奈三區一般情形，分述如后：

北奈：佔全國四分之三的地區，非常乾燥而炎熱，道路滿佈紅土與塵沙，市場及舊城市，均以紅泥圍成高牆。首邑開鄧奈（Kaduna）是北區少數新式城市之一，現有人口約五萬。築有高牆的卡諾城（Kano），至少有一千年以上的歷史，現已成爲一個新興的商業城市，在收成季節，花生堆積如山。徐立亞（Zaria）亦是商業中心之一。藝術院，科學院，機械學院，及行政學院在焉。另外，像洛連

(Liorin)，畢達(Bida)，蘇可托(Sokoto)都是此區的大城，洛連是南北貿易商的集散地，畢達則因玻璃及金屬業而著名。蘇可托則因米穀而爲大家所熟悉。

東奈：尼日河下游與喀麥隆山的山脚間，向南俯瞰幾內亞灣的便是奈國東部地區，此區首邑爲艾魯古(Enugu)此城因煤礦的發現而日趨繁榮，此外尚有教育與傳教中心的歐尼夏(Onitsha)；三條公路交滙點阿巴(Aba)及加拉巴(Calabar)諸城。

奧哥雅省(Ogoja)在東奈有市場花園之稱，山芋堆積如山，一個人的社會地位也是以山芋的多少來衡量的。

西奈：西起達荷美，以尼日河與東奈爲界，北與北奈接壤，南面以海爲界，此區首邑叫伊巴丹(Ibadan)，西奈立法機關及大學，醫院均設於此，另如木材交易中心班寧(Benin)及奧行(Oyo)，伊福(Ife)都是此區大城。

地質

奈境各高原地區，多爲水晶變質岩石，而其地層下陷部份業已部份淤積，除朋努河山谷表面石層屬於白堊紀外，龐奴省的大部份，以及自羅柯賈至康泰哥拉(Kontagora)的尼日河山谷與沿海地帶內側均爲第三紀岩石；沿海沼澤及龐努省與查德湖交界地區，均厚覆冲積沉澱物；火山岩石則僅在喀麥隆地區發現。

氣候

奈及利亞全境均屬熱帶氣候，沿海地區平均氣溫酷熱，濕度亦高，全境並無顯著的季節區分。奈境內陸氣候可分乾濕兩季，乾季濕度低而日間酷熱，夜間氣溫較低；濕季濕而熱，氣溫不若沿海爲酷熱，至於高原其氣溫較低，宜人居住，主要季風，除暴風而外，尙稱溫和，惟來自撒哈拉沙漠的東北氣流，乾熱而夾有風沙，爲害甚烈。西南氣流吹自南大西洋者，較爲濕熱。

奈及利亞南部雨量甚高，西南地區年雨量達七十英寸；東南一帶則達一百七十英寸；沿喀麥隆山麓局部地區，亦有高達四百英寸者，至於內陸，其雨量則驟減，北部邊區僅約二十英寸。南部雨季自每年五月至十月；北部則在六月至九月。乾季時北部常呈苦旱現象，南部沿海一帶則尙有少數雨天可資調節。

沿海一帶平均最高氣溫約爲華氏八十七度，北部約爲九十四度，白天最高溫度的季節，常在二月至四月；最低溫度則在七月至八月；南部最低溫度平均爲華氏七十二度，北部最低溫度爲六十六度。每日氣溫的平均幅度，在北部爲華氏二十五度，在南部則不超過十五度。

沿海附近的相對濕度，最高時，常在百分之九十五至一百之間；卽在午後最低時，亦在百分之七十至八十之間。至於內陸的相對濕度則較低。

奈境內常有劇烈的暴風雨，俗稱旋風，發生時，天際的烏雲，由東而西，時速達五十英里，夾有雷電，繼降大雨，爲時僅約一小時左右。

丙、農業經營的現狀

地理條件

奈及利亞的代表性地形爲起伏不平海拔六百英尺的平原，但在沿海地區則爲低窪的沼澤與多雨的森林，北部地區大部份爲高原草地，間有灌木。南部海岸氣候潮而濕，內陸則適相反，有極長的旱季。

南部約有三分之一的地區，雨量較豐，北部則極乾燥。雨水對奈境的土壤冲刷甚劇，故土壤所含的有機質甚少，多爲紅壤，富酸性，尤以東部爲然。至於土壤的肥沃度則視冲刷的程度而異。

勞働力

奈及利亞全國人口，據一九六八年世界糧農組織的統計，約有五千八百四十七萬六千人，其中農業人口佔四千六百一十九萬六千人，佔總人口百分之七十九。在全國各行各業中，從事生產活動的人，據調查有二千五百六十六萬五千人，而眞正農業工作人員便佔二千零五十三萬，佔各項生產活動總人數的百分之八十。復據一九六八年世界糧農組織統計目前奈及利亞全國耕地總面積約有九千二百三十七萬七千公頃，其中耕地便有二千一百七十九萬五千公頃，此外，林地面積三千一百五十九萬二千公頃。從上面數字看來，奈及利亞的農業勞動力尚不致過份缺乏。

奈國人口，除首都拉哥斯外，北奈，亦卽北部地區，約有三千萬人左右；東奈，卽東部地區，約在一千萬人以上；西奈，亦卽西部地區亦有千萬人左右。其密度，東部每平方英里約爲三百人，西部約有一百八十人，北部約爲一百人，是非洲各國中人口密度最高的國家。

上面說過，奈國從事農業的男女約有二千萬光景，其餘從事行政，專業及技術性的有三十多萬；從事手工藝的有五十多萬；從事商業的亦約有五十多萬。從這些數字看，農業在奈國地位極爲重要。也可說，農業爲奈國立國的根本。

外籍人士在奈國者爲數約三萬人左右，包括英國、黎巴嫩、叙利亞、印度、法國及美國人，其中大多數都是居住在首都拉哥斯及北奈一帶。

主要農作物

奈及利亞的糧食生產，勉可自給自足，國家經濟，有賴於農產品的輸出，主要出口的農產品爲：可可、花生、棕櫚、香蕉、棉花、木材、橡膠等；奈國人民主要的糧食作物爲樹薯、芋頭、高粱、粟、甘藷等等。

奈國的農業問題尚多，最主要者爲缺乏可耕的土地，尤其在東奈地區，一般尚是部落習慣所遺下的佃農制度，每戶耕種面積甚小，以致耕種不甚經濟，而且耕作方法陳舊，目前，雖亦略有改良，但仍不脫原始狀態，聯邦政府有鑒於此，近年來，正擬加緊農業技術訓練，擴大耕地面積，加強農田水利灌溉計劃，鼓勵農業合作等，以求改進。

茲將主要農作物生產情形，分述如后：

⑴**花生**：花生為北部地區的特殊產品，也是維持北部地區的經濟支柱，花生的產量很難求得精確的統計，因大部份皆為當地人民所作糧食直接消費了。花生的栽培，消耗土壤肥度很大，故近年來，政府正鼓勵農民施肥，以維地力而求生產的增加。

在廿世紀初期，北部花生從未外銷，迨西元一九一二年通往開諾（Kano）的鐵路完成後，始對外發生貿易關係。

⑵**可可**：西元一八七四年，可可開始進入奈境拉哥斯島的對岸，一八九五年第一次外銷，時僅二十一噸。此後不斷繁殖，產量不斷增加，遂成為西奈地區最主要的作物。政府對可可的種植，曾給予很大獎勵與支持，如配發消除病蟲害的工具，改善品種等等，現在奈國可可對世界市場的供應，已佔第三位。

⑶**棕櫚**：由於氣候及地質的關係，奈國各地均盛產棕櫚，尤以西奈及東奈產量為最豐富，東奈的油河（Oil River）區域，以出產棕櫚著名，其棕核油餅早於西元一五八八年即由英國商船帶返英國市場。棕油的煉製，其機器製造者反不如土法所提煉者，此實農業地理學上甚有興味的一件事。

棕櫚樹的用途非常廣大，其枝子可用來架屋，葉子可用來蓋屋，纖維可用來製繩，樹幹及棕果，棕核均可取出棕油，而遺下的棕果渣則可用來飼養牛羊。

奈國的棕櫚產品佔世界第一位。

⑷**棉花**：西元一九〇八年奈及利亞開始在西奈種植棉花，至一九一二年在北奈地區開始有收獲，現北奈的產量佔全國外銷總額的百分之九十，其他則在西部地區。奈棉的品質甚佳，多銷往英國，極受英國市場的重視。

奈國植棉，很受氣候的影響，加之其他農產品收穫，較植棉有利，因此，種植面積未能儘量擴充。

⑸**橡膠**：奈國橡膠的生產地，大致均在西奈的中西部，橡乳經初步加工後即行外銷。

⑹**香蕉**：香蕉產地在東奈沿海及鄰近喀麥隆一帶，政府爲扶助一般農民，現已成立合作社，協助農民增加產量及品質的改良，奈蕉多數銷往英國。

⑺**椰子**：奈國沿海一帶極宜植椰，尤以拉哥斯以西約六十英里的伯特葛雷（Badagry）及東奈的地及馬（Degema）與加拉巴之間爲最適宜。奈椰的品質很好，在倫敦市場極具信譽。

⑻**生薑**，**甘油**，**茶葉**亦均有生產，足資外銷。生薑生產地點在北奈中部；甘油爲製造肥皂的副產品，多輸往英國；茶葉多產於東奈一帶。

⑼**玉蜀黍**多生長在奈國北部；塊根植物如山芋等多生長在南部；麥類的主要產區爲北部及西部；稻米原爲北部產物，現今東部亦有栽植。

茲根據一九六八年世界糧農組織的統計，將各主要農作物的種植面積，總產量及單位面積產量列表如后：

作物名稱	種植面積（千公頃）	總產量（千公噸）	單位面積產量（每公頃一百公斤）
玉米	一,一〇〇	一,〇六七	九·七
高粱，小米	一〇,三〇〇	六,六〇〇	六·四
水稻	二四〇	三九一	一六·三
花生	一,〇二〇	一,二五二	一二·三
甘藷	一,七〇〇	一三,〇〇〇	七七
樹薯	一,一〇〇	六,五〇〇	五九
棕櫚仁		三三三·二	
棕櫚油		三三·五	
棉花	三八〇	五〇	一·三
可可豆		二三五	
菸草	一九	三·五	六·七
橡膠		四七·九	
大豆	九	八	八·九

交通運輸

道路與橋樑：奈及利亞全國現有公路共長約五千英里，國道自首都拉哥斯及哈可特(Harcourt)港分別通往北部者二線，東西向者四線，均由聯邦政府負責管理及保養。各省區間的公路，總長約有一萬多公里，由各省政府自行籌資興建及保養。關於公路，政府現正擬訂擴充計劃並積極進行中。另有二座大橋，一爲連接東區奧尼夏(Onitsha)與西區中部亞沙巴(Asaba)的新建尼日河橋，這橋已於一九六五年完成了並開放使用；另一爲將拉哥斯島與陸地銜接起來的一座大橋。

鐵路：奈國鐵路由鐵路公司經營，現有幹線共長約二千三百英里，以非洲標準而言，奈國鐵路頗爲發達。鐵路的軌距爲三點五英尺，奈國鐵路幹線可分兩個系統，一自首都拉哥斯向北，跨尼日河，經開鄧奈(Kaduna)，徐立亞(Zaria)，開諾(Kano)至尼哥路(Nguru)；另一系統自哈可特港向北跨朋努河(Benue R.)至卓斯(Jos)高原的庫如(Kuru)。

奈國政府爲開發東北邊陲地區，曾向世界銀行貸款築路，經該銀行派員察勘後，建議自哈可特港至庫如的鐵路向東北延長至查德湖附近的梅杜古立(Maiduguri)爲止。此路築成後，則奈國各省區間均有鐵路相連接，不僅對高原地區的農林可促使開發，且對整個東北地區的人民生活水準亦可提高。

奈國鐵路貨運以花生，棕櫚產品，棉花，煤炭，石油，錫，鈳，(Columbite)皮革等爲主。

水運：奈國經營國外航運業務者，有奈及利亞國家航業公司。該公司自置萬噸級遠洋航輪五艘，另向英國航商長期租用五艘，航行於西非各港及英國與歐洲各主要港埠間。

沿海航運，自拉哥斯至哈可特港，有客船往返駛航，航程三百十五浬，此外，自拉哥斯經哈可特港至克勞斯河口（Cross River）的加拉巴（Calabar）及喀麥隆的維多利亞（Victoria），亦有不定期的客貨輪往返。

內河航行則以尼日河及朋努河爲主，尼日河自奧尼沙（Onitsha）至河口，終年可通航，但限於淺水船隻；自奧尼沙上溯至羅柯賈(Lokoja)，僅每年四月至三月間可通航；朋努河僅能於八、九兩月間以淺水船通航。

奈國的港埠，大小計有八處，其中以拉哥斯港的規模爲最大，哈可特港次之。

拉哥斯港內各小島間，均有橋樑連絡，港口航道深及三十英尺，碼頭分東，西兩區。西區名阿巴巴碼頭（Apapa Quay），全長四千五百呎，有船位九個，各約五百呎，水深二十四呎至二十七呎。東區名爲海關碼頭(Customs Quay)，全長一千五百呎，有船位三個，水深二十四呎，設備較西區爲差。

奈國各港全年進出口船隻約有四千五百噸，進出物資約在二百五十萬噸左右，佔全奈進出口貨物噸位的半數。

航空：近年來，奈及利亞的航空事業日漸發達，除本國組有奈及利亞航空公司外，尚有法國、英國、荷蘭、黎巴嫩、泛美、迦納等航空公司飛機飛經奈京拉哥斯。

國內各主要城市均有飛機可以抵達，卽國際機場亦有二處，一爲京城拉哥斯；另一爲北部的開諾(Kano)。國內航線克拉巴(Calabar)機場，現亦建有助航設施，以利國際飛機導向之用。

國內各大都市設有航空站者共有十四處。

對外貿易

西元一九五五年前，因第二次世界大戰關係，奈及利亞各項主要農產品，在國際市場上頗佔有利地位，故對外貿易情形，頗爲良好。自一九五五年以後戰爭結束，一部份出口物資價格下降，同時，因國內從事經濟建設需要，進口物資激增，而國民生活水準亦逐漸提高，以致國際貿易差額日漸逆轉。

奈及利亞對外貿易最大的對象爲英國，無論進口或出口都是以英國爲對手，據估計，每年運赴英國的物資數量約佔奈出口總額的百分之五十。自英國進口的物資數量約佔奈國每年進口總額的百分之四十，其次爲美國，再次是荷蘭、西德、日本等國家。最近，奈國與美國的貿易增加很快，其由美國進口的物資，主要爲菸草，麵粉，工具及重機器等，向美國輸出者則爲可可、鉶、礦砂、橡膠、木材、獸皮等。

奈國對亞洲方面的貿易則以日本爲主，大部份皆是日本紡織品運往奈國，而奈國銷售給日本的貨品則極爲稀少。

奈及利亞主要輸入港口爲拉哥斯及哈可特兩港，每年經拉哥斯輸入的物資，約佔全國總輸入額的百分之六十五；經哈可特港輸入的物資約佔全國總輸入額的百分之二十。從國外輸入的貨物，再由此兩大港轉運至卡拉巴 (Calabar)，塞帕兒 (Sapele)，瓦里 (Warri)，波魯吐 (Burutu) 等較小輸入港，然後利用公路、鐵路或河運轉往全國各城鎮。

奈及利亞輸出入的物資甚多，茲將其主要農產品輸出入情形，略介如后：

輸入情形

(1) **小麥**：歷年皆有輸入，在一九六六年輸入十七萬六千八百公噸，價值一千六百萬美元。

(2) **馬鈴薯**：這種農作物，有時有輸出，有時也有輸入，如一九六五年即輸入一千六百三十公噸，價值十七萬八千美元。

(3) **稻米**：輸入較少，但也歷年皆有輸入，以一九六五年爲例，奈國曾經輸入一千四百公噸；價值三十四萬美元。

(4) **蔗糖**：一九六五年輸入九萬八千多公噸，一九六六年較少，亦輸進五萬七千五百公噸；價值七十萬多美元。

(5) **菸草**：以一九六六年爲例，輸入額爲一千六百公噸，價值三百萬美元。

(6) **玉米**：有時輸出，有時輸入，但數量均甚小，以一九六五年爲例，輸出有一百公噸，價值二萬美元；輸入也是一百公噸，價值也是二萬美元。

輸出情形

(1)**棕櫚**：在一九六六年時輸出共約四十萬噸，價值約六千二百八十萬美元。

(2)**棉花**：亦以一九六六年為例，本年輸出共為一萬五千二百公噸，價值九百五十八萬美元。

(3)**花生**：一九六六年輸出五十萬二千一百公噸，價值一億一千四百二十八萬二千美元。

(4)**可可**：一九六六年輸出十九萬三千二百六十公噸，價值七千九百十二萬八千美元。

(5)**咖啡**：此項作物有輸入，也有輸出，但數量均不大，例如一九六五年，進口有四百十公噸，出口也有六百三十公噸，至一九六六年則僅有出口而沒有進口了。是年出口量為七千三百公噸，價值為四百二十一萬美元。

丁、結　語

奈及利亞聯邦共和國，在一九六〇年的十月一日獨立，最近與匪建立外交關係，在奈國獨立前，我經濟部楊前部長繼曾曾於一九六〇年二月率團道經奈國作友好訪問，我前駐賴比瑞亞湯武大使為促進雙方認識及瞭解亦曾於同年五、六月間前往西奈，北奈及東奈各地區作友好訪問二十天，嗣後，又有西非貿易訪問團及非洲航業考察團等團體先後前往奈國作短期考察。現任經濟部長孫運璿先生且曾被聘為該國電力公司主持人，為奈國電力發展事業而努力，有「非洲先生」之稱的外交部政務次長楊西崑先生更是每年前往一次，有時為過境性質，有時則便道作友好訪問。

目前，奈國正接受美國的援助計劃，其中關於農業部份有(1)植物作育，(2)牧草與飼料生產，(3)土壤化學與水土保持，(4)咖啡農藝學，(5)養鷄與病害防治，(6)家畜飼養，(7)橡膠生產與培植方法。此外，對蛋白質食品增加的研究及農業普查等工作亦均在積極援助之列。以上各種援助計劃，現均逐項實施中，尤以農業普查一項，對發展奈國未來農業，至爲有益。

十六、獅子山國（Sierra Leone）

甲、概　述

過去，獅子山爲君主立憲國，英女王伊麗沙白二世是名義上的元首，女王派有總督駐在獅國爲其代表。

在歐洲人未發現獅子山以前，人們對獅子山的歷史知道的很少。當西元一四六〇年葡萄牙探險家辛特拉（Pedro de Cintra）首先在記事簿上記載獅子山時，獅子山這名稱開始出現在此後的各種文獻上。當葡人在此地山間雷雨中聽聞巨響，認爲是獅子的吼叫，因此，將此地命名爲獅子山。

約翰·霍金斯爵士（Sir John Hawkins）是第一個到達獅子山的英國人，他的目的想在此一帶販賣奴隸。一七八七年，解放黑奴運動的首領，格蘭菲爾沙伯（Granville Sharpe），「決定在非洲爲英國解放的黑奴建立一塊領土，於是派遣移民到達該地，建立了自由城（Freetown），這就是現在獅子山國的首都。

西元一八〇八年，獅子山正式成爲英國的殖民地，總督由英王指派，首批獲得自由的奴隸移居後，陸續而來的日見增多。被解放的非洲人，大都居於自由城。

一八二七年，宗教團體開始在福拉灣（Fourah Bay）建立了學院，以訓練牧師，俾造就傳教士，

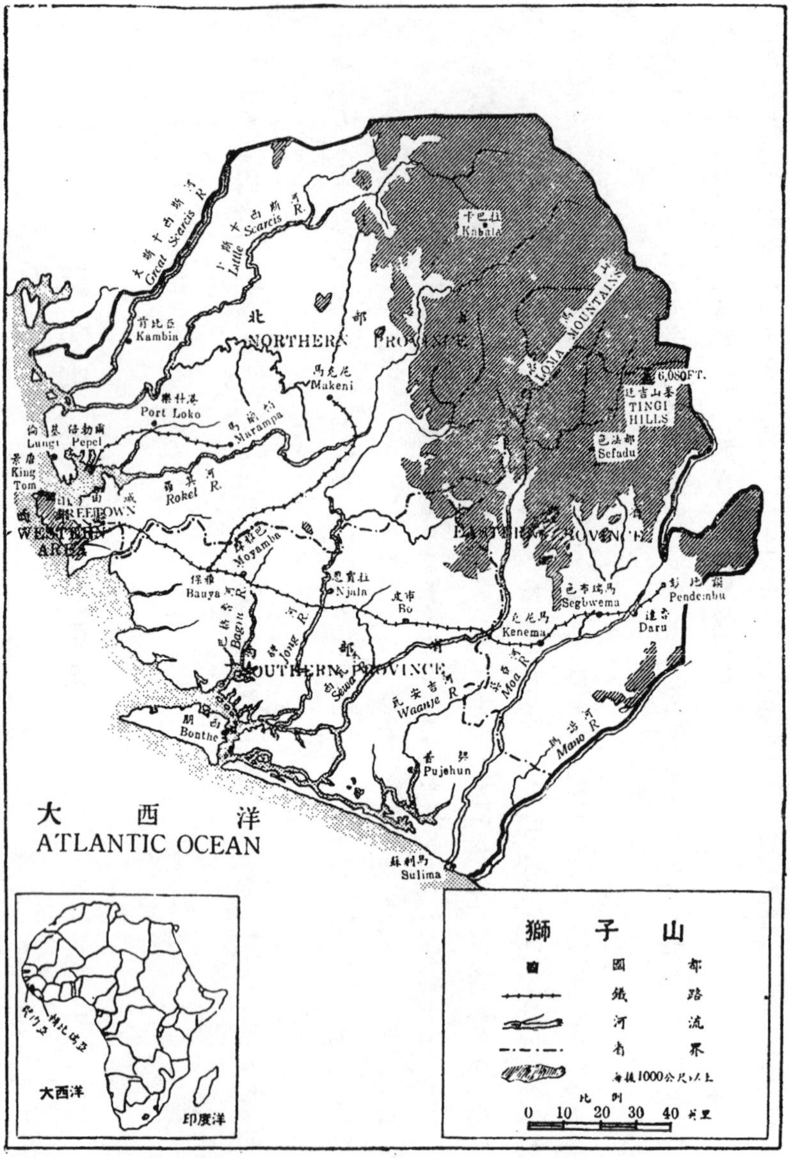

獅子山
國都
鐵路
河流
省界
海拔1000公尺以上
比例
0 10 20 30 40 公里
大西洋
ATLANTIC OCEAN
NORTHERN PROVINCE
EASTERN PROVINCE
SOUTHERN PROVINCE
WESTERN AREA
FREETOWN
LOMA MOUNTAINS
TINGI HILLS
6,080FT.
Great Scarcies R.
Little Scarcies R.
Rokel R.
Jong R.
Sewa R.
Waanje R.
Moa R.
Mano R.
Bagru R.
Kambia
Port Loko
Lungi
Pepel
King Tom
Makeni
Marampa
Kabala
Sefadu
Moyamba
Bauya
Njala
Bo
Kenema
Segbwema
Pendembu
Daru
Bonthe
Pujehun
Sulima
大西洋
印度洋

以充實傳教事業。迨一八六一年，謝布魯島（Sherbro Island）及一狹長大陸地區被併爲殖民地的一部份。一八六三年獅子山開始建立立法委員會及行政委員會以掌理殖民地立法工作及行政事務。一八七六年福拉灣學院被承認爲倫敦德亨大學（Durham University）的一部份，學術地位隨之提高。

西元一九二三年，立法委員會內非官方人士增加，立法工作更形加強，到一九二四年，新的憲法將獅子山的立法與行政兩委員會的權力加以擴展，並舉行第一次選舉。一九四三年，獅子山籍人員兩名參加行政委員會，是爲獅國人民直接參與行政工作的開始。

一九五一年在新憲法下產生過半數的非洲籍立法委員及行政委員，是以獅國人民參政的機會大爲增加，迨一九五三年已有六名非籍人員被指派爲內閣閣員。一九五六年立法委員會改稱爲衆議院，選舉的議員名額增加，選舉的基礎亦因而擴大。

一九六一年四月二十七日獲得獨立，首席部長改稱爲總理，同時並成爲不列顚國協會員國之一。獅子山國的立法機構爲一院制，衆議院包括由普選產生的議員六十二名及由間接選舉產生的高級酋長十二名。

獅子山國的行政區共分四個行省，即西部省（包括自由城及前「殖民地」以前的農村地區），北部省，東部省及南部省，後列三省又分爲十二個縣，每縣除縣政府外並設有縣議會。

獅子山在外交上係採取「不結盟」政策，與蘇俄維持外交關係，但未承認共匪，而與我中華民國建交，目前，我派有農耕隊駐在該國，協助該國發展農業，成效卓著。

乙、自然環境

位置與面積

獅子山國位於西非洲海岸，介於北緯六度五十五分至十度及西經十度十六分至十三度十八分之間，西南面濱南大西洋，東北與幾內亞爲鄰，東南與賴比瑞亞相接。其海岸線長約三百五十四公里。

獅子山國的面積約有七萬一千七百四十公里，約當我臺灣省的兩倍。

地形

按照獅國的地勢，可分三個地理區：

(1) **獅子山半島區**：山脈縱橫，海拔約三千英尺，爲非洲西海岸少數有高地的地區之一，首都自由城即位於此一區域。

獅子山隊赫斯町（Hastings）蔬菜示範區

(2)**平原**：位於西部地區，除半島區外，有一寬約六十英里的平原，這地帶多河流河岸邊有熱帶灌木及沼澤。

(3)**高原地區**：東部及東北部地帶屬之，有洛馬山(Loma)及廷吉山(Tingi)，山峯高達六千英尺以上。

此外，獅國有數條較大的河流，惟大都不能全部通航，僅適於短程航行而已，其著者，如大小斯卡西斯河(Great Little Scareies)，羅其河(Rokel)，鍾河(Jong)，西瓦河(Sewa)，瓦安吉河(Woa-nje)，莫西河(Moa)瑪諾河(Mono)等。

氣候

獅子山國的氣候，概括的說，是屬於熱帶性的氣候，氣溫常常很高，每年可分乾季及雨季兩季，其變化情形非常明顯，大致自五月起至十月止爲獅國的雨季時期，其間雨量最多的時間是七月至九月，如其他沿海國家一樣，獅國的沿海地帶雨量較豐沛，愈向內陸則雨量逐漸減少，平均年雨量七十五至一百三十五英寸之間，此豐沛的雨量已使不需灌溉卽可從事農耕工作，境內各區雨量不同，如自由城的雨量年達一百五十英寸，而北部的卡巴拉(Kabala)年僅八十六點五英寸。

獅國的氣溫，通常約爲華氏八十度，並因地區不同而有所差異，愈接近內陸，其氣溫則愈低。

丙、農業經營的現狀

地理條件

獅國的土地及氣候條件均屬良好，土壤因未長年連續耕種，所以地力亦相當佳良，加以勞力也不缺乏，因此對於農業的經營與發展，具有優良的地理基礎，以稻米栽植爲例，獅國地理條件極合稻米生長，不過，有時因地區不同而略有差异而已。高地稻米生產，通常每英畝約八百四十磅；洪水泛濫區及內陸河邊草原地區則可能生產一千五百至一千六百磅，內陸河谷及海邊沼澤地區，據稱每英畝約可生產一千二百磅，獅國羅古帕（Rokupr）的前西非稻米研究所，（現屬恩賈拉 Njala 大學）曾對品種改良，土壤肥料等的選擇及對高地機械化耕種的試驗先後作過多次的研究和實施。因此，獅國對稻米生產的知識與研究較之實際生產超前了好多年。

以上不過舉稻米一項爲例，其他如棕櫚，咖啡，可可等亦無不適合種植。

勞働力

根據一九六八年世界糧農組織的統計，獅國現有人口爲二百三十六萬七千人，其中農業人口有一百八十九萬人，約佔總人口百分之八十。又據該項統計資料顯示，獅國從事各項各業經濟活動的人，全國約有九十七萬五千人，而其中從事農業耕作的人就有七十二萬九千人，所佔百分比約爲七十五。從這個數字看來，知道獅國所需農業勞動力是無虞缺乏的。

獅國人口分佈相當均勻，平均密度每平方英里約八十人，此對農業耕作，亦屬較爲良好條件之一。

獅子山約有十三個不同的部落，每一部落有不同的語言，人口中約有四分之一爲天邁族(Temire)又稱(Temnes)，三分之一爲曼德族(Mendes)。移居於此的黑奴後裔爲克里奧人(Creoles)。這些克里奧人大都居於自由城及附近的地區，此種人亦約佔總人口的四分之一。

主要農作物

(1) **稻米**：獅子山的農業缺乏有系統的統計數字，稻米自亦不例外。但現有的資料，顯示較過去十年來有非常緩和的增加，在一九六八年的世界糧農組織的報告中，獅子山的稻米種植面積有三十萬公頃，總產量有四十萬公噸，單位面積產量爲每公頃一千三百公斤。

稻米是獅國的主要糧食作物，自一九三一年至一九五〇年代中期的鑽石旺盛時期，獅國稻米均可自給自足，且尚有少數餘糧可供外銷，但是，自成千成萬的高地農民離開他們的農地去尋求鑽石財富後，國內稻米產量乃告下降，因此，稻米自一九五三年的不需輸入變爲一九五九年輸入四萬三千噸，這些輸入部份，反映了人口與平均每人消費量的增加。由於採鑽人回到了他們的農地，且因部份農民改用機械化耕種，選取優良品種，妥善使用肥料，改進灌漑系統，因此，在一九六四年稻米生產又恢復到了三十一萬噸。

獅國稻米產量以洪水泛濫區及內陸河邊草原區爲最高；內陸河谷及海邊沼澤地區次之；高地稻田最低。將來如能利用科學方法，改進栽培技術，則可擴大利用紅土，內陸沼地及鹽性沼地增加生產。

此外，尙有樹薯、栗、番薯、玉米、可樂果、椰子、香蕉等作物，其重要性，僅次於稻米，棕櫚仁。

(2) **棕櫚**：棕櫚仁和油是獅國主要出口物資之一，據世界糧農組織一九六八年統計，棕櫚仁的總產量爲五萬七千公噸，棕櫚油的產量爲四萬一千公噸。獅國的棕櫚林大部份尙未加以利用，僅在其中採集棕櫚仁而已，究竟這些叢林有無開採的經濟價値則尙難確定。目前，靠人工收獲，而人工的效率低，加工方法粗劣，因而所出產的棕櫚油品質也較差。今後如能好好計劃，好好準備，選用優良土地及改良加工方法，則大規模的生產，不是沒有可能。

(3) **咖啡**：咖啡也是獅國重要出口作物之一，據世界糧農組織一九六八年發表的統計，獅國全年總產量爲四千八百公噸。不過，咖啡在獅國的發展受到了兩種障礙，一爲缺乏良好的耕地；一爲受國際咖啡協定的限制。按國際協定規定獅國年僅可出售六千袋咖啡。

(4) **可可**：目前，可可已成爲獅國重要而普遍的現金作物之一，前途發展極有希望，其出口量在一九六二年時卽較前增加百分之四十。據一九六八年世界糧農組織的統計，獅國可可豆的總產量爲三千九百公噸。

(5)**甘蔗**：甘蔗是製糖的原料，獅國每年輸入的糖約有一千八百噸，近據卜克（Bookers）農業技術處的調查顯示，獅子山若干地區似甚適宜於甘蔗的栽植，尤以西瓦（Sewa）河附近森吉恩（Senjehun）以南約一萬五千英畝地區爲佳。

(6)**菸草**：過去，也是每年進口物資之一，最近，這一國內新興的作物在質量上均保持着不斷的進步，且已代替了進口菸草。

(7)**橡膠**：現金作物中，橡膠極有發展的可能，現已成立三個核心橡膠園作示範，藉以引起附近小地主種植橡膠的興趣，政府已在進行大規模生產的計劃，如計劃能順利的成功，則十年或十五年後將可大量產生。

漁業

獅子山的河流及海岸地區，魚藏量非常豐富，其淺海地帶寬廣，向岸外伸展約八十英里，其捕魚方式約可分爲三種：一爲當地土著漁民用小獨木舟在內河或沿海岸以原始的方法捕魚；二爲外國私人用海洋漁船捕魚，主要是以鮮魚供應自由城；三爲在合同下操作的外國漁船，將捕得的鮪魚送至自由城，冷藏後出口，獅國每年的漁獲量約在二萬五千噸左右。

林業

獅子山國的森林大部被砍伐而改爲農地，近鑑於濫伐的危險乃逐漸建立起一千平方英里的森林保留地。（約佔全國總面積百分之四）。目前，獅子山正在進行兩件事：一爲在舊的農田上種植樹林；另一爲研究通達森林資源的交通途徑。

獅國森林的年伐木量約六十五萬立方英尺，將來很可能增加爲一百萬立方英尺。現今生產的木材全部供給國內消費，其中一部份作爲礦坑支柱及造屋木材；一部份則爲傢俱製作之用，以供應國內市場。

交通運輸

獅子山的交通運輸可分鐵路，公路，航空，港口四方面介紹：

(1) **鐵路**：獅子山的鐵路系統，在十九世紀末葉即告完成，主要幹線爲自自由城至彭地謨（Pende-mbu），全長二百七十七英里；支線自自由城通馬克尼（Makeni），自交叉點保雅（Bauya）起計長八十三英里。獅國鐵路軌距較狹窄，僅二英尺六寸，載重與速度因而受到嚴重的限制。

鐵路運輸在國內四個運輸系統（鐵路、道路、船運、空運）中，不算發達，在一九六五年時，鐵路客運與貨運分別降至一九六一年水準的百分之四十七與百分之六十五。考其原因，一部份是交通需求的演變；另一部份則是鐵路經營欠佳，不爲乘客所信賴，因此，轉而借重公路運輸。

(2) **公路**：獅子山的公路，估計共長四千三百英里，除少數爲柏油路面外，其餘皆爲紅土路面，若干公路所經之處，被許多河流所阻擋，因而需建築橋樑。目前，許多主要公路間的河流，仍採用原始、而效率較低的渡船過河，使得公路運輸緩慢而費用昂貴。

獅國若干公路系統，尤其是海岸地區，約有九百八十五英里的內陸及海岸河流作其輔助交通，其中有三百七十二英里可以全年通航。

(3)**航空**：全國共有十三處機場擔任國內空運，其擔任國際航空任務的祇有倫基（Lungi）機場一處。現正由英國協助，加以擴展。英國方面的協助，計分三方面：一爲維持國內航行系統；二爲協助倫基國際機場的地勤管理單位；三爲供應國際航空線的航空人員及飛機。

(4)**港口**：自由城港爲世界上最大天然港口之一，也是獅子山唯一的進口港，現由新近成立的獅子山港口局加以管理。該港現有工作人員約達一萬人，規模相當龐大，經由該港進出的總運輸量（不包括供輪船作業的油料及燃料）在一九六四年即達二百九十萬噸，現今吞吐量自然更爲增加，在碼頭運載貨物及旅客的船隻數達一千艘，另供裝載燃料的船隻亦有一千艘。該港經營效能頗爲良好，船隻在此等候貨物裝卸的時間通常不到二日，政府現正擬撥款擴展該港。

對外貿易

獅子山農產品的輸出，在目前並不理想，但從長期看來則頗爲樂觀，獅政府現有決心與農民合作使農產品獲得良好的發展。幸好獅國的輸出在世界農產品市場中僅佔一極小的比例，因此，各地市場皆可能容納獅國所產的棕櫚仁、咖啡、可可、同時，香蕉，樹椽及製成品（如果汁）也可能有銷路。

近年來，棕櫚仁之輸出頗佳，咖啡，可可的輸出量也增加。但棕櫚仁進一步的輸出要靠有效利用天然叢林地的擴植；咖啡輸出率受到國際咖啡協定的限制；可可及其他產品輸出率增加固大有希望，但品質提高及世界市場的需求亦爲一最大的決定因素。

獅子山農產品的輸出情形，分別介紹如后：

(1)**馬鈴薯**：這作物有輸出也有輸入，一般說，每年輸入的數字較輸出爲大，以一九六一及六二年爲例，它輸出的馬鈴薯僅二十公噸，而輸入的馬鈴薯則有一九六一年的一千公噸及一九六二年的九百公噸。到一九六六年輸入仍達八百十公噸。

(2)**稻米**：獅國稻米貿易大部份操縱在叙利亞商人手中，到現在爲止，尙無人取而代之，最近，獅國法律規定，禁止外國人在若干主要產米區從事稻米交易，因而此項買賣受到嚴重的限制，稻米和馬鈴薯一樣，有時候有些輸出，但一般說來，輸入量仍較多於輸出量，以一九六二年爲例，輸出僅二千四百公噸，而輸入則達二萬三千七百公噸，到一九六六年則僅有輸入而無輸出了，其輸入量竟高達三萬五千一百公噸。

(3)**蔗糖**：獅國本身不生產糖，所有食糖均賴國外輸入，以一九六六年爲例，獅國輸入蔗糖有二萬二千四百公噸，價值二十三萬七千美元。

(4)**棕櫚仁**：棕櫚仁是獅子山大宗的出口農產品，自一九六一年以來，每年輸出額均在五萬公噸以上，價値可觀，玆以一九六四年爲例，獅國輸出棕櫚仁有五萬五千五百二十八公噸，價値七百十四萬四千美元。

⑸**菸草**：在菸草方面講，獅國是純屬輸入國家，一九六六年的統計顯示：共進口一千一百二十九公噸，價値一百四十六萬美元。

⑹**可可豆**：可可豆，咖啡及棕櫚仁是獅國三大出口的農產品，每年出口都在三，四千公噸以上，在一九六四年時，出口達三千一百八十公噸，在一九六六年時則高達四千五百三十公噸，價値二百萬零零九千美元。

⑺**咖啡**：這作物有時有些輸入，不過數量極微，以一九六六年爲例，獅國曾輸入咖啡十公噸，價値二萬美元，可是是年的輸出量則有九千五百九十公噸，價値五百四十九萬美元。

獅國的貿易主要對象爲英國，在一九五〇年代，向英購進貨品佔總進口量百分之六十四，到一九六〇年代，其百分比則降爲百分之三十九，這顯示依賴英國的情況正逐漸減輕中，其他供應進口的國家則以日本爲第一位，佔獅國總進口量百分之十，荷蘭次之。至於輸出方面，荷蘭及德國各佔獅國總出口量的百分之十。

丁、農業潛力的開發

獅子山已發現的自然資源有限，僅鑽石與鐵砂可資開採，其主要資源當在農業方面，人口的大部份都是從事自給自足的農業，現金作物如棕櫚，可可，咖啡及若干次要農作物，在過去確會爲國家擔任過重要「角色」，但鑽石業發達繁榮時期，人民消費標準提高，輸入品大爲增加，農產品的輸出減少，惟當鑽石業的繁榮消退時，若干從事鑽石開採的工人又回到了農業生產的崗位，因此，農產品的輸出又略有增加。

目前，獅國的土壤調查資料尚不完善，但衆信現有的農地資源一定尚有很多未被完全開發。根據研究結果，發現阻礙農業大量生產的原因約有下列三端：⑴實際用於生產的土地太少，⑵土地合併後禁止登記所有權的現行土地保有制度，⑶原始的農耕方法。

我農耕隊派駐獅子山後，雖對上述三點原因中的第二點原因不能有所改變，然對第一，三兩點困難則大部份皆可克服，故獅國農業潛力的開發是極有前途的。

茲將我派駐獅子山農耕隊的工作情形，簡介於后，以供研究獅國農業地理學者之參考。

駐獅子山農耕隊

壹、成立日期：

民國五十三年六月十五日。

貳、編制人數：

隊長一人，副隊長一人，分隊長四人，技師六人，小組長六人，隊員三二人，計五〇人。

叁、隊址：

獅子山國(Sirrra Leone)北(Northern Province)省，波特羅格(Port Loke)縣曼基(Mange)鎮離獅京自由城(Freetown)一四四公里。

肆、分隊分佈情況：

分隊名稱	成立日期	工作人員						距離隊部(公里)
		分隊負責人	副隊長	技師	小組長	隊員	合計	
曼基(Mange)	五三年六月十五日	隊長	一	四	一	五	一二	
赫斯汀斯(Hastings)	五四年二月一日	小組長	—	—	—	二	三	一二五
卡巴拉(Kabala)	五五年十一月廿七日	技師	—	—	—	一	二	五一三
駝峯(Binkolo)	五五年四月十七日	技師	—	—	—	三	四	一四一
卡泥瑪(Kenema)	五六年七月	小組長	—	—	—	二	三	三八五
保(Bo)	五六年十二月十五日	小組員	—	—	—	二	三	二四八
馬赫拉(Mahera)	五七年一月	小組長	—	—	—	二	三	一五四

伍、示範推廣地區及面積：

曼基(Mange) 四二·二二公頃　馬赫拉(Mahera) 三一·〇〇公頃

赫斯汀斯(Hastings) 一七·四四公頃　肯吐比(Kantobe) 二·〇〇公頃

卡巴拉（Kabala）	二三・二七公頃	佳納（Njala）	一〇二・二二公頃
駝峯（Binkolo）	一三・六六公頃	太陽馬（Taiama）	〇・八〇公頃
卡泥瑪（Kenema）	九・六五公頃	馬可（Makot）	〇・五〇公頃
保（Bo）	五四・六五公頃	曼波羅（Mambolo）	九〇・〇〇公頃
莫樣巴（Moyamba）	一三・〇〇公頃	訓練中心畢業生	一二・〇〇公頃
波特羅格（Port-Loko）	五・一九公頃	合計	四二一・五〇公頃

陸、工作計劃：

1 Mange 示範田繁殖優良種子以供推廣。

2 Mange 試驗田雨季積水地區適應品種選擇。

3 訓練獅國農技人員每年二期每期三〇人並訓練農民六二名。

4 示範農村第一期示範農戶九戶每戶〇・四—〇・七公頃地指導生產技術。

5 推廣工作，推廣區共計四二一、五九八公頃。

6 Hastings 蔬菜農場經濟生產與菜農輔導。

7 Mahera 洋葱栽培示範與育苗推廣。

8 Kabala 蔬菜育苗站雨季擴大育苗推廣。

9 成立東南省分隊加強示範與推廣工作。

10增設 Njala. Taiama. Makot Mambolo 推廣示範區。

柒、工作概況：

一、示範區工作：

㈠稻作：

①**水稻最佳品種年產量表：**

公斤・公頃

品種別 ＼ 年度・期別	五三 二	五四 一	五四 二	五五 一	五五 二	五六 二	五六 一	五七 一	五七 二	五八 一	五八 二	平均產量 一	平均產量 二
臺南三號	四,九九〇	五,九〇五	六,〇七二	六,二二三	四,七一六	四,三四五	四,九八〇	五,一〇四	五,〇〇五	四,六二七	四,三五四	五,二三九	四,八五三
嘉農二四二號	五,〇四〇	五,五一五	四,八八〇	五,四七二	四,九二四	四,三七〇	四,八四一	四,九三一	四,五二一	四,四九九	三,八五五	四,九五七	四,六七七
臺南五號	—	—	—	—	—	—	—	—	—	五,〇三六	四,三五四	五,〇三六	四,三五四
臺中在來一號	五,二七五	五,一七〇	三,六五〇	四,七六五	五,一九六	四,二九七	四,二五〇	四,五三六	四,七〇六	四,二二七	四,八三〇	四,五九九	四,六五一
臺中秈二號	—	—	—	—	—	—	—	—	—	五,七四三	三,八五五	五,七四三	三,八五五
Nachin 11	—	—	—	—	—	—	—	—	二,六五〇	—	二,〇四一	—	二,三四六
R. H. 2	—	—	—	—	—	—	—	—	—	—	二,二六七	—	二,二六七

②旱稻最佳品種年產量表：

公斤・公頃

產量　年度　期別　品種	五四		五五		五六		五七		五八		年平均		備註
	一	二	一	二	一	二	一	二	一	二	一	二	
臺中在來一號	—	三,四〇〇	—	四,〇一〇	—	三,三一〇	—	三,五七七	—	二,三三六	—	三,三三五	
Anethoda	二,五六〇	三,一〇〇	二,九〇〇	二,八四〇	二,七三八	三,〇七〇	二,七三〇	三,〇一〇	—	一,六七一	二,七三三	二,七三八	
嘉農二四二號	—	—	—	—	—	—	—	—	—	二,八二三	—	二,八二三	
臺南三號	—	—	—	—	—	—	—	—	—	二,七二二	—	二,七二二	

㈡雜作：

種植作物計有大豆、玉米、甘藷等大豆，每公頃產量爲二、一〇〇公斤，甘藷每公頃平均產量爲三〇、〇〇〇公斤，玉米每公頃產量爲四、〇〇〇公斤，樹薯爲獅國主要糧食之一，本隊推行栽培方法之改良如施肥培土灌溉等工作產量可增加五〇%。

㈢蔬菜瓜果：

蕃茄嫁接茄子示範，預防病害，增加生產引起農民栽培信心。

㈣稻作品種試驗：

獅國每年五、六、七、八、九、十月份，爲雨期農民己往五月便開始燒山整地以待種植陸稻，而低窪之沼澤地積水甚深地帶往往不適宜栽植稻株低矮品種，獅國本地種品種數目頗多，但其產量高低差異甚大生育日數很長感光性很高，限定栽培時期五——十二月種植在一——四月種植者其抽穗過遲影響下期耕作時期，故本地種一年只能栽培一次，而依獅國氣候條件觀之只有稻株高生育日數短感光性鈍品種在灌溉豐富之五——十二月間可種植二次，甚至灌溉排水設施解決者一年可種植三作。

㈤栽培方法之改良：

①水稻：獅國均利用降雨季積水之沼澤地作為稻田，栽培方法很粗放例如秧苗期八〇天左右老熟秧苗，田區不規劃排水不良又不施肥噴藥，其產量很低每公頃產量約在二八八——八一八公斤之間，本隊全面推廣新品種及栽培技術改善產量提高三、〇〇〇——三、五〇〇公斤．公頃並由國內引進品種在一年當中可栽培三期作，其試驗結果如下：

作別	品種	播種期	插秧期	收穫期	本田生育日數	產量(公斤・公頃)
一	臺中在來一號	十二月十八日	一月　三日	四月　十日	九七	四、二二七
二	白米粉	五月二十日	六月十六日	九月十二日	八八	三、六〇〇
三	臺中秈二號	九月十一日	九月三十日	一月　三日	九五	三、八一〇

②陸稻：獅國陸稻之栽培很粗放採用撒播，不施肥，噴藥，除草，產量很低每公頃產一、〇〇〇公斤左右，該隊用條播適當播種量，合理的施肥，噴藥除草產量提高每公頃二、

五〇〇——三、五〇〇公斤。

二、訓練工作：

歷年受訓農技人員及農民數列表如下：

項目／年度	農技人員					農民			總計	備註
	受證書者	水稻	蔬菜	短訓者	小計	稻作	蔬菜	小計		
五三	〇	三	〇	〇	三	五	二〇	二五	二八	期前
五四	〇	九	〇	〇	九	七	四〇	四七	五六	期前
五五	六	四	三五	一六	六一	六五	三一	九六	一五七	農技第一期
五六	九	〇	五	三二	四六	一二	三	一五	六一	農技第二期
五七	一二	六	〇	四四	六二	三六	一二〇	一五六	一九六	農技第三期
五八	二三	一〇	〇	三九	七二	一四	七八	九二	一六七	農技第四期
合計	五〇	三二	四〇	一三一	二五三	一三九	二九二	四三一	六八四	

三、推廣區工作：

推廣農戶歷年耕作情形：

項目／年度	推廣農戶數	耕作面積	水稻	陸稻	蔬菜	果樹	備註
民國五四年	一三	三·一〇〇〇	二·〇〇〇〇	〇·九〇〇〇	〇·二〇〇〇		一、推廣農戶受本隊技術指導水稻達53.15 Busne/Acre 生產收入Le 106.30 扣生產成本 Le 55.90 純益Le 5.040陸稻產量42Bushe/Acre 生產收入 Le 84.00 扣成本 57.22 純益 Le 26.78 每年收入豐富生活頗改善
民國五五年	一一二	三六·〇〇〇〇	七·三〇〇〇	二〇·七〇〇〇	八·〇〇〇〇		
民國五六年	三三五	八八·九〇〇〇	一三·五〇〇〇	五〇·三〇〇〇	二五·一〇〇〇		
民國五七年	四一八	一七三·二〇〇〇	三三·〇〇〇〇	九九·五〇〇〇	四〇·七〇〇〇		
民國五八年	三五八	三四七·四八〇〇	二五〇·九九八〇	一一二·四九二九	四三·二八八三	一·四五二五	
合計	一、二三六	六四八·六八〇〇					

㈠該隊自五十三年度成立後經在全國主要地區設立分隊及工作站，已進入全面推廣之階段，農民已深感我國水稻栽培法確實可提高單位面積產量有利民生經濟，一故般農民均自動的要求本隊前往給予技術指導。

㈡經獅國農部邀請派測量隊協助規劃南省主要產米地區及稻作栽培技術，預定民國五十九年着手工作，如此擴大地區變成良好稻田獅國稻米卽可自給自足。

四、水利設施：

Mange 目前已有之水利設施如下：⑴抽水站三處計五部，抽水機四部六吋，一部五吋；⑵灌溉溝有內面工長五二〇公尺，土水路二·三七〇公尺；⑶排水溝五〇〇公尺；⑷分水門一五個；(5)涵洞長一〇一公尺；(6)排水涵洞長三六公尺，灌漑面積二二・九五公頃。

依上項水利設施以經濟利用情形下，每部六吋抽水機每天抽水灌漑一次以三公分計，應可灌漑四——五公頃，目前實際平均每部抽水機之灌漑量爲四・五公頃，故依現有之設施做爲已墾水田二二・九五〇〇公頃之需水量，已足够不需增設，惟排水系統部份尙需埋設五處六吋涵管長五〇公尺，以利排水。

Rogap 推廣區約一〇公頃左右，可墾面積如需改良成雙季水田，尙需增設兩部抽水機（六吋）分設兩處，築土水路給水溝一、〇〇〇公尺，排水溝五〇〇公尺，分水門五處，理設涵管計六〇公尺（一〇處），材料以直徑一〇吋之石棉管爲宜，依過去 Rogap 推廣區之實際耕作情形，因民情關係，如該區全部歸屬該村農戶配合開墾種植，實有勞力不足之慮，如需順利展開，今後之推廣工作實有另找農戶參加該推廣區之必要。

十七、塞內加爾共和國(Republic of Senegal)

甲、概　述

從塞內加爾盆地內發現古代的斧器，首都達卡(Dakar)附近也發現新石器時代的雙斧頭和弓箭，在塞安-沙倫(Sine-Saloum)地區發現石碑和銅、鐵器皿等，即知塞內加爾在遠古時代已有人類居住的事實。

塞內加爾有記載的歷史中，在九世紀時，卽發現突古勒(Toncouleur; Topror or Tukulor)人定居於此。塞內加爾這名字可能由其城鎮「塞內加拿」(Senegana)一字，或茅利塔尼亞「辛拿加倍倍人」(Zenaga Berbers of Mauritania)演化而來。

約於西元一四〇〇年，普爾（Peuls）人在塞內加爾中部建立一王國，該地區以後名爲富塔托勒(Fonta-Tora)，十八世紀時，回教的突古勒人在該地暴動，並成立了一個神權的封建共和國。

西元一四四四年，葡萄牙航海人員進入綠岬（Cap-Vert），並在塞內加爾河口及哥利（Gorée）（在達卡的對面）、羅非斯克（Rufisque; Rio Fresco）、喬爾（Joal）、波米達（Portuda）、沙倫、卡薩孟斯(Cassamance)等地建立工廠，其主要重心則在綠岬的幾個島嶼。從十六世紀開始，葡國航海家卽不能獨佔其利而與法英兩國的海盜及商人們互相競爭，迨十六世紀末葉，葡國勢力轉弱，英法兩國乃得乘

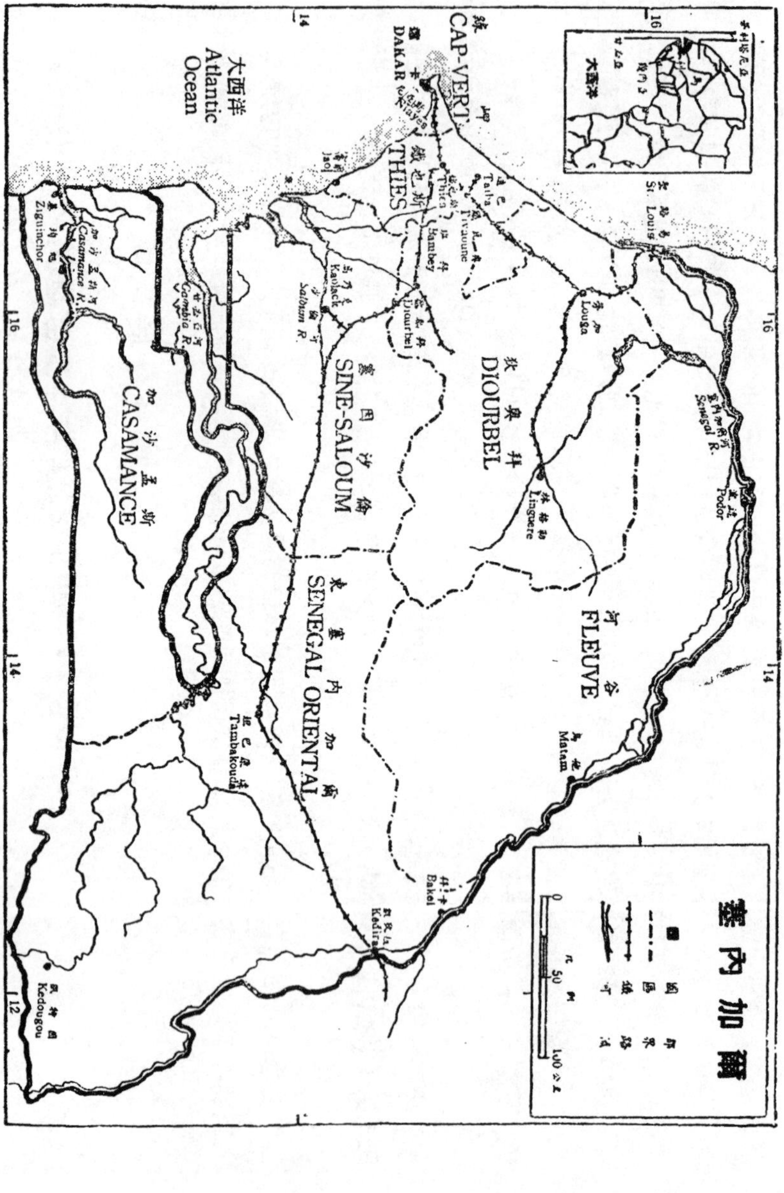
塞內加爾
大西洋
Atlantic Ocean
CAP-VERT
DAKAR
THIES
St. Louis
Louga
Linguere
Podor
Matam
Bakel
Tambakounda
Kedougou
Kaolack
Diourbel
Ziguinchor
DIOURBEL
SINE-SALOUM
SENEGAL ORIENTAL
CASAMANCE
FLEUVE
Senegal R.
Saloum R.
Gambia R.
Casamance R.
16
14
12

機在甘比亞、羅非斯克各自建立了根據地。

一六四五年，法國創立的塞內加爾公司在塞內加爾河口成立一個法國工廠，該廠爲洪水所淹後，復在該河上達爾 (N'dar) 小島重新建立，該地卽爲後來於一六五九年所建立的塞內加爾聖路易(Saint-Louis)，用以紀念法王路易十四的，一六七七年法國人又從荷蘭人手中奪得了哥利島，兩地的工廠均爲法國人都卡斯 (J. B. Ducasse) 所管理，他並爲促進貿易而做了許多事情，購買槍枝與販賣奴隸爲其貿易的大宗。是時，甘比亞的亞爾必達(Albreda)海港已建築完竣。

西元一七五七年，歐洲七年戰爭時，塞境內所有的工廠均爲英國所佔領，但於一七六三年和平談判時又將哥利交還給法國，一七七九年法人又收復了聖路易，當一七八七年布蘭卓 (Blanchot de Verly) 任總督時，英人常常侵襲聖路易，但布總督尙能作有效的抵抗。

西元一八一六年，聖路易及哥利經維也納會議決定重新歸還法國，西馬斯(Julien Schmaltz) 任總督，在塞內加爾河上游的巴克爾 (Bakel) 建立一個驛站，並嘗試在聖路易隣近種植棉花，其繼任者羅加 (Baron Roger) 亦繼續試種，但未獲成功。

西元一八三五年至一八三七年間，法人在卡薩孟斯另佔領那個驛站，此卽加勒班 (Carabance) 及塞奇奧 (Sedhion)。一八五七年，法海軍船長波羅鐵 (Portet) 在達卡建立驛站，總督發德柏 (L. L. C. Faidherbe) 又佔領了小灣 (Petit Cote) 及沙倫 (Soloum)，合併凱約 (Cayor)，遂使殖民地若干部份得以連接在一起。一八六五年發德柏任滿返國時，已組織好了塞內加爾的軍隊，並奠立了以着重當地習俗爲主的土著政策的基礎。

總督發德柏建立塞內加爾步兵隊時，即已表示：法國已開始利用塞國作爲向蘇丹及並河（The Rivieves du Sud）擴張勢力的基地。達荷美被征服後，法國於一八九五年及一九〇四年設立西非總督(Gouvernment Géneral de L'afreque Occidental)及派遣第一位負責塞國的總督，總督府最初設在聖路易，其後並於達卡設立分署，達卡城乃得迅速繁榮，成爲塞國及法屬蘇丹的主要港口。

第二次世界大戰期間，塞國會效忠於維琪政府（是法國投降納粹德國的政府），並在一九四〇年反抗英國的攻擊，但於一九四二年十月卽歸附盟國聯軍，一九四六年法國憲法制定後，塞國人也成了法國的公民，並由殖民地變成了法國海外地區，在此以前，塞國人有法國公民權者限於聖路易、哥利、達卡、羅非斯克等四地區的人民。

西元一九五二年塞內加爾已有地區議會，一九五七年地區議會舉行普選，一九五八年九月廿八日憲法交付選民表決時，塞國百分之九十選民投票接受此憲法。同年十一月廿五日地區議會集會，並宣布塞國爲共和國，一九六〇年八月二十日退出馬利聯邦正式獨立，同年九月二十八日加入聯合國。塞國的行政區現分爲七省，每省設省長(Governor)一人，直接向內閣總理負責，省下設縣，縣設縣長一人，全國共二十八縣，縣下設鄉，鄉設鄉長一人，全國共有九十鄉，七省的名稱及首邑如後：

(1)綠岬省(Cap-Vert)，首邑達卡(Dakar)

(2)河谷省(Vallee du Fleuve)，首邑聖路易(St. Louis)

⑶東塞內加爾省(Senegal Oriental)，首邑淡巴廉達(Tambacounda)
⑷卡薩孟斯省(Casamance)，首邑幾甘秀(Ziguinchor)
⑸塞安沙倫省(Sine-Saloum)，首邑高乃克(Kaolack)
⑹鐵也斯省(Thies)，首邑鐵也斯
⑺狄奧拜省(Diorbel)，首邑狄奧拜。

乙、自然環境

位置與面積

塞內加爾共和國位於西非洲偏北的突出部份，呈三角洲狀，介於北緯十二度至十七度，西經十二度至十七度之間，面積計約十九萬六千一百九十二平方公里，略山於我浙江、吉林兩省面積之和。

塞國面臨大西洋，南與葡屬幾內亞及幾內亞共和國爲界，東與馬利共和國爲隣，北隔塞內加爾河與茅利塔尼亞回教共和國接壤。

塞國的海岸線計長四百八十三公里，沿海突出區叫做綠岬(Cap-Vert)，首都達卡(Dakar)，卽位於此，爲非洲大陸最西的一端。

塞國境內有甘比亞共和國，位於甘比亞河下游兩岸，其國境長約三百零六公里，寬約四十公里，呈一劍形，自大西洋沿岸直揷入塞國內陸，爲塞國地理上一大特徵。

塞內加爾共和國原爲一海灣，故其地勢平坦而少起伏，大多數城市和鄉村均在三百英尺以下，僅東南部因受東幾內亞境內伕大甲隆（Fauta Djallon）山脈蔓延的影響，地勢稍高，但最高點（在凱特岡 Kedougou 附近東南角）亦僅海拔一千五百英尺。

地　形

塞國境內河流縱橫，對農田灌漑頗爲有利，其主要河流簡介如後：

⑴**塞內加爾河**　此河發源於幾內亞東境的伕大甲隆山麓，向東北流入大西洋，全長一千六百零九公里，爲塞國與幾內亞，茅利塔尼亞的自然疆界，除供灌漑外，尙有舟楫之利。

⑵**沙倫**（Saloum）**河**　此河在塞境高乃克（Kaolack）地區，東西流入大西洋，是該地區特產花生與花生油對外輸出的主要通道。

⑶**卡薩孟斯河**（Casamance River）　此河與塞內加爾河同源於伕大甲隆山麓，其流入大西洋的下游部份，形成三角洲，塞國的要港幾甘秀（Ziguinchor）卽位於此河河畔，河流兩岸氣候相當炎熱，土壤也非常肥沃，已逐漸成爲該國主要的產米區域，我駐塞的農耕隊隊本部卽設於此，作者去年（一九六九年）赴該處視察時，其有史以來從未種植水稻的地區，現均綠油油的一片，農民們莫不額手稱慶。

(4)**甘比亞河**(Gambia River) 發源於幾內亞，上游流經塞國約一百二十九公里，但不利於航行，其下游兩岸則爲甘比亞共和國。

依地理學者就自然環境而言，塞國可分爲七個自然區：①塞內加爾河流域區，②多森林的牧場區，③東南部紅土區，④中南部花生盆地區，⑤沿海地區，⑥卡薩孟斯河流域區，⑦甘比亞河上游流域區。

氣候

塞國全境均爲熱帶氣候，北緯十四度以北爲北半部，屬撒哈拉沙漠氣候型，十四度至十二度爲南半部，屬蘇丹型(Sudan-Type)氣候，惟沿海地區則爲海洋性氣候，氣候溫和，寒暖變化較小，以京都達卡爲例：歷年平均溫度，以二月份爲最低，平均爲華氏六十三度，九月份最高，自華氏七十三度至八十六度不等，平均爲七十七度。

全國分乾雨兩季，乾季自十一月至次年六月，雨量稀少；雨季自七月至十一月，雨量豐沛，全年平均雨量以北部較少，愈向南則愈多。北部以波達(Podor)爲代表，年雨量僅十三英寸；中部以達卡爲代表，年雨量增至二十英寸；南部卡薩孟斯河流域最多，爲七十二英寸。

丙、農業經營的現狀

地理條件

塞國有百分之七十以上的男性就業人口從事於農業，大多為小農制，在家庭中人合力之下耕種三至六公頃的公有土地，或過着牧畜生活。在殖民地時代，利用集中的機械及傭工，實施花生及稻米兩次大規模農業計劃之嘗試，均告失敗，由於氣候的關係，除最南部卡薩孟斯地區外，各地僅限於生產少數不同的作物，雨季分佈於約四個月的時間，因而只能種植具有短暫生長過程的植物。

塞國的土壤，若干地區，相當肥沃，茲依其性質的不同，分為四區：

(1)河流冲積土壤區（卽主要河川兩岸流域地區）。
(2)北部紅褐色土壤地區。
(3)中部閃綠岩土壤地區。
(4)南部鐵質黃褐色土壤地區。

勞動力

根據世界糧農組織一九六八年的年鑑報告，塞國的總人口有三百四十九萬，但據我外交部一九七〇年的報導，則有三百七十八萬，其中農民人口有二百六十萬零五人，在各行各業中，其眞正直接從事農業生產者約一百三十萬人，其中男性約佔百分七十二，女性約佔百分之二十八，故在勞動力方面講，塞國農業發展是有其前途的，塞國全部人口中，除歐洲人佔約四萬人外，餘皆爲非洲人，平均密度約爲每平方公里十五人。同時，塞國與其他西非沿海國家一樣，人口的分佈極不均勻，在法羅(Ferlo)沙漠地區，每平方公里不足一人，而在綠岬地區則每平方公里有四百人之多。

據一九五七年的調查，塞國屆齡生育婦女（十五歲至四十九歲）生育率爲千分之一百九十三，平均生育率爲百分之三，死亡率爲千分之二十六（男二十九女二十二），嬰兒死亡率爲千分之一百六十七。居住於城鎮中的約佔全人口五分之一，其餘皆散佈在鄉村，歐洲人中以法國籍者爲最多，其餘多爲中東，黎巴嫩等地的移民，首都達卡一地，人口已超過三十萬。

主要農作物

塞國南部的雨量尙豐富，平原也較爲廣大，土壤也尙相當肥沃，惟農業耕作技術較爲原始，以致農產物收穫量大受影響。

塞國政府對農業發展，極爲重視，玆就該國主要農作物分述如後：

(1)**花生**　塞內加爾大草原的特殊土壤與氣候條件最適於花生的種植，該項作物原先集中種植於達卡的東部與北部區域，惟由於該區域內漸增的人口壓力，土地爲人們作爲建築基地，已使適合農耕的土地感到缺乏。同時，由於大部分農民仍舊使用傳統的種植方法，以致單位產量仍然很低。最近，農民們已知使用肥料，故生產量正逐漸增加中。

根據世界糧農組織，一九六八年的年鑑報導，該國花生種植面積爲一百十四萬七千公頃，總產量爲一百十一萬四千公噸，單位面積產量平均每公頃爲九百七十公斤。

⑵ **粟**　粟爲塞國最主要的糧食之一，約佔農產品生產總值百分之十五至二十。因其爲農民的主要糧食，故與花生交替種植，塞國北部因氣候乾燥，不適合於種植花生，故卽種粟，由於粟對施肥反應較花生爲佳，故單位面積產量正迅速增加中。

根據世界糧農組織一九六八年的年鑑報告，塞國粟的種植面積有一百十二萬一千公頃，總產量有六十一萬六千公噸，單位面積產量爲每公頃五百五十公斤。

⑶ **稻米**　稻米爲卡薩孟斯省農民們的傳統作物，沼澤地與高地均可耕種，大部份出產不對國內其他各地運銷，故國內其他地區對稻米的需要，仍需由國外輸入供應，輸入量每年約在十七萬噸左右，佔國內總消費量的三分之二，一九六四年，在法國援助合作之下，在塞內加爾河三角洲試行種植稻米。

根據一九六八年世界糧農組織的年鑑報告，全國種植面積爲八萬九千公頃，總產量十二萬六千公噸，單位面積產量爲每公頃一千四百公斤，產量很低，但自我農耕隊進駐後，水稻產量每公頃已達三千五百餘公斤，卽使陸稻亦在每公頃一千六百餘公斤。

(4)棉花　目前塞國棉花生產幾與花生一樣的可以獲利，一項棉花生產計劃已於一九六三年在塞內加爾東部開始實施，預計至一九七一年種植面積可達一萬三千公頃，單位面積產量平均每公頃一千公斤。

(5)甘蔗　塞國食糖非常缺乏，每年均賴輸入以資供應，統計，一九六五年一年中，即輸入食糖六

塞內加爾農耕隊麥瑟松推廣農民做苗床

萬五千噸。塞政府爲欲減少食糖的進口，已計劃在塞內加爾河谷里查德多爾 (Richard Toll) 試行種植甘蔗。

(6) **蔬菜**　塞國主要蔬菜生產地爲尼亞斯(Niayes)地方，這是沿達卡與聖路易(St. Louis) 間海岸引伸的一小塊土地，其上的淺水台地，形成各個小型淡水湖，各種蔬菜卽生長在這些湖的周圍，惟因完全缺乏推廣業務及運銷組織的欠健全，以致生產趨於停滯狀態，現該國農部正擬訂計劃改進中。

我農耕隊在一九六四年進駐後，曾將胡瓜、蘆筍、冬瓜、小白菜、萵苣、胡蘿蔔、蘿蔔、空心菜、長紅豆、茄子、甜椒、韭菜、苦瓜、越瓜、絲瓜、葱、薑、蕃茄、豌豆、包心白菜、芥菜、甘藍、椰菜等多種蔬菜瓜果，移植該國，栽培成績非常良好。因此，該國政府要，民意代表及地方人士均甚欣賞。

交通運輸

塞國的交通運輸事業可分下列諸點，分別介紹：

(1) **公路**　第二次世界大戰後，由於法國及歐洲經濟共同開發基金的資助，塞國的公路已具基礎和規模，據一九六四年年底的統計，其具柏油路面的公路，共有九百餘英里；經整修的泥土道路約有一千一百多英里；未經整修的鄉村道路共約有七千英里。達卡至聖路易的路面均已爲硬面公路，至於泥土公路在旱季內普通汽車可以通行者達一千五百英里。

(2)**鐵路**　全境鐵路長約六百英里，幹線橫貫整個國土，自一八八〇年後，達卡至聖路易的一段即已築成，此後逐年發展，加舖支線至勞加(Louga)及狄奧拜(Diorbel)花生產地，一九二三年法國陸軍將本線(狄奧拜線)延伸至馬利(Mali)的凱狄拉(Kedira)，後又延伸至馬利的首都巴馬科(Bamako)，嗣因塞國退出馬利聯邦，因此，達卡至巴馬科的鐵路乃告中斷。

目前，塞國正着手的達卡至鐵也斯(Thies)的鐵路改爲雙軌，其餘則仍爲原軌，茲將塞境內各線里程抄錄如後：

達卡至鐵也斯長四十二英里；鐵也斯至聖路易長一百一十五英里；鐵也斯至凱狄拉長三百四十英里；基尼基尼奧至高乃克長十三英里；狄奧拜至巴都長二十八英里；勞加至林格勒長七十七英里。

(3)**港口**　塞國爲非洲唯一具有四個港口的國家，在地理位置上接近西歐，該四港口爲：

a.達卡——位於通往歐洲及美洲的十字路上，碼頭一次可容四十六艘船隻。

b.高乃克(Kaolack)——位於沙倫(Saloum)河畔，距達卡一百二十英里，爲花生及花生油之主要輸出港。

c.幾甘秀(Ziguinchor)——是卡薩孟斯省主要港口，臨卡薩孟斯河，距海約四十英里，中型噸位的船舶可直達本港。

d.聖路易——位於塞內加爾河出海口，爲該河運輸的主要港口，該河下游的石油、食料、建築材料及上游的皮革、木炭、阿拉伯樹膠、米、玉蜀黍等全賴小型船隻輸送至本港口。

⑷**航空**　位於約夫(Yoff)的達卡國際機場，爲自歐洲及北美飛往南非的通路，同時，也爲歐洲客機飛往南美的正規中途站。此外，鐵也斯、聖路易、幾甘秀、高乃克、狄奧拜、勞加、坦巴康達(Tambacounda)等處亦均有輕型飛機場。至於經常來往塞國的航空公司，則有法航、泛美、阿根廷、巴西、英國海外、荷蘭、瑞士、迦納、德航等家，故航空事業在塞國堪稱發達。

對外貿易

在一九六一年以前，塞內加爾尙無單獨對外貿易的統計數字，彼時，塞國與茅利塔尼亞，馬利同爲法國屬地，尙未建立國家，故無單獨的對外貿易統計，但大體言之，塞國約佔對外貿易比例爲百分之八十，茅利塔尼亞佔百分之五，馬利佔百分之五。

塞國的進出口貨物種類很多，本篇僅就農產品的輸出入略加介紹，花生的出口佔塞內加爾國際貿易的重要地位，大部份的外滙收入差不多都是靠花生的輸出。

塞國對外貿易最主要的國家是法國，約佔貿易總額的四分之三。最近，與美貿易亦在逐漸增加中。

塞國的主要輸入品爲穀類，根據一九六六年的統計，該國糧食輸入情形如後：

⑴**小麥**　進口七萬六千公噸，價値六百五十一萬美元。

⑵**馬鈴薯**　此項農作有輸入，也有輸出，其輸出的馬鈴薯大部爲轉輸隣近內陸國家。惟數量極爲

有限，就一九六六年言，僅輸出二百公噸，而輸入則有一萬一千四百三十公噸，價值八十六萬四千美元。

(3) **稻米** 是年輸入量爲十五萬九千二百公噸，價值一千七百五十五萬美元。

(4) **蔗糖** 食糖的輸入量爲六萬四千六百公噸，價值九十三萬九千美元。惟亦有少數出口，但其情形與馬鈴薯一樣，不過是轉口而已。

(5) **玉米** 是項輸入有一萬公噸，價值七十六萬美元。

(6) **香蕉** 進口四千五百七十公噸，價值三十五萬九千美元。

(7) **棉花** 是年輸入量爲四百九十公噸，價值五十一萬美元。

(8) **菸草** 進口六百三十二公噸，價值十七萬美元。

(9) **咖啡** 咖啡有輸入，也有輸出。不過，在輸出方面僅屬轉口性質，其輸入量爲二千三百三十公噸，價值三十五萬美元。

至於輸出部份，自以花生爲最主要，一九六六年的輸出量爲二十九萬八千零九十公噸，價值五千二百二十二萬美元；其次爲棕櫚及其仁，輸出三千二百六十六公噸，價值三十五萬八千美元。

塞國無論對內對外貿易都是以達卡爲中心，其次是聖路易、高乃克、幾甘秀、鐵也斯等地，塞國的市場控制權，無論對內對外，幾乎全爲法籍公司所操縱，此種現象與多數前法國殖民地一樣。目前，塞國本國人立足於工商業者仍甚少，塞政府正積極鼓勵，培植，本國人直接從事於工商業，相信若干年後，其從業人類及重要性將日漸提高。

丁、農業潛力的開發

塞國的雨量尚豐，平原亦廣大，土壤也相當肥沃，勞動力亦不缺乏，爲西非洲主要農業國家之一，塞國政府對於農業發展極爲重視，惟根據塞國土地使用研究報告：若干耕種技術，尚爲四千年前所流傳下來的舊辦法，農場及農田的管理，依然爲部落時代的管理辦法，我國基於對友邦互助合作的原則，曾於一九六四年四月二十九日派遣一由二十六位農技人員所組織的農耕隊前往該國工作，一方面將我國的小農制度及人力耕作方法介紹給該國農民，以適應該國農民長期的舊耕作方法。一方面又將新式的機耕制度，併行傳授給他們，希望他們由此習得近代農業知識和近代耕作方法。

塞國與我在一九六〇年九月二十三日正式建交，旋於一九六四年十一月八日與我斷交，去年，一九六九年七月十六日又和我復交，我在該國首都達卡已設有大使舘，在一九六四年至六九年斷交期間，我農耕隊始終未曾撤離，一直爲該國農業開發工作而努力，深得該國人民的擁護與愛戴，筆者一九六九年七月間訪問該隊時，隊部附近的小學教師，聞我考察人員到達，特製當地佳餚數色，贈我佐餐，由此可知塞國人民與我友善的態度及其人情之可貴，玆將我農耕隊在該國工作情形簡介如後：

駐塞內加爾農耕隊

壹、成立日期：

民國五十三年四月二十九日。

貳、編制人數：

隊長一人，副隊長一人，分隊長三人，技師八人，小組長六人，隊員二三人，計四二人。

叁、隊址：

卡塞孟斯(Casamance)省省會幾甘秀(Ziguinchor)，距離塞京達卡(Dakar)四四〇公里。

肆、分隊及推廣站分佈情況：

分隊名積	成立日期	工作人員				距離隊部（公里）	備註
		副隊長	技師	隊員	合計		
加洛美分隊（Diaroume）	五六年二月十八日	—	三	四	七	一一二	
谷東埔分隊（Goudomp）	五八年一月一日	—	一	三	四	五〇	
甘家隆推廣站（Kandialan）	五八年一月一日	—	一	一	二	六	
吉北洛小組（Djibero）	五八年五月十五日	—	一	一	二	四	
寶島分隊（Podor）	五八年九月十一日	一	二	四	七	九〇〇	
達卡小組（Daker）	五八年十二月五日	—	二	一	三	四二〇	

伍、示範區地址及面積：

加洛美（Diaroume）	三・〇公頃
谷東埔（Goudomp）	一・二〇公頃
寶島（Podor）	一・九六公頃
吉北洛（Djibero）	一・二〇公頃
甘家隆（Kandialan）	〇・四〇公頃
達卡（Dakar）	〇・一二公頃
合計	七・八八公頃

該隊在底昂戴(Diende)另有示範區三・三七公頃，已於五十八年六月撥給當地農民耕作，未列計在內。

陸、推廣區地址及面積：

瑟法（Séfa）	一八・四一公頃
加洛美（Diaroumé）	九〇・三〇公頃
麥瑟松（Marsassoum）	二三四・五四公頃
地雅隆（Diaron）	五・三八公頃
甘家隆（Kandialan）	一五・三八公頃

谷東埔（Goudomp）　一二八・八八公頃

共　計　四九二・八九公頃

柒、工作計劃：

一、建立稻作及蔬菜示範農場，辦理引種、試驗、選種、繁殖等工作。

二、增設寶島分隊，谷東埔及甘家隆推廣站，以及達卡、吉北洛二蔬菜小組，擴大推廣面積，並加強改進原有推廣田。

三、訓練農民及農業幹部。

四、籌組農民合作組織。

捌、工作概況：

一、示範區工作：

㈠稻作：

①水稻：本年第一、二期水稻示範皆在加洛美示範區舉辦，第一期（二至六月），因受到去年天旱之影響，灌漑水含鹽量驟增，因此生產不良，部份且無收穫。第二期水稻，平均產量爲每公頃六、三二七公斤，爲當地產量之五倍。

②陸稻：各品種栽培以大畑早生一二三號最佳，每公頃可至三、七五〇公斤，作爲推廣品種，其餘東陸一號、二號、三號，不但產量低，且易感病害，故僅作觀察。

㈡雜作：

包括綠豆、紅豆、甘藷、甘蔗、木瓜、香蕉，其中甘藷，極受農友之歡迎，擬予大量推廣。

㈢蔬菜、瓜果：

示範區種植重要蔬菜瓜果三九種，至五十八年十二月底計已推廣六·五公頃，農民之生產品在市場出售，因品質良好，新鮮，頗受大衆之歡迎。

㈣稻作品種試驗：

五十八年第二期作以秈稻一四品種，粳稻一五品種，在加洛美示範區作品種產量比較試驗，因生育初期灌溉水及土壤中仍含有少量鹽分，因而生長情形大受影響，平均產量比示範栽培爲低，秈稻品種以高雄秈育四號最佳，平均產量五、二〇〇公斤·公頃，粳稻品種以臺中育一八七號最佳，平均產量五、二四〇公斤·公頃。

㈤栽培方法之改良：

①舉辦陸稻種植時期試驗，藉以探討栽培適期。

②指導農民更新品種，培育健全秧苗，及時揷秧，正條密植，中耕除草，施用肥料，病蟲害防治，適時收穫等，俾能增加產量。

③將農民習慣性之陸稻撒播改爲條播，俾便於田間管理及提高產量。

二、訓練工作：

至五十八年年底，該隊已訓練農民學生及推廣人員五、〇七二人，其訓練方式如下：

㈠訓練班（講習班）：

訓練班係對一般農業技術人員作較有系統之訓練，並利用假期訓練中學及職校在學學生爲使在該隊推廣區之優秀農民，更進一步獲得農業智識亦予以講習。

①辦理迄今已一六次，訓練期間每次二天至一星期不等，參加人數共計二、三三八人，其中農業技術人員三七人，中學及職校學生一一三〇人，優秀農民二、一七一人。

②訓練內容以現場操作爲主，講授爲輔，作物中尤重水稻之栽培管理，並包括甘藷、蔬菜等其他作物。

③當地政府官員或地方人士經營農場時，都優先雇用曾參加該隊講習之學員。

㈡觀摩會：

①觀摩會，以某一作物或某一過程爲主，如：插秧觀摩會，施肥觀摩會，病蟲害防治觀摩會，收穫觀摩會，農機具使用觀摩會，中耕除草觀摩會等。

②辦理迄今已五〇次，每次爲期半天至一整天，參加者，以農民爲主，農業技術人員爲輔，人數每次自一〇人至一〇〇餘人不等，共計二、七八〇人。

③參加者平日用古老方法從事田間耕作，參加觀摩會後，增加新知識，使其改良耕作方法

而增加生產。

三、推廣區工作：

㈠推廣農戶及面積：

五十六年十二月止，計推廣農戶一四二戶，推廣面積二〇・五五公頃，五十七年內增加推廣戶九七九戶，推廣面積二一三・〇七公頃，五十八年內增加推廣戶七一六戶，推廣面積二五九・二七公頃，共計推廣戶一、八三七戶，推廣面積四九二・八九公頃（另有九九・〇一公頃——五十六年一九・二二公頃，五十七年七九・七九公頃，因選地不良或農民因其他原因棄耕未計算在內）。

㈡產量：

二期作水稻平均每公頃產量三、六七九公斤，陸稻平均每公頃二、〇四三公斤，蔬菜之推廣以蕃茄、洋葱、馬鈴薯爲主，其產量均高出一般普通栽培一〇倍以上。

四、水利設施：

示範地建有灌漑水路一、〇九六公尺，排水路七九六公尺，推廣區建有水壩三座，水井一二口，灌漑水路八、四四五公尺，排水路四、八八一公尺，以上灌漑情形，距目前種植之需要相差甚大，正逐步加強中。

玖、特別事蹟：

一、塞國總統偕有關部長於五十八年三月，親蒞視察農耕隊示範及推廣區，對該隊工作，深表嘉勉。

二、塞國農林發展部長 Mr. Habib Thiam 等一行於五十八年三月應邀訪問我國，七月間我楊次長蒞塞與塞政府簽署聯合公報宣佈中塞復交。

十八、多哥共和國(Togolese Republic)

甲、概　述

多哥的歷史資料非常缺乏，至今尚無可靠的記錄可據，但從阿拉伯及歐洲各國史學家的記載中，可以略略窺知多哥的先民早已生存在石器時代。

西元一九一三年至一九五六年間，曾有許多考古學家在多哥的山區中，發現有各種石幣及其他遺跡，這益使人們相信多哥的先民曾一度繁衍於上伏塔及尼日之間的地區，尤以多哥高山地帶的人口更爲密集。蓋洪荒時代，居民爲避洪水及猛獸的侵襲而避居高地，不僅多哥民族如此，即任何其他民族亦復如此。

多哥的海岸線極短，外國人士很不容易進入該國，故社會風氣相當閉塞，直至十八世紀中葉，多哥方有可靠的史料可資參考。當十七、十八世紀時，非洲各民盛行販賣奴隸，而多哥南部居民性格崛強，頗具正義感，深以販賣同胞爲可恥，故雖一般生活窮困，仍多不屑爲之，其民族性格，實値欽佩。

十八世紀中葉，歐陸英、法、德、丹、荷、葡等國商人冒險，至多哥作販賣奴隸的勾當，其中以德國人最爲認眞而努力，且具有獨霸的野心，企圖執西非商業的牛耳。

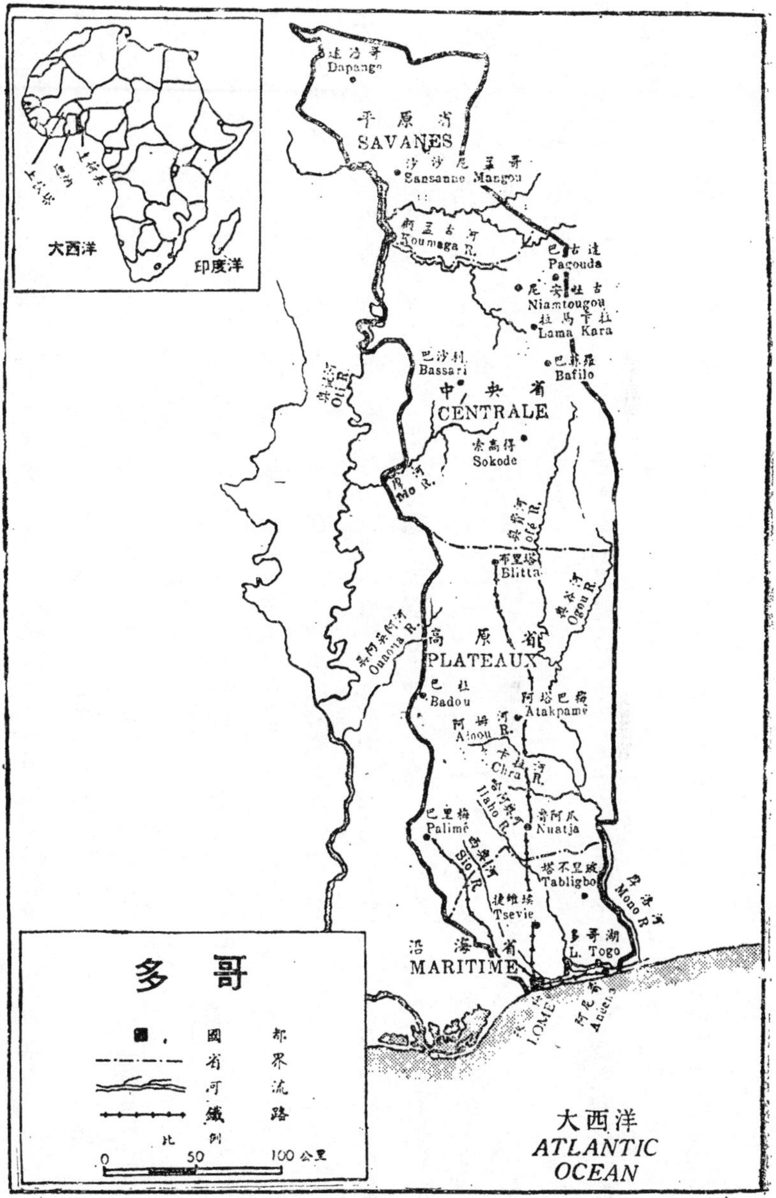

大西洋
印度洋
Dapango
平原省
SAVANES
Sansanne Mangou
Koumaga R.
Pagouda
Niamtougou
Lama Kara
Bassari
Bafilo
中央省
CENTRALE
Sokode
Mo R.
Oti R.
Blitta
Ogou R.
高原省
PLATEAUX
Ouaoua R.
Badou
Atakpamé
Amou R.
Chra R.
Palimé
Nuatja
Sio R.
Tabligbo
Tsevie
Mono R.
沿海省
MARITIME
L. Togo
LOME
Anecho
多哥
國都
省界
河流
鐵路
比例
0
50
100 公里
大西洋
ATLANTIC
OCEAN

西元一八八四年，英人慫恿當地酋長起而反抗德人，德首相俾斯麥令駐突尼西亞總領事那地加爾(Gustav Nachtigal) 率艦攻入西非海岸，壓迫多哥國王蒙那巴三世 (Mlapa III) 簽訂「多哥國王屬下之臣民應受德國保護」的條約，從此多哥便受到了德國的保護，後並於一八八五年十二月及一八八六月七月又先後簽訂德、法及德、英劃分邊疆的協定。

德國人對於多哥這塊殖民地的建設甚爲積極，先後完成三線鐵路、公路網、教堂、電報局及碼頭等，現在的首都洛梅 (Lome) 就是當時的總督柯勒氏 (August Köhler) 的精心之作。

第一次世界大戰爆發後，英、法軍隊在一九一四年八月間攻入多哥，多境德軍投降，英、法軍遂瓜分多哥，迨一九一八年大戰結束，同盟國於一九一五年五月六日議定將德屬多哥置於委任統治制度之下，由英、法兩國分別代管。當時，英國所代管的土地有三萬三千八百平方公里，人口有四十二萬九千人；法國所代管的土地有五萬六千七百平方公里，人口有一百一十萬人。其屬英國代管的土地曾於一九五六年五月合併於黃金海岸（即今日之迦納），並於翌年三月六日組成迦納共和國，而法國所代管的土地，即今日所成立多哥共和國。

西元一九二一年至三二年間，總督浦納加麗爾 (Bonne Carrere) 建立了多哥今日猶在沿用的行政制度。

一九四一年三月，總督蒙達牙 (Montazué) 組織多哥統一委員會，此一委員會後來逐漸發展成爲政黨組織。

一九五六年八月三十日，因各項建設的突飛猛晉，多哥乃宣佈成立自治政府。一九五八年四月在聯合國監督下舉行選舉，結果，主張獨立的多哥團結委員會，在全部四十六個議席中，獲得了三十一席。

一九五九年十二月五日由聯合國大會通過議案，確定多哥於一九六〇年四月二十七日獨立，並設首都於洛梅。現在的多哥，是一個自由民主的共和國，她的國家格言是：「勞動，自由，愛國」。

多哥的立法機構是國會，國會係由四十六位直接民選所產生的議員而組成。至於政黨則有四個：(1)多哥人民統一黨；(2)北部領袖及人民聯合黨；(3)多哥人民進步黨；(4)獨立黨。

多哥在行政上將全國分爲四省：即沿海省、高原省、中央省及平原省是。此外，並設洛梅、阿尼哥(Anecho)、阿塔巴梅(Atakpame)、巴里梅(Palime)、索高得(Sokode)、捷維埃(Tsevie)及巴沙利(Bassari)等七個市。

乙、自然環境

位置與面積

多哥(Togo)原名多哥蘭(Togoland)，位於西非洲幾內亞灣(Gulf of Guinea)沿岸，地形狹長，南北長爲六百公里，東西相距平均爲一百五十公里，全國面積爲五萬六千六百平方里，較我臺灣省約太一倍，其四界為：西接迦納，北隣上伏塔，東與達荷美接壤，南臨南大西洋，全國海岸線長僅五十公里。

地　勢

境內有一條低矮的山脈形成一分水嶺，山脈以東為摩洛河盆地(Mono River Basin)，以西為伏塔河盆地(Volta River Basin)。

山脈　多哥的山脈係自東北向西南延伸，約佔全國土地面積的四分之一，該山脈起源於東隣達荷美北部的阿塔高拉山(Mont Atakora)，繼在多哥境內向西南綿延者有下列諸山：

(1)加伯萊山 (Kabré)
(2)蘇杜達高 (Soudou Dako)
(3)高林那波 (Kolinabo)
(4)巴沙利 (Bassari)
(5)馬爾法卡沙 (Malfakassa)
(6)法沙奥 (Fassao)
(7)阿底勒 (Adelé)
(8)阿格浦 (Akẹbou)

(9)阿克波梭（Akposso）

(10)黛絲（Dayes）

以上這些山脈，都與迦納的阿克華賓（Akwapin）山系相接，其中黛絲山脈的阿提拉古濟（Atilak-qutsi）峯卽爲多哥境內的最高峯，高達一千二百公尺。此外，尙有散佈在南方的崗巒，其較著者有阿古(Agou)、羅保多(Doboto)及阿赫多(Ahito)諸山。多哥的山陵一般高度約在五百至六百公尺間。

河流　由於多哥境內有縱貫南北的山脈，將全國劃分爲東西兩個盆地，東面爲摩洛河（Mono）與多哥湖(Togolake)系盆地，西面爲伏塔河(Volta R.)盆地。

摩洛河爲多哥與達荷美的界河，左側有奧谷（Ogou）河及奧費河（Ofé）兩支流；右側有亞尼埃(Anié)、阿姆(Amou)及卡拉(Chra)三支流，均屬陡坡急湍的水流。無舟楫之利。

滙流於多哥湖的河道有二：一爲發源於阿赫多山的哈阿奧河（Haho R.）;另一爲發源於阿古山的西奧河（Sio R.）。

多哥西部的河流，流經西北部者爲奧提河（Oti），此河約有六十公里是多哥與迦納的界河，左側有古馬加(Koumaga)、卡拉(Kara)及摩(Mo)三支流，先後奔注其中。

流經多哥西南部的阿蘇阿高高河（Asouakoko R.）及其兩支流 吳阿吳阿河（Ouaoua R.）及麥奴河(Menou R.)均向西傾瀉於迦納境內的伏塔河。

境內各河流除阿蘇阿高高、麥奴及吳阿吳阿三河長年滾滾而流外，其餘則多屬季節性的河流，每年至少有三個月處於乾枯狀態中。就地自然條件言，多哥可分為四個不同的地理區：⑴多沙的沿海平原與向內陸延伸約四十英里的烏阿契高原（Ouatchi Plateau）區；⑵肥沃的摩洛台地（Mono Table Land）區；⑶多哥·阿塔科拉（Togo-Atakora）山區；⑷北部佈滿沙石的奧蒂高原（Oti plateau）區。

氣候

多哥的氣象資料不多，且不完全，因此，對於她的氣候情形只能略述梗概。

境內各地區的氣候，是隨旱季與雨季的來臨而有變更，南部的雨季可分為兩期：一為自四月中旬至七月中旬，另一為自十月中旬至十一月中旬；中部的雨季則自四月間至九月間；北部的雨季則自四月間至七月間。首都洛梅為全國最乾熱的地區，年雨量僅有六百至八百公糎，但與洛梅相距僅約一百公里的巴里梅(Palimé)，其年雨量則高達一個七百公糎，可稱為多雨地帶。

多哥各地的溫度不算很高，平均約在攝氏二十六度，其高原地區在八月間的最低溫度為攝氏二十度，在北部三、四月間的最高溫度則高達攝氏三十一度。

丙、農業經營的現狀

地理條件

多哥的經濟基礎是農業，每年農產品外銷佔全部輸出百分之七十，境內可以利用的土地，根據一九六八年世界糧農組織的統計，約有五百六十萬公頃，其中耕地面積佔二百十六萬公頃，其他牧地佔二十萬公頃，林地佔五十三萬公頃。

農業生產在多哥固屬重要，但因雨量不足，耕作方法陳舊，地力又有竭盡之虞，以致良田稀少，單位面積產量很低，多哥農耕情形因地而異，在沿海地區，墾殖較多，其他各地可供開墾的土地和用以從事農業生產的人力雖尚不少，但一部份土地不適於咖啡和可可種植，另一部份土地則適於稻米和花生的栽培，同時，也適合於棉花的種植。

勞働力

根據一九六八年世界糧農組織的統計，多哥全國的總人口有一百六十三萬八千人，其中農業人口佔一百二十九萬五千人，佔總人口百分七十九。在農業人口中，直接從事農耕工作的人，約有五十五萬五千人。

多哥的農民，類多全家從事耕種，但若干區域，因土地貧瘠，所有收穫不足以供給全戶人口的食用，故不得不採取移民辦法，加彭的移民多半舉家遷徙至迦納的邊境或多哥的南部，以從事咖啡或可可的種植。

主要作物

多哥民間的基本糧食，通常爲穀物、樹薯（Manioc）、山藥（Igname）等，南方人喜食玉蜀黍、樹薯；中部人民則習慣於小米及山藥，間亦有食用玉蜀黍及稻米的；北方人則兼食小米及高粱，間亦有食用山藥的。

多哥的糧食，多半是供本地消費，但若干作物，間亦有裕餘，以供應迦納，玆將其主要者略介於後：

⑴**樹薯**　這是該國最普遍的作物，根據世界糧農組織的統計，該國有種植面積十四萬八千公頃，總產量有一百十一萬八千公噸，單位面積產量每四頃七千六百公斤。政府並於高原，中央及平原三省強迫農民種植，北部地區也適於這作物的種植但未爲政府所強迫種植，樹薯有種特性，它不怕蝗蟲襲擊，每年四、五月間雨季時開始下種，約一年或十八個月成熟，作物一經出土，又可立卽下種，是以樹薯可以連續不斷的有收穫，其栽植地面上的間隙，尙可雜植玉米，三個月卽可有一次收成。

多哥南部所收穫的樹薯，一部份由農民以手工調製成咖哩（Gari）及珍珠粉（Tapioca），大部份則製成樹薯粉，以供出口。多哥研究局於從事糧食的營養分調查時，發現瓦濟（Ouatchi）地方地方的居民自每日膳食所得的熱量中，半數係得自咖哩。

⑵**山藥**　多國農民亦喜種植山藥，且爲重要作物之一，尤其在高原及中央兩省，已成爲民間的基本糧食。每公頃約可有四至六噸的收成，株間且可雜植豆類及棉花。

⑶**玉米**　一九六八年世界糧農組織統計，多國玉米的種植面積爲二十一萬一千公頃，總產量爲十

一萬二千公噸，單位面積產量每公頃爲五百三十公斤，這種作物普及於境內各地區，尤以沿海之洛梅，捷維埃及阿尼哥種植更多。

(4)**小米、高粱**　此兩項作物爲中央省，平原省人民的主要食糧，過剩的則用以釀造啤酒，每公頃的產量，因作物品種，土壤及氣候等而有差異。據一九六八年世界糧農組織的統計，全國小米高粱的種植面積有三十一萬一千公頃，其總產量有十二萬四千公噸，單位面積產量每公頃約有四百公斤。

(5)**稻米**　因爲水源的缺乏，水稻種植面積不大，產量遠遜於需要。根據一九五九年的統計，該國是年輸入稻米爲三千六百八十六噸，目前，政府正積極開闢奧提及顧孟古(Koumaga)兩河流間曠地爲種植水稻的地區，此計劃如獲成功，則稻米生產的前途，當可改善。根據糧農組織一九六八年的統計，該國水稻種植面積僅三萬四千公頃，總產量才三萬二千公噸，單

駐多哥農耕隊安尼分隊召開觀摩會，由縣長主持與我工作人員合影(縣長與施副隊長握手表示中多合作)

位面積產量每公頃為九百五十公斤。但自我農耕隊進駐後，該國水稻生產已經大大改善（詳見本篇農業潛力的開發）。

(6)**花生**　在多國種植花生非常普遍，窮鄉僻壤，無處無之，惟國內消費極多，幾佔全部產量的百分之九十，根據一九六八年世界糧農組織報告，多國種植面積有四萬五千公頃，總產量有一萬八千公噸，單位面積產量約為四百公斤。

(7)**油脂棕櫚**　此類植物盛栽於冲積地帶，如摩洛、西奧及哈阿奧河谷，以及介於巴里梅、阿古及阿塔巴梅的中間區域。根據世界糧農組織一九六八年的報告，僅知其全國總產量為四萬五千公噸，其種植面積及單位面積產量均不清楚。

(8)**卡利德**　在達潘哥及巴沙利兩區盛植卡利德，所產樹膠，數量不多，僅可供國內自行消費。而卡利德仁則經常可以輸出，但數量極不規則。

(9)**蓖麻子**　大部份種植於南部，但面積不大，產量有限，目前政府正在鼓勵生產，並計劃於中部及北部分別推行擴大種植。

(10)**棉花及木棉**　多境各地早有棉花的栽植，惟多與山藥，扁豆及雜糧作物並植於一處，今後如欲推廣，應注意品種的選擇及蟲害的防止。

(11)**可可**　多哥種植可可，始自十九世界末葉，當時由德人自西非洲移來。種植地區，初僅限於阿古山麓，嗣後逐漸擴及西部及北部，現則普及於巴里梅區的西北部及阿克波梭之西南部。可可的收穫及處理，每年分爲二期：一自十月初旬至次年四月杪；一自五六月間至九、十月間。根據糧農組織報告，該國一九六六年的總產量爲一萬六千公噸(可可豆)。

⑿**咖啡** 此種植物盛植於克魯多、阿塔巴梅、阿克波梭等山區的坡地，幾與可可樹的種植地帶相同，阿克波梭高原地區頗多種植，近又計劃擴及阿塔巴梅的東北部，阿克浦（Akehou）及阿德勒（Adelé）高原，巴里梅及阿古山的西向平原。咖啡原爲多哥主要農產品之一，如果該擴增計劃成功，則咖啡產量更豐，輸出也將更爲增加。根據糧農組織一九六八年的統計，多國的咖啡產量年爲一萬三千公噸。

交通運輸

交通運輸是對內對外物資交流的重要環節，多哥的面積在西非國家中不算大，而海岸線又短，故交通運輸情形不甚理想，茲分別陸、海、空三方面略加介紹：

⑴**公路** 全國有中央政府公路約一千零五十英里，地方政府道路約一千八百七十五英里，中央所轄的公路雖被視爲全天候的公路，但路面情形相當差，僅約一百一十英里爲硬質路面，多哥公路有三主要路線：

①沿海公路——具有國際上的重要性，除擔任國內運輸外，並負擔奈及利亞與迦納間的大量交通運輸。

②縱貫公路——此路亦且有國際性，自首都洛梅向北至多哥中部，直通上伏塔。

③聯繫可可與咖啡生產地區的公路線。

(2)**鐵路** 多哥有一全長約四百四十公里的鐵路網，全爲政府所有，包括從洛梅出發的三條路線：①主要者從洛梅通往北部布里塔(Blitu)，長二百七十七公里。②另一條通往西北部的巴里梅，長約一百一十八公里。③最短的一條沿海向東通阿尼哥(Anécho)，長約四十四公里。

多哥的鐵路經常虧本，主要原因爲僅有百分之五十用於運輸。多哥鐵路從北向南的貨運量較多（大部是輸出貨品），從南向北的貨運量較少（大部是輸入貨品）。

目前，多哥的公路鐵路兩方面的運輸業務尚未能協調一致，雖然鐵路運輸量大，運費較廉，但在雙方競爭中，公路顯見優勢，原因是：①公路運輸所需裝卸次數較少，②收購產品的公司兼營銷售卡車業務。因此，偏愛公路運輸。

(3)**海運** 多哥僅有五十餘公里長的海岸線，且地勢極低，作鋸齒狀，沿岸多屬沙質土，岸坡因受大西洋波濤的衝擊，已成淺灘，又無避風港，故船隻無法直接靠岸，必需加建跳板式碼頭，方可裝卸貨物，十分不便。多哥唯一的洛梅海港，其貨運均需由小船從泊在岸外的大船駁運至碼頭，即是其例。

洛梅港的吞吐量視農產品的輸出量的增減而有所變更，例如一九六三年爲十五萬七千噸；一九六四年卽增至十七萬千噸。

(4)**航空** 多國在距首都洛梅約四公里的地方，建有一大型飛機場，另在索高得(Sokode)、沙沙尼孟哥(Sansanne Mango)各建有小型機場一處，按與法國所訂航空協定，在多境內的航空設備、航空安全、航運維持及洛梅機場維護等經費，均由法國支付。

對外貿易

多哥的對外貿易向爲出超，其輸出以農產品爲主，畜產及礦產次之。將來磷酸鹽如能大量開發，則對外貿易將更可進入佳境，多哥的輸入品主要爲製造品、燃料以及機器、運輸設備等。

根據一九六六年的的統計，多國輸出咖啡一萬三千二百三十公噸；可可豆一萬七千一百二十公噸；棕櫚仁一萬六千六百零一公噸；棉花一千一百二十公噸；花生三千三百六十公噸；輸入品則有紡織品、車輛、石油、機器及器材等。輸出物品的貿易地區，以法郎區所佔百分比爲最高，約佔百分之八十以上；英磅區僅佔百分之二左右，美元區則佔百分之八左右，其他區域自亦有少許貿易，但百分比不高。輸入物品亦以法郎區爲最高，通常約佔百分之六十左右；英磅區約佔百分之二十左右；美元區則僅佔百分之二·三；其他地區約百佔分之十五至二十的光景。

多國的對外貿易，近似蒸蒸日上，惟美中不足的全年輸入所費外滙的百分之六十用於採購民間直接消耗物品。在素稱以農主國，並有大量農產品輸出的多哥，竟至每年輸入糧食、飲料及菸草，達全部輸入的四分之一。如馬鈴薯在一九六六年即輸入三百七十公噸；稻米輸入三千七百公噸；蔗糖輸入七千六百公噸；菸草輸入二百三十八公噸，即是其例。

在非食用的消費品輸入中，以棉布為第一位，每年從迦納方面輸入的將近一千公噸。

多國進出口貿易，均由企業公司所經營，但大規模的企業公司不多，至小量貿易可區分為三種性質：

(1)本國物產或國外輸入的貨物，以之轉售與迦納。

(2)貨品來自迦納，在多哥境內銷售。

(3)貨物購自迦納，但轉售與達荷美。

上述小本經營的商業，泰半由多國女性所主持。這是商業地理學上極有興味的一件事。

丁、農業潛力的開發

多哥的經濟發展，着重在自謀生計，而自謀生計的重點則在求農業生產方面的更進步。

多哥的糧食作物生產，主要是為供應本地消費，但從輸入物品看，種有少數農產品仍需由隣近國家進口，稻米雖非目前多哥人民的主食，但他們都已知道稻米的營養價值和他們自己土地上可以大量生產，只須政府和人民一體努力以赴，則稻米生產不僅可以解決他們的糧食問題，而且可以將稻米輸出，以增加外滙的收入。

我國農耕隊自民國五十四年八月六日在該國茲維埃(Tsevié)縣、密聖杜威 (Mission-Tové) 村成立後，對多國人民種植水稻的信心大為增加，茲將該隊工作情形，略介如後：

駐多哥農耕隊

壹、成立日期：

民國五十四年八月六日。

貳、編制人數：

隊長一人，副隊長一隊，分隊長三人，技師一〇人，隊員二五人，計四〇人。

叁、隊址：

茲維埃(Tsevié)縣，密聖杜威(Mission-Tove)村，距多京洛梅(Lomé)三〇公里。

肆、分隊分佈情況：

分隊名稱	成立日期	工作人員				距離隊部（公里）	備註
		副隊長	技師	隊員	合計		
阿姆勃勞(Amou-Oblo)	五六年五月十四日	一	—	六	七	二二〇	
拉馬克拉(Lama-Kara)	五六年六月十日	—	一	五	六	三九四	
阿尼(Anié)	五八年二月二十日	一	—	三	四	一八六	
曼古(Mango)	五六年五月十五日	—	一	四	五	六三〇	

伍、示範區地址及面積：

一、密聖杜威 (Mission-Tové) 三・〇六公頃
二、阿姆勃勞 (Amou-Oblo) 二・〇〇公頃
三、阿　尼 (Anié) 一・〇〇公頃
四、拉馬克拉 (Lama-Kara) 一・〇〇公頃
五、曼　古 (Mango) 一・〇〇公頃
合　計 八・〇六公頃

陸、推廣區地址及面積

一、密聖杜威 (Mission-Tové) 五〇・〇〇公頃
二、阿姆勃勞 (Amou-Oblo) 七四・七四公頃
三、阿　尼 (Anié) 三一・〇〇公頃
四、拉馬克拉 (Lamma-Kara) 四一・六七公頃
五、曼　古 (Mango) 三九・六〇公頃
合　計 二三七・〇一公頃

柒、工作計劃：

一、密聖杜威(Mission-Tové)須於民國五十九年開墾水稻田五〇公頃，並完成該面積內之灌溉排水等水利設施。預定於民國五十九年二月底前完成。並組織訓練當地農民一四〇戶，耕作水

田三五公頃，其餘一五公頃擬由該隊 Kovié 推廣區舊農民一一〇戶耕作。

二、中部阿姆勃勞(Amou-oblo)分隊擬由舊農民改墾一〇公頃陸稻田爲水稻田，修築引水溝四五五公尺行自然灌溉，預定於民國五十九年三月底完成。

三、中部阿尼(Aniè)分隊新墾陸稻田八〇公頃，募集新農民一六〇戶，修築排水道路設施，指導新農民栽培陸稻。本開墾工作擬於民國五十九年五月中旬完成。

四、北部拉馬克拉(Lama-Kara)分隊新墾陸稻田二〇公頃，擬於五十九年三月中旬募集新農民五〇戶從事排水道路設施。並於五十九年五月底完竣訓練農民栽培陸稻。

捌、工作概況：

一、示範區工作：

㈠稻作：

①水稻：

水稻在 Mission-Tové 隊部，Amou-oble 及 Mango 分隊三處示範區每公頃產量由四、一五〇公斤至五、八〇八公斤，爲當地水稻產量八五〇公斤·公頃之五·二一—七·二倍。

②旱稻：

當地陸稻產量平均每公頃爲二五〇公斤，該隊五十八年產量 Mission-Tove 無陸稻栽培，Anié 爲當地產量之一二·六倍，Lama-Kara 分隊爲當地產量之七·三倍。

㈡雜作：

該隊目前之雜作面積計〇・八七公頃，除作小區示範之外生產多供該隊食用及留種之需。

㈢蔬菜瓜果：

該隊蔬菜瓜果栽培面積爲〇・五公頃，產品以饋贈友邦及參觀人士爲主，餘供自己食用。

㈣稻作品種試驗：

該隊未正式稻作品種試驗，惟經四年之示範栽培，試種一六個品種，在該隊示範區無論水稻陸稻，IR-8 區產量最高，米質亦適合當地消費者習慣。陸稻品種東陸一五九，大畑一二三及當地品種，Timbo 在中北部表現亦佳。

㈤栽培方法之改良：

(1)選拔產量穩定抗病力強適應性良好之品種。

(2)確定施肥時期及施用標準，教導農民瞭解施肥利益。

(3)教導農民實施陸稻條播法。

(4)嚴格執行水稻之正條密植栽培法。

(5)勵行病蟲害防治。

(6)澈行中耕除草。

(7)嚴格控制灌漑排水。

㈥其他有關示範情況：

(1)農機具操作示範及操作訓練。

(2)舉辦各示範區推廣觀摩會。

(3)提供稻作標本供作農部展覽。

二、訓練工作：

舉辦訓練方式以實地操作爲主，書面講解爲輔，該隊推廣農戶經第一期水稻栽培訓練後即可自行操作，訓練期別列表如下：

受訓人員類別	期別	人數	訓練起迄日期	備註
農技人員	一	一五	五十五年八月至五十六年七月	從事農業技術工作
農業推廣員	一	六	五十五年四月至五十五年七月	從事農業推廣工作
農業推廣員	二	一〇	五十六年一月	從事農業推廣工作
農業推廣員	三	八	五十六年四月	從事農業推廣工作
農民	一	二七〇	五十五年十月至五十六年十二月	種植水稻
農民	二	一六〇	五十七年一月至六月	種植水稻
農民	三	六〇	五十七年四月至十月	種植陸稻
農民	四	七三	五十七年二月至十二月	種植水稻

農民	五	八四	五十八年七月至十二月	種植陸稻
合計	九	六八六		

上表所列之農技人員及推廣員係當地政府或美多技術合作單位選派資助委托該隊訓練，訓練內容以稻作栽培爲主。

三、推廣區工作：

㈠推廣農戶：

自五十五年十月至五十八年十二月推廣農戶計六八五戶，此農戶均係由該隊開墾之稻田，分配於彼等耕作，每戶分配面積視產量及地區而異，水稻田約爲〇・二——〇・三公頃，陸稻田爲〇・五公頃，每一農民均爲該隊推廣區農民組織之成員。每一農民之收益視地區而異，二期水田區每年每人之收益爲美金二〇〇至二五〇元。陸稻收益較水稻略低，約爲美金一五〇至二〇〇元。農民生活情況因收益優厚，改善良多。

㈡推廣情況：

⑴實施該隊推廣區稻農組織辦法：該項辦法自五十六年於 Mission-Tové 試行以來，因成效甚佳，現已推行至中北部四個分隊，此項辦法實施後，不僅節省開墾費用，今後之生產費用亦由農民自行負擔，達成該隊教導農民自耕自營之構想。

(2)推廣區稻作生產實績：該隊推廣自民國五十六年開始推廣迄今收獲面積累計達五九九、〇一公頃，稻谷生產量總計二、五七一、〇〇六公斤，每公頃平均產量水稻爲四、九九四公斤，陸稻爲二、三八八公斤。詳如下表：

廣推歷區年稻谷產量統計表：

作物別	地點	五十六年 面積（公頃）	五十六年 總產量（公斤）	五十七年 面積（公頃）	五十七年 總產量（公斤）	五十八年 面積（公頃）	五十八年 總產量（公斤）	五十八年 平均產量（公斤）	合計 面積（公頃）	合計 總產量（公斤）	合計 平均產量（公斤）
水稻	Mission Tové	三〇	一二七,九八六	三〇	一六六,八七五	三〇	一八三,〇〇〇	六,一〇〇	九〇	四七七,八六一	五,二七六
	Kovie	六四	三五一,九七〇	六四	三三九,一六八	六四	三三〇,八〇〇	五,一六八	一九二	一,〇二一,九三八	五,三二三
	Amouoblo	—	—	五二	二三二,九六〇	五二	二一八,四〇〇	四,二〇〇	一〇四	四五一,三六〇	四,三四〇
	Mango	—	—	一五	七七,二五〇	三六·六〇	一五七,〇二四	四,二九〇	五一·六〇	二三四,二六四	四,五四〇
	計	九四	四六九,九五六	一六一	八一六,二五三	一八二·六〇	八八九,二二四	四,八六〇	四三七·六〇	二,一八五,四三三	四,九九四
陸稻	Kovie	三	九,〇〇〇	三	八,四〇〇	—	—	—	六	一七,四〇〇	二,九〇〇
	Amouoblo	—	—	一四	二九,四〇〇	四八·七四	九五,〇四三	一,九四九	六二·七四	一二四,四四三	一,九五二
	Lama Kara	—	—	二〇	四二,三八〇	四一·六七	一〇四,一七五	二,五〇〇	六一·六七	一四六,五五五	二,三七六
	Anié	—	—	—	—	三一·〇〇	九七,一八五	三,一三五	三一·〇〇	九七,一八五	三,一三五
	計	三	九,〇〇〇	三七	八〇,一八〇	一二一·四一	二九六,四〇三	二,四四一	一六一·四一	三八五,五八三	五,三八八
合計		九七	四七八,九五六	一九八	九〇六,四三三	三〇四·〇一	一,一八五,六一七	三,八九八	五九九·〇一	二,五七一,〇〇六	四,二七五

四、水利設施：

㈠該隊本年度之水利設施工程均能按照計劃如期完成，並可供應充足的需水量。

㈡現據進行之水利設施：

隊部 Mission-Tové 水田五〇公頃之灌溉排水設施於二月底完成後，可設置四部一五馬力抽水機共同作業之灌溉系統。

十九、上伏塔共和國(Republic of Upper Volta)

甲、概　述

西元一八九五年，法國遠征軍主腦德斯德乃夫(Destenave)佔領瓦希古亞(Ouahigouya)的雅頂加(Yatenga)，次年，遠征洋主腦但勒(Voutet)又佔領現在的首都瓦加杜古(Ouagadougou)，至一九一九年，第一次世界大戰的第二年，各地區合併組成完整的國家，定名爲上伏塔(Upper Volta)，歸入法國西非洲屬地範圍內，及至一九三二年取消獨立，其所屬版圖分併於象牙海岸、尼日、蘇丹諸鄰邦，直至一九四七年九月四日上伏塔後告自主，回復其原來國界。

一九五八年九月二十八日，絕大多數選民同意上伏塔爲法國聯邦內的自治國家。

一九六〇年六月三日該國元首與達荷美，象牙海岸兩國元首同時致南法國總統戴高樂要求獨立，同年七月十一日在巴黎簽訂管轄權移轉協定，八月五日上伏塔正式宣佈完全獨立，同年九月二十日獲准參加聯合國。

上伏塔的政府組織，在中央爲總統制，另設一副總統以輔助總統，總統有提名內閣之權，內閣會議討論憲法上所規定的各種事項，政界另一重要人物卽爲國會議長。

上國行政區共爲三十九單位，其下又分爲十八行政分區及廿五行政管理所，上國的主要城市有：

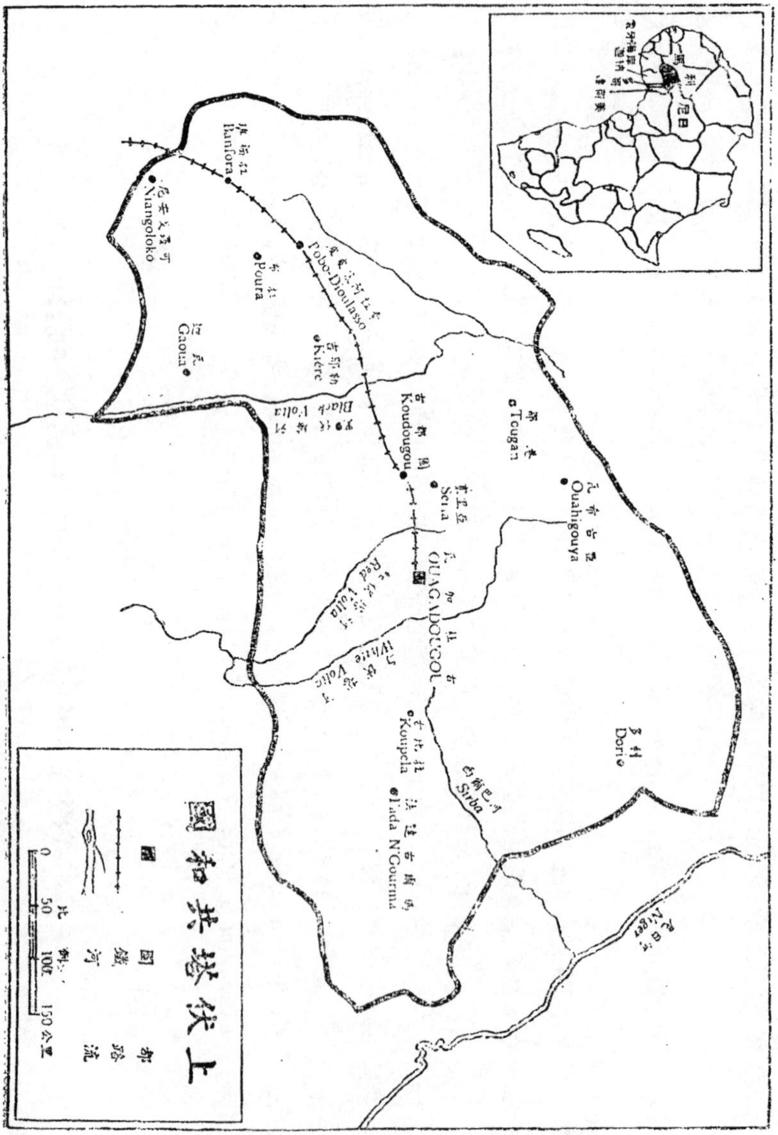
上伏塔共和國
國都
鐵路
河流
比例尺
0 50 100 150公里
OUAGADOUGOU
Koudougou
Bobo-Dioulasso
Banfora
Niangoloko
Poura
Gaoua
Kiére
Tougan
Ouahigouya
Sema
Koupela
Fada N'Gourma
Dori
Black Volta
Red Volta
White Volta
Sirba
Niger

(1)瓦加杜古：這是上國的首都，中央政府所在地。

(2)波波底阿拉素（Bobo-Dioulasso）：此城市與馬利及象牙海岸接壤，爲交通衝要地區，商業極爲發達，爲上國的經濟重鎮。

(3)庫都固（Koudougou）：此爲上國人口最稠密的地區，平均每平方公里約有三十二人之多，市場亦相當重要。

(4)瓦希古亞：此城人口超過一萬人，亦是相當繁榮的城市。

(5)班福拉（Banfora）：此城爲上國的一個風景區，有哥度埃瀑布及丁格勒拉湖，商業亦稱發達。

乙、自然環境

位置與面積

上伏塔共和國位於尼日河大包圍圈的範圍內，東與尼日接壤，西面與北面均與馬利（Mali）爲鄰，南面與象牙海岸、迦納、多哥及達荷美四國交界，介乎北緯九度三及十五度，東經二度至西經五度之間，全國面積爲二十七萬四千一百二十二平方公里，約當我臺灣省的八倍，東西相距八百二十公里，南北相距四百八十公里。

地形

上伏塔大部爲廣濶高原，自北至南略爲傾斜，海拔平均二〇〇——三〇〇公尺，沿尼日大河圈的丘陵，環繞河圈西南面而將尼日與伏塔兩河的流域隔開，西南有迦瓦（Gaoua）、班福拉（Banfora）、新都（Sindo）諸丘陵，及在勒拉巴-戈摩埃（Leraba-Comoé）與黑伏塔河（Lavolta Noire）間之達古拉（Tagoura）高原，至於那尼格人（Nanergue）高原則偏向北方，夾在黑伏塔河與巴尼芬（Banifing）之間，在南面有位於白伏塔河（Volta Blanche）與紅伏塔河（Volta Rouge）間之亞谷（Vako）丘陵，位於白伏塔河與尼日河支流間之哥古西（Kongousi）、第卡勒（Tikaré）及加亞（Kaya）諸丘陵，在北面，目季波（Djibo）至多利（Dori）一帶爲沙壤區域。

河流

上伏塔有下列諸河流：

1 勒拉巴河（La Léraba）

2 戈摩埃河（La Comoé）

3 滙流入蘇魯河（Sourou）後之黑伏塔河（La Volta Noire）

4 紅伏塔河（La Volta Rouge）

5白伏塔河 (La Volta Blanche)

6奥 第 河 (L'oti)

7西爾巴河 (Sirba)

8達波河河 (Taboa)

第七與第八兩河係尼日河之支流，國境內所有河流皆不能通航。

氣　候

上國地處赤道附近，受撒哈拉沙漠影響，全年溫度均甚高，十一月至次年二月爲冬季，冷而乾燥，三月至五月熱而乾，其餘爲高溫多濕的氣候，降雨量自北而南漸增，全年雨量最多達一、四四〇公厘，最少僅四七〇公厘，一年分爲明顯的雨季及旱季，四至十月爲雨季降雨量自北而南漸增，十至三月爲旱季，無灌溉設備地區，旱季不能農作，現將各地氣溫及月雨量列表如下：

上伏塔共和國各地雨量（根據中非技術合作委員會考察報告）

地區 ＼ 雨量（公厘） ＼ 月	一	二	三	四	五	六	七	八	九	十	十一	十二	全年合計
斑福拉(Banfora)	〇	〇	四·七	一九二·三	五〇·三	一六八·一	一八八·四	三一一·一	一九四·二	三三·三	七八·八	三·六	一、一三三·五
波波(Bobo)	〇	〇	一·三	七五·〇	七一·九	一七五·一	四三七·三	一六三·四	一七四·六	一三九·〇	一五·八	少量	一、二四三·四

波羅莫(Boromo)	〇	〇	九·〇	五六·一	一〇七·三	一三一·七	一九〇·三	二一六·八	二一〇·〇	四八·三	一七·六	二·五	九八九·五
第杜古(Dedougou)	〇	〇	〇	一〇·二	一〇九·三	一六八·五	二九七·〇	二五三·五	一一八·〇	四三·二	七·〇	〇	一,〇〇六·六
多利(Dori)	〇	〇	五·五	〇	四·二	三八·八	一一二·〇	二一三·八	九二·四	六·二	〇	少量	四七二·八
法達古爾瑪(Fada N' Gourma)	〇	〇	九·七	三二·二	八六·〇	六九·五	二五四·四	二五〇·五	二七七·三	四·四	〇	〇·八	九八四·八
法那可巴(Farako BA)	〇	〇	二三·七	一三二·三	一二九·五	二〇二·七	三八九·六	一九三·七	二八〇·〇	六二·七	二〇·四	一·五	一,四四五·一
迦瓦(Gaoua)	〇	〇	一一·二	一一八·二	六一·八	一三六·四	八七·二	二三九·八	二〇二·二	七四·一	一〇·三	二七·八	九六九·〇
利窩(Leo)	〇	〇	五·六	七四·七	一三九·三	九七·七	二三一·八	二五二·二	二四六·三	一二·七	五·七	八·四	一,〇四九·一
尼安戈羅可(Niangoloko)	〇·二	〇	二六·五	七〇·七	一三四·〇	一六八·九	二二六·九	三二七·八	二〇九·四	七〇·八	三五·七	三三·八	一,三〇四·七
瓦加阿羅(Ouaga Aero)	〇	〇	一三·四	二二·三	八九·八	二六·二	二二五·二	一五九·五	一四〇·四	三三·八	一三·三	九·六	八〇三·五
瓦希古亞(Ouahgoula)	〇	少量	一五·八	少量	二〇·四	一一七·一	一二三·一	一五八·七	一六四·七	八·六	一五·三	〇	六二三·七
塞里亞(Saria)	〇	〇	一五·二	一〇·七	七二·一	一七三·四	二二八·二	一八三·五	一四八·九	二四·八	九·七	少量	九二三·五

上伏塔共和國各地每月氣温表（根據中非技術合作委員會考察報告）

地區＼溫度(°C)＼月		一	二	三	四	五	六	七	八	九	十	十一	十二	備註
波波(Bobo)	最高	三三·〇	三五·六	三六·二	三五·六	三四·一	三〇·七	二八·六	二九·五	二九·七	三三·〇	三三·五	三二·三	
	最低	一八·五	二〇·六	二三·三	二三·七	二三·二	二一·三	二〇·四	二一·一	二〇·八	二一·三	二〇·二	一八·九	

波羅莫 (Boromo)	最高	三四·八	三七·九	三八·五	三九·〇	三六·四	三三·六	三〇·六	三〇·九	三一·二	三五·四	三六·〇	三三·九
	最低	一六·七	一八·六	二一·九	二四·四	二四·〇	二二·六	二一·三	二一·五	二一·四	二一·九	一八·二	一七·九
第杜古 (Dedougou)	最高	三四·九	三八·四	三九·四	四〇·八	三八·四	三五·四	三三·五	三三·〇	三三·一	三七·一	三六·九	三三·九
	最低	一六·八	一九·二	二一·七	二五·二	二四·九	二三·三	二一·六	二一·九	二三·〇	二三·〇	一九·七	一八·二
多利 (Dori)	最高	三三·八	三七·一	三九·二	四一·九	四一·二	三九·三	三三·六	三三·三	三三·九	三九·六	三七·五	三三·五
	最低	一三·〇	一四·四	一八·九	二三·二	二五·八	二五·八	二三·〇	二三·二	二三·六	二三·〇	一七·〇	一六·五
法達 (Fada)	最高	三三·三	三六·三	三七·七	三八·二	三七·二	三三·〇	三〇·三	三〇·二	三一·〇	三五·〇	三五·四	三三·六
	最低	一六·四	一八·〇	二二·二	二四·四	二四·五	二三·〇	二二·三	二二·四	二二·四	二二·九	一七·五	一八·七
迦瓦 (Gaoua)	最高	三四·八	三七·八	三七·四	三五·八	三五·六	三三·五	三〇·二	三〇·四	三〇·三	三三·五	三三·五	三三·七
	最低	一九·四	二一·〇	二三·五	二四·〇	二三·六	二三·三	二一·三	二一·四	二一·二	二一·八	二〇·三	一九·七
利窩 (Leo)	最高	三五·〇	三八·一	三八·六	三七·五	三六·四	三三·三	三〇·八	三〇·九	三〇·九	三四·四	三五·九	三五·〇
	最低	一八·八	二〇·二	二三·二	二四·九	二三·四	二三·八	二二·七	二〇·九	二二·三	二三·二	二〇·五	一九·九
瓦加阿羅 (Ouaga Aero)	最高	三三·九	三七·〇	三七·九	三九·三	三七·二	三四·四	三二·四	三一·三	三一·六	三六·四	三六·二	三三·六
	最低	一六·六	一八·三	二三·〇	二五·二	二四·七	二三·五	二三·〇	二三·一	二二·七	二三·四	一九·六	一八·九
瓦希古亞 (Ouahigouya)	最高	三三·二	三六·三	三八·〇	四〇·四	三九·六	三七·〇	三一·八	三二·七	三三·〇	三八·三	三五·九	三三·三
	最低	一五·六	一七·八	二二·〇	二四·六	二五·三	二三·八	二二·九	二三·四	二二·九	二三·四	一八·七	一八·二

丙、農業經營的現狀

上國土質多屬粘壤土，表土灰黃，pH 值約爲六，心土褐紅色，pH 值在五左右，尙宜農作，西南部降雨量較多，黑河流域水源充足可資利用，其餘地區均賴四季儲水於人造水庫中作爲人畜及農作用水。

地理條件

上伏塔人民九〇%以上靠土地爲生，許多人民俱爲優良耕作者，但彼等常受阻於土地之貧瘠，灌溉水之缺乏，水蝕作用的損毀與耕作方法之陳舊，且只賴極少數幾種食料以維持其全國人民的生活。自二次大戰以來，政府當局即致力於一個廣泛的計劃，以求增加糧食生產；一方面利用開墾，以擴增耕地面積，一方面運用農業試驗與研究，以改良農作技術。由於保持土壤之措施，貯水塲所之興建等可能使食物生產急劇增加，更由此而漸漸提高人民的生活水準。

上伏塔的主要資源首推畜產，每年出口之牲畜，計牛七〇、〇〇〇頭，羊一七〇、〇〇〇隻，其價值在輸出價值之一半以上。由於生活水準之不斷提高，人口的急劇增加與象牙海岸所屬各大城市的急切需要，迫使上伏塔積極增加牲畜的產量與改良其品質。惟當前尙難飼養品種優良的乳牛與肉牛，此因需要特別的照顧與豐富的飼料緣故，猪及家禽則較易採納優良品種。

為使食物生產的增加，農民工作時間的有效利用，農民與家畜用水之充分供給，自一九五四年設立之農村工程設施機構，曾盡最大的努力於各河谷的整理，因此等河谷是上伏塔唯一肥沃的新地，可供栽植需要灌溉的作物，如稻米、棉花及蔬菜等。此外，並添建若干蓄水站，以維持沿岸居民及其家畜的長年用水。以上計劃非常重要，蓋上伏塔的土地肥力，已有五分之二完全消耗，五分之三亦正走上完全消耗之路。所以較低地帶肥沃新地之利用，乃上伏塔之國家急務。

勞働力

上國的人口，根據世界糧農組織一九六八年發表的統計為四百一十萬零七千人，惟據我國外交部今年（一九七〇年）的調查統計，上國總人口已達五百一十三萬五千人，兩個數字相差幾達一百萬人。惟從一

上伏塔隊鹿達墾區 120 公頃已開墾完成移交伏國政府此為鹿達推廣田之一

九六〇年調查的三百五十三萬一千餘人至一九六一年統計爲四百萬餘人的數字看，則我外交部所依據的數字亦未始不可信賴。

世界糧農組織一九六八年發表，上國的農業人口共有三百四十萬，其中直接從事農業勞動者估計約爲一百三十六萬五千人，如以我外交部所依據的人口數字言，其直接從事農業生產勞動者恐尙不止此數。

上國的人口密度，平均每平方公里爲十二人，以瓦加杜古、庫都固(Koudougou)及亞谷(Yako)諸行政區較爲稠密；南部地區如第布古(Dibougou)、迦瓦(Gaoua)、班福拉(Banfora)諸行政區則人口較稀少；東部法達古爾瑪(Fada N' Gourma)及北部多利(Dori)地區則人口更爲稀少。

上伏塔的人種，大別之可分爲伏塔族及曼特族(Mandé)，伏塔族又可分爲四系：

(1)摩　西　系(Mossi)

(2)波　波　系(Bobo)

(3)古侖西系(Gourounsi)

(4)羅　比　系(Lobi)

摩西系人在一九六〇年的統計中，即有一百七十萬人，約佔上國人口的半數，就人口增加的比率言，摩西人現在當在二百萬人以上。摩西人是一種優秀的農業耕作者，彼已開始習慣於現代農業技術；若干年來，摩西人常依季節前往迦納及象牙海岸爲人耕種較有經濟價値的作物，如可可及咖啡等，以博取較高的工資。

古命西人及羅比人也都是優秀的農業耕作者，前者不僅長於蔬菜種植且為優良的手工藝從業者；後者除長於農作外尙為精巧的獵人。他們在上伏塔的經濟上，已逐漸形成爲有分量的組成份子。

主要農作物

上伏塔全國可耕種的土地面積約有二千七百四十二萬公頃，其中農地面積佔四百九十萬公頃，牧地面積佔三百七十五萬六千公頃，林地面積佔二百二十九萬六千公頃。

在上國的主要現金作物中，可供應市場者，計有棉花、稻米、花生及槲樹菓等。槲樹果在市場上是以果實或槲子油方式出售，此乃當地食油的主要來源，此油為西非國家所普遍採用。**花生**在上國的沙鬆質土壤與強烈的陽光下，生長極為良好，花生常於脫殼後運銷市場；棉花的栽植發展亦甚迅速，可供銷售的棉子產量已年達四千噸，數年後可望增至一萬噸。前將上國主要農作物列後，以供參考。

(以下數字均係根據世界糧農組織一九六八年的統計)

(1) **玉米**　此項作物的種植面積為十六萬公頃，全國全年的總產量為十一萬公噸，單位面積產量平均每公頃為五百八十公斤。

(2) **高粱**、**小米**　這兩項作物，在全國總種植面積為二百萬公頃，全年流產量為一百零九萬四千公噸，單位面積產量平均每公頃為五百一十公斤。

(3)**水稻** 水稻種植在上國尚屬開始時期，全國總面積不過五萬公頃，全年總產量僅四萬二千公噸，單位面積產量平均每公頃僅八百四十公斤，較我農耕隊在該國所種植的單位面積產量相差甚遠。(按我農耕隊在該國種植水稻平均每公頃最少的產量為五千零十八公斤，最高的達七千八百公斤。)

(4)**花生** 全國種植花生的面積爲十六萬二千公頃，全年總產量爲九萬四千公噸，單位面積產量平均每公頃爲五百八十公斤。

(5)**甘藷** 全境種植面積爲一萬六千公頃，全年總產量爲三萬三千公噸，單位面積產量平均每公頃爲二千一百公斤。

(6)**樹薯** 全國種植面積爲五千公頃，全年總產量爲三萬公噸，單位面積產量平均每公頃爲六千公斤。

(7)**棉花** 棉花在全國的栽植面積爲四萬七千公頃，全年的總產量爲五千公噸，單位面積產量平均每公頃爲一百九十公斤。

(8)**菸草** 此項作物在上國栽植面積爲一千公頃，全年總產量爲五百公噸，單位面積產量平均每公頃爲五百七十公斤。

畜牧

畜牧事業在上伏塔極爲發達，可說是上國主要資源之一，全國的牛羊計在四百萬頭以上，每年牲畜輸出的價值佔該國輸出總價一半以上。

由於人民生活水準的不斷提高，人口的迅速增加及鄰國象牙海岸各城市的急切需要，因此，上伏塔的牲畜產量與品質均不斷提高。

增加畜產與水的關係極爲密切，因此上境內挖井及築水庫的情形非常普遍，目前，政府計劃中將增開水井二百個水庫四處。此外，在防治牛羊疾病方面亦在積極進行中，全國設有六個防疫中心，十七個獸醫所，一座化驗室與一個位外首都的獸醫學校，分別擔任獸醫防治工作。

交通運輸

交通運輸是發展經濟的命脈，上伏塔爲西非洲、內陸國家，沒有海口，故其交通運輸，僅依賴鐵路、公路及航空，茲將其概略情形介紹如後：

(1)**摩西鐵路**　此路係自波波底阿拉素(Bobo-Dioulasso)延展至首都瓦加杜古的一段鐵路，共長四百零二公里，自瓦加杜古經波波底阿拉素至象牙海岸首都阿必尙，全長共一千一百八十公里，上伏塔的糧食生產與擁有傳統工業的全部摩西(Mossi)地區的物產悉由此路運達象國首都阿必尙(Abidjan)港口，交由海輪輸送出口，在上境內直接受此鐵路益處的計有班福拉、波波底阿拉素、庫都固、瓦加杜古四城市，而其農業發展及新興工業的勃興將更受此鐵路的重大鼓勵。

(2)**公路**　公路在上國極具重要性，新築的高級公路可促進城市的繁榮與擴展，鄉村公路可鼓勵地方商業發達，而與城市阻隔的荒蕪地帶，更可藉公路交通，導引國人前往墾殖，因而增加了國家的耕地面積。

上國現有公路計長一萬六千多公里，其中約有二千公里爲高級路面公路，其件則爲普通道路。

(3) **航空**　航空運輸在上國發展甚爲迅速，因全國無高大的山脈，故其地理形勢，特別適宜於空中運輸，境內有兩個國際機場，一在首都瓦加杜古；另一在波波底阿拉索，國際航線可自上伏塔首都瓦加杜古直達巴黎、馬賽、達卡與阿必尙等大都市。此外，境內尙有三十八個小型飛機場，其中二十個四季皆可使用，其餘則因雨季，風季的關係不能全年開放，這些小型機場主要用途爲適應地方需要，運送旅客、藥品及易腐物資等至較遠地區。

對外貿易

上伏塔近年來不斷努力於輸出品數量與貨值的增加，以彌補其國際貿易收支的逆差額，此差額乃由於人口的急速增加與人民生活水準的逐漸提高所構成。政府機構所統計的對外貿易數字極不完全，因其統計只計算報過海關的進出貨品，但大量的貨品由象牙海岸輸進未經報關。許多上伏塔的貨品反算爲象牙海岸的出口貨。

上伏塔的主要出口貨但爲粗重物品，如牲畜羣、魚、花生與芝麻子，主要的進口貨爲食品，如水果、糖、棉花及其織品，及工業製品。一九六二年輸出値爲三、六三七、〇〇〇、〇〇〇非洲法郎，而輸入値達八、九三六、〇六四、〇〇〇非洲法郎，輸出値只抵輸入値之三七%，入超達五、二九九、〇六四、〇〇〇非洲法郎。此確係相當龐大數字，但輸入貨物，大部份爲國家建設需用材料，實際情形，並不太過嚴重。入超的彌補，計有勞務支出（上伏塔工人在迦納與象牙海岸所得的工資）第二次世界大戰退位軍人之退休金，外籍人員及旅客之消費，以及法、美兩國之經濟援助等，且國內工業日漸發達，如棉布、植物油、肥皂、皮鞋、啤酒等均將能自己製造，可以停進舶來品，再本國農產品如棉花、生以及牲畜等於大量增產後亦可增加輸出，如此另力不懈，入超卽可逐年減少。

茲根據一九六六年的統計，將上國主要農產品輸出入情形，略介如後：

輸入品

(1)**馬鈴薯**　此項農產品輸入量爲三百九十公噸，價値四萬四千美元。

(2)**香蕉**　香蕉進口量爲八百九十公噸，價値八萬五千美元。

(3)**稻米**　稻米進口總額爲四千一百公噸，價値六十四萬美元。

(4)**蔗糖**　食糖全年進口量爲八千八百公噸，價値十六萬一千美元。

(5)**菸草**　菸草於是年的進口量爲四十六公噸，價値一萬美元。

(6)**咖啡**　進口量較少年僅三十公噸，價値約一萬五千美元。

(7)**小麥**　小麥進口年約一百公噸，價値約一萬美元

⑻**玉米**　進口一千七百公噸，價值十萬美元。

輸出品

農產品的輸出以棉花及花生爲大宗：

⑴**棉花**　在一九六六年上國棉花輸出其爲二千四百三十公噸，價值一百二十三萬美元。

⑵**花生**　花生輸出量爲五千六百三十公噸，價值八十三萬三千美元。

丁、農業潛力的開發

上國百分之九十的人民靠土地爲生，許多勤勞的人民都可說是優良的農耕工作者，但他們受了土地貧瘠，灌溉用水缺乏及耕作方法的陳舊，所以農業不能振興，但自第二次世界大戰以還，政府一方面擴大開墾面積，以成糧食的增產，一方面研究試驗，以加強農業技術的改良。

現在，上國政府對水土保持的措施及作物免疫，選種等的設備都很講究，目的無非在使農產品迅速的增加，以逐漸提高人民的生活水準，其中最顯著的例子是，藉我農耕隊的小農經營方法，增加糧食。到目前爲止，我農耕隊在上國表現的成績極爲優良，波碧(Boulbi)及鹿達(Louda)兩地，由我農耕隊開墾，種植到收穫，整個過程都已使上國農民瞭解、熟悉。去年（一九六九年）及今年（一九七〇年），已分別將碧波及鹿達兩地的田畝交給各該地區農民自已經營，此舉不僅使上伏塔農民獲致實益，且在西非洲各國中亦發生了深厚的示範作用，玆將我農耕隊駐上國工作情形，簡介如後。

駐上伏塔農耕隊

壹、成立日期：

民國五十四年四月十五日。

貳、編制人數：

隊長一人，副隊長二人，技師一七人，分隊長二人，小組長一人，隊員十九人，計四十二人。

叁、隊址：

卜卜（Bobo-Dioulasso）省，巴烏里（Baoulé）村，姑河（Kou），距離伏京瓦加杜古（Ouagadougou）三八六公里。

肆、分隊（組）分佈情況：

分隊名稱	成立日期	工作人員			距離隊部（公里）	備註
		技師	隊員	合計		
鹿達分隊（Louda）	五十五年十月十七日	一	四	五	四八〇	
波碧小組（Boulbi）	五十四年四月十五日	一	二	三	四〇〇	

伍、示範區地址及面積：

姑　河 (Kou)	二・五五公頃
鹿　達 (Louda)	三・一四公頃
波　碧 (Boulbi)	一・七三公頃
合　計	七・四二公頃

陸、推廣區地址及面積：

鹿　達 (Louda)	一一一・九〇公頃
波　碧 (Boulbi)	七四・二八公頃
合　計	一八六・一八公頃

柒、工作計劃：

一、波碧小組：

㈠示範田一・八公頃，供良種繁殖，作物品種栽培等試驗。

㈡繼續指導波碧農會，經營七四・一公頃水稻種植及冬季雜作生產。

二、鹿達分隊：

㈠示範田三・二公頃，從事良種繁殖及作物栽培改良試驗示範。

㈡繼續完成一二〇公頃農田開墾工作並指導東西兩區各六〇公頃之水稻，雜作之種植推廣。

㈢全區水利工程之養護及輪流灌溉用水之分配作業指導。

三、姑河隊部：

㈠繼續完成水利工程灌溉導水路一一・一八一公里之土石方及內面工程。

㈡第一墾區開墾一〇〇公頃及水利開墾工程（灌、排水路、結構物等）。

㈢示範田二・一五公頃，從事良種繁殖品種試驗。

㈣積極準備五十九年首期水稻一〇〇公頃種植工作。

捌、工作概況：

一、示範區工作：

㈠稻作：歷年各期產量如下表：

年期		地區 \ 單位產量 \ 品種	臺中在來一號	嘉南八	高雄一〇	高雄二七	嘉農二四二	臺中六五	新竹五六	IR八	臺南三	本地種
五十四年	春期	波碧	七,八三六	六,六七〇	六,八六五	六,〇七七	五,〇二八	六,六四二	五,九〇〇	—	六,〇四〇	—
	秋期	波碧	—	四,〇四〇	五,九三三	四,七五三	—	—	—	—	—	—
五十五年	春期	波碧	七,三〇三	五,六九〇	六,九〇〇	—	—	—	—	—	—	—
	秋期	波碧	—	—	五,一六〇	五,三五〇	—	五,三四三	—	—	—	—

五十六年	春期	姑河	五,六九〇	—	二,四八〇	—	—	二,二一〇	—	—	—	一,五〇〇
	秋期	波碧	—	六,〇五〇	六,二〇〇	—	—	—	—	—	—	二,四〇〇
		鹿達	七,〇〇〇	六,一五〇	六,五〇〇	—	—	—	—	—	—	—
五十七年	春期	姑河	—	—	—	—	—	—	—	六,一〇〇	—	—
		波碧	七,三三五	—	—	—	—	—	—	八,三七三	—	四,六〇〇
		鹿達	六,五〇〇	—	—	六,〇〇〇	—	—	—	—	—	—
	秋期	波碧	—	—	四,二〇〇	—	—	—	—	五,〇〇〇	—	—
		鹿達	六,三〇〇	—	五,四〇〇	—	—	—	—	七,六四〇	—	—
五十八年	春期	姑河	—	—	五,〇三一	—	—	—	—	七,三三五	—	—
		波碧	—	—	三,一三〇	—	—	—	—	三,六四〇	—	—
		鹿達	—	—	四,一〇〇	—	—	—	—	五,三〇〇	—	—
	秋期	姑河	—	—	四,五〇〇	—	—	—	—	—	—	—
		波碧	—	—	三,五〇〇	—	—	—	—	四,〇〇〇	—	—
		鹿達	—	—	四,一〇〇	—	—	—	—	五,一〇〇	—	—

備註：(1)五十八年第二期波碧尚有種植 Itarana ○・一○公頃，平均產量一、五○○公斤・公頃，Ribe ○・一○公頃，平均產量一、七三○公斤・公頃。

(2)該隊成立以來，已先後種植一○期水稻，品種計有高雄一○號、二七號、嘉南八號、嘉農二四二號、臺中六五號、在來一號、臺南三號、IR—八號等品種，其中以IR—八號、高雄一〇號、嘉南八號及臺中在來一號每期產量均在四噸以上，較當地品種三——四倍。

㈡雜作：

波碧、鹿達兩地墾區雨季時全面種植水稻，雜作通常繼雨季水稻之後（十一月中旬以後）種植，因受氣候因子的限制生長期間稍長，每公頃產量大至為高粱一、二〇〇——三、〇〇〇公斤，玉米一、三六〇——二、六〇〇公斤，小米一、四五〇——二、六〇〇公斤，小麥一、〇〇〇——一、八〇〇公斤，大豆一、六〇〇——二、七〇〇公斤，綠豆一、〇〇〇——一、八五〇公斤，紅豆一、六五〇公斤，落花生二、四〇〇公斤，棉花一、六〇〇——一、八〇〇公斤，甘藷一七、六〇〇——二〇、五〇〇公斤，馬鈴薯一〇、〇〇〇——一九、〇〇〇公斤。

㈢果蔬類：

歷年來試種蔬菜瓜果種類如下：

蔬菜類——茄子、蕃茄、辣椒、甜椒、菜豆等三十二種，以十一——二月期間生長較佳。

瓜果類——西瓜、甜瓜、洋香瓜、南瓜、冬瓜、瓠、胡瓜、越瓜、絲瓜、苦瓜等十種。

㈣稻作品種試驗：

姑河分隊水稻品種比較試驗結果如下：

單位面積產量：公斤‧公頃

品種	單位面積產量	等次	備註
Fossa	四、二二五	三	當地種，分蘖少，穀粒大，而不甚飽滿，不耐肥，抗病耐旱。
Ribe	二、九一四	六	義大利品種，極早熟，遭鳥害。
Itapaira	三、二五六	五	義大利品種，極早熟，遭鳥害。
Gambiaca	五、七八八	一	當地種，易倒伏。
D 52-37	五、一八八	二	當地種，易感染稻熱病。
IR-8	四、一二六	四	

本試驗施肥量爲N：五五公斤‧公頃，P_2O_5：四〇公斤‧公頃，K_2O：四〇公斤‧公頃。對不耐肥之當地品種尚適合，而對義大利品種及IR—八則氮肥用量似嫌過少，尤以IR—八缺肥情形極爲明顯，如加倍施用氮肥，則IR—八增產率可能提高。

(五)栽培方法之改良：

採用適應當地環境而爲當地人所喜歡的品種，水田實行深耕細耙，做好田埂整平田面，插秧採小株正條密植、淺插、化學肥料分次適量施用，並注意灌排水，防除病蟲、鳥害。旱田注意栽植密度，多次中耕並作，適當的培土，施追肥，行灌溉適期收穫。

二、訓練工作：

㈠該隊未舉辦定期性之訓練班，惟在開墾工作進行之際以及每年推廣種植之期，針對分得土地之農民，家眷及一般散工，隨機適時作綜合性之訓練。

㈡自五十四年四月起迄至五十八年底止經訓練農民一、四二一人，農業推廣幹部八人。

三、推廣工作：

㈠推廣農戶：

年度別	推廣農戶	推廣面積（公頃）	作物	年產量（噸）	總價值（西非法郎）
五十四年	六一	一七・〇〇	水稻	五四	一、〇八〇、〇〇〇
五十五年	二五七	七〇・六三	水稻	二四四	四、八八〇、〇〇〇
五十六年	二六三	七二・八三	水稻	二四二	四、八四〇、〇〇〇
五十七年	四一五	一三三・六三	水稻	六七九	一三、五〇〇、〇〇〇
五十八年	七一五	一八六・一八	水稻	一、〇四一	二〇、八二〇、〇〇〇

備註：波碧、鹿達兩推廣區土地開發後，分得土地之農民經營水稻所得之收益有顯著增加，生活普遍改善，尤以五十七年伏國遭乾旱，當地一般作物歉收，而推廣區內水稻則相對地增產，致推廣區內外農民生活情況形成強烈對比。

㈡推廣情況：

①該隊歷年推廣情形如上表。

②波碧推廣區七四・二八公頃，已於五十八年八月正式移交當地農會接管，該隊酌派隊員

三名留駐波碧督導該區推廣工作。

③鹿達推廣區一一一·九〇公頃已開墾完竣並全面推廣水稻，鹿達農會相繼成立，該隊亦於五十九年初移交該會接管。

四、水利設施：

㈠波碧：

①灌溉水路	一一、七九六·六〇公尺
②排水路	一二、四三五·五〇公尺
③構造物	六七座
④農路	六、四五二·〇〇公尺
⑤土地開墾面積	八七·〇二公頃

㈡鹿達：

①灌溉水路	二三、五七一·〇〇公尺
②排水路	二三、三二一·〇〇公尺
③構造物	六八座
④農路	一一、五七〇·〇〇公尺

㈢姑河：

①渠首工：（包括欄河堤、溢洪道、欄河堰、排砂門、進水口水門）　一座

②灌溉導水路（內面工）：（已完成三公里，八公里繼續施工中）　三、〇〇〇公尺

上項波碧及鹿達兩墾區已有前法人所築水庫兩座，波碧水庫蓄水量爲二、二三〇、〇〇〇立方公尺，鹿達蓄水量爲三、二四〇、〇〇〇立方公尺，足供兩墾區目前已開墾之農田一期水稻灌溉之用，又該兩地區氣候酷熱旱乾，蒸發量特大，加之雨季量稀少不勻，蓄水幾不能滿庫，故每年秋植水稻收穫之後，所剩餘有效水量甚微，無法推廣種植兩期稻作，僅能視其餘水種植一〇公頃以下之旱作或水稻。

姑河灌溉水源經年擁有三——三·五CMS之灌溉水量，故今後開墾農田在一、〇〇〇公頃範圍之內，每年兩期稻作無問題，超過一、〇〇〇公頃之面積，則需採用水稻與旱作之輪作方式進行。

玖、特殊事蹟：

一、波碧、鹿達兩推廣區之開發，按照我國土地規劃及輪流灌溉方式，開墾農田及興築水利全部採用當地人力，農田整齊劃一酌以完善之灌排水系統並設有縱橫之運輸農路，爲伏國現有六〇餘座大小水庫實際獲得收益之水庫，並可爲其他水庫規劃利用之良好借鏡。

二、姑河一、二〇〇公頃，開墾計劃乃爲發展伏國農業最經濟有效之途徑，面積廣大而集中，並以移民墾殖方式進行，由於計劃周詳，目標遠大，並引起國際組織之重視，亦爲其他有意援

助的國家及國際合作機構提供了榜樣。

三、波碧墾區開發推廣種植水稻後，依照協定本應亦由伏國政府經營管理，惟因該年接管單位未有週全之準備，亦未積極推廣農民耕作，幾近停頓，嗣經我方再允繼續經營兩年，至五十八年八月爲止，極力推廣輔導當地農民及農區合作社等，對於耕作程序及管理技術逐漸熟習，並堪以自力經營後，遂於五十八年八月十二日正式移交伏國政府，並由我外交部楊次長與伏國農業部長簽署移交協定書，伏國總統及該國政府首長、外國使節團等均參加觀禮。該墾區五十八年秋植水稻業獲豐收，每公頃平均產量均達五、八五〇公斤。

四、鹿達墾區開發亦於五十八年六月完成，並予推廣種植水稻成績優良，且當地農會足可自己經營，故明春三月間即將仿照波碧方式，移交伏國政府。

拾、駐在國農情：

參考書目

1. A. T. Grove: Africa, south of the Sahsra. Oxford university press.
2. The World Book Encyclopedia M. Volume 13, 1965.
3. FAO Trade Yearbook Vol. 21. 1967.
4. FAO Production Yearbook Vol, 22, 1968.
5. 中華赴非洲十國農業考察團報告（五十二年八月）
6. 莊紓：熱帶北非之農業
7. 季景元：西非尼日及迦納考察報告（五十八年二月）
8. 林克明：西非稻作
9. 劉鴻喜：非洲地理
10 上伏塔農耕隊工作報告摘要
11 駐非各技術工作隊工作概況（五十九年六月）
12 熱帶非洲的農業發展

（以下各書爲非洲及拉丁美洲資料中心所編印）

13 非洲農業近況
14 認識尼日

15 尼日的經濟
16 認識賴比瑞亞
17 賴比瑞亞經濟近況
18 認識喀麥隆聯邦共和國
19 非洲的今日與明日
20 認識加彭
21 加彭的經濟
22 非洲各國經濟近況
23 認識獅子山
24 獅子山的經濟
25 認識迦納
26 認識多哥
27 多哥的經濟
28 認識甘比亞
29 剛果（金夏沙）的經濟近況
30 剛果（金夏沙）的經濟
31 認識剛果共和國（布拉薩市）

32 認識查德共和國
33 查德的經濟近況
34 認識幾內亞
35 幾內亞的經濟
36 認識奈及利亞
37 認識茅利塔尼亞
38 非洲經濟論文選輯續集

中華史地叢書

西非農業地理

作　　者／周簡文　編著
主　　編／劉郁君
美術編輯／鍾　玟

出 版 者／中華書局
發 行 人／張敏君
副總經理／陳又齊
行銷經理／王新君
地　　址／11494 臺北市內湖區舊宗路二段181巷8號5樓
客服專線／02-8797-8396　　傳　真／02-8797-8909
網　　址／www.chunghwabook.com.tw
匯款帳號／兆豐國際商業銀行　東內湖分行
067-09-036932　中華書局股份有限公司

法律顧問／安侯法律事務所
製版印刷／維中科技有限公司　海瑞印刷品有限公司
出版日期／2018年3月再版
版本備註／據1971年4月初版復刻重製
定　　價／NTD 500

國家圖書館出版品預行編目（CIP）資料

西非農業地理 / 周簡文編著. -- 再版. -- 臺北市 : 中華書局, 2018.03
面 ;　公分. -- (中華史地叢書)
ISBN 978-957-8595-15-6(平裝)

1.農業地理學 2.西非

430.1632　　106024673

NO.G1008
ISBN 978-957-8595-15-6（平裝）